2020年度陕西省社会科学基金年度项目成果

SHENGTAI HUANJING BAOHU YU XIETONG ZHILI JIZHI
LAIZI QINBA SHANQU DE SHIJIAN

生态环境保护与协同治理机制

——来自秦巴山区的实践

杜永红　潘武军　著

中国财经出版传媒集团
经济科学出版社
Economic Science Press

图书在版编目（CIP）数据

生态环境保护与协同治理机制：来自秦巴山区的实践/杜永红，潘武军著．--北京：经济科学出版社，2021.12

ISBN 978-7-5218-3199-3

Ⅰ.①生… Ⅱ.①杜… ②潘… Ⅲ.①山区-生态环境保护-环境综合整治-研究-陕西 Ⅳ.①X321.241

中国版本图书馆 CIP 数据核字（2021）第248424号

责任编辑：胡成洁
责任校对：孙　晨
责任印制：范　艳

生态环境保护与协同治理机制
——来自秦巴山区的实践
杜永红　潘武军　著
经济科学出版社出版、发行　新华书店经销
社址：北京市海淀区阜成路甲28号　邮编：100142
经管中心电话：010-88191335　发行部电话：010-88191522
网址：www.esp.com.cn
电子邮箱：espcxy@126.com
天猫网店：经济科学出版社旗舰店
网址：http://jjkxcbs.tmall.com
北京季蜂印刷有限公司印装
710×1000　16开　18.5印张　300000字
2022年6月第1版　2022年6月第1次印刷
ISBN 978-7-5218-3199-3　定价：88.00元

本书课题来源

2020年度陕西省社会科学基金年度项目：秦巴山区生态环境保护协同治理机制研究（项目编号：2020R019）

2020年陕西省社会科学基金重大理论与现实问题研究项目：秦岭生态环境保护和修复研究（项目编号：2020ZD09）

序

秦巴山区是国家重点生态功能区。西起青藏高原东缘，东至华北平原西南部，包括秦岭、大巴山及其毗邻地区，地跨陕西、河南、湖北、重庆、四川、甘肃五省一市。承载着南水北调中线水源区的水土保持、水源涵养和生物多样性保护等生态环境修复任务，也是我国中部地区唯一的规模性洁净水源地，蕴藏着丰富且优质的林业、生物和矿产资源。

近年来，党和政府越来越重视生态环境的保护和治理。党的十九大报告将生态文明建设和生态环境保护放在突出位置，提出“构建政府为主导，企业为主体，社会组织和公众共同参与的环境治理体系”，推动多元主体共同治理复杂生态环境问题。经济的流动性和生态系统的循环性，使得生态环境问题突破行政界线，导致跨区域生态环境治理保护问题的重要性及紧迫性日益突出。

为应对跨区域生态环境影响范围广、影响领域多、影响程度深、影响人数多等问题，杜永红教授及其合作作者撰写了本书。该书深入剖析秦巴山区生态环境现状与治理问题，提出了建立健全“协同治理法律机制、协同治理运行机制、协同治理评价机制、协同治理保障机制”的战略性应对措施；对于完善秦巴山区生态环境治理的权力运行机制和公众参与机制来突破其治理困境，打破传统治理模式，规避合作欠缺、碎片化和事后性缺陷等多方面进行了深入探讨。该书符合现代生态环境治理的要求，并满足我国生态环境治理模式转型和现实政策的需要，为生态环境治理进入新阶段，实现可持续发展具有一定理论意义和实践价值。

前　言

生态文明建设的核心是生态环境保护，党的十九届五中全会明确指出："坚持保护优先，自然恢复为主，守住自然生态安全边界，完善生态文明领域统筹协调机制。"秦巴山区是中国重要的生态安全屏障，是黄河、长江流域的重要水源涵养地，是我国的"中央水塔"，是中国南北自然地理及气候分界线，是生物基因库，也是中华民族的祖脉、中华传统文化的重要象征。出于生态保护要求，其范围内城镇产业发展的类型受到限制，人口流失严重，经济增长缓慢，发展活力欠缺。秦巴山区是生态高地、资源富地、文明发祥地，与发展滞后、经济洼地形成了强烈反差。如何实现秦巴山区区域生态环境与经济社会平衡、可持续的高质量发展？习近平生态文明思想为推进秦巴山区生态环境保护与协同治理提供了理论指导和行动指南。应坚持以"美丽秦巴"为价值目标引领，树立正确的经济发展观，将秦巴山区生态环境保护与治理作为一个系统工程，注重系统性、整体性、协同性，提高秦巴山区生态环境保护与协同治理能力，加快生态环境保护与协同治理法律体系建设，健全生态环境保护与治理多元主体协同体制，推进评价、监督与问责机制建设，创新生态保护长效机制，促进秦巴山区政府职能转变，实现秦巴山区生态环境保护与协同治理，促进经济绿色循环发展。

本书共分为九章，第一章、第四章、第五章、第九章由杜永红撰写，第二章由梁林蒙撰写，第三章由潘武军撰写，第六章、第七章由高欣撰写，第八章由潘武军、袁瑞瑞、王燕丽撰写，全书的框架拟定与统稿由杜永红完成。

本书为笔者2020年承担的陕西省社会科学基金项目研究成果（立项号：2020R019）。

杜永红

2022年6月

目　录

第一章　生态环境保护与协同治理理论概述

2007年，党的十七大报告指出："建设生态文明，基本形成节约能源资源和保护生态环境的产业结构、增长方式、消费模式。循环经济形成较大规模，可再生能源比重显著上升。主要污染物排放得到有效控制，生态环境质量明显改善。生态文明观念在全社会牢固树立。"[①] 2012年，党的十八大报告再提生态文明建设，指出，"建设生态文明，是关系人民福祉、关乎民族未来的长远大计。面对资源约束趋紧、环境污染严重、生态系统退化的严峻形势，必须树立尊重自然、顺应自然、保护自然的生态文明理念，把生态文明建设放在突出地位，融入经济建设、政治建设、文化建设、社会建设各方面和全过程，努力建设美丽中国，实现中华民族永续发展。"[②] 2013年11月，党的十八届三中全会通过的《中共中央关于全面深化改革若干重大问题的决定》（以下简称《决定》）进一步提出加快生态文明制度建设。《决定》要求，"建设生态文明，必须建立系统完整的生态文明制度体系，实行最严格的源头保护制度、损害赔偿制度、责任追究制度，完善环境治理和生态修复制度，用制度保护生态环境。"[③]

党的十八大以来，习近平同志在各种场合多次提出建设生态文明，维护生态安全。习近平同志指出："生态兴则文明兴，生态衰则文明衰。"[④] 强调建设生态文明关系人民福祉，关乎民族未来；要正确处理好经济发展

① 胡锦涛：《高举中国特色社会主义伟大旗帜 为争取全面建设小康社会新胜利而奋斗》，人民出版社，2007年，第20页。

② 胡锦涛：《坚定不移沿着中国特色社会主义道路前进 为全面建成小康社会而奋斗》，人民出版社，2012年，第39页。

③ 《中共中央关于全面深化改革若干重大问题的决定》，人民出版社，2013年，第52页。

④ 《习近平在全国生态环境保护大会上强调坚决打好污染防治攻坚战 推动生态文明建设迈上新台阶》，载《人民日报》2018年5月20日，第1版。

同生态环境保护的关系，牢固树立保护生态环境就是保护生产力、改善生态环境就是发展生产力的理念，更加自觉地推动绿色发展、循环发展、低碳发展，决不以牺牲环境为代价去换取一时的经济增长；节约资源是保护生态环境的根本之策；只有实行最严格的制度、最严密的法治，才能为生态文明建设提供可靠保障；必须推动能源生产和消费革命，加快实施重点任务和重大举措；生态环境保护是功在当代、利在千秋的事业，是一项长期任务，要久久为功。

一、生态环境保护理论概述

（一）生态文明的概念与科学内涵

生态文明，是指人类在利用客观物质世界以满足自己日益增长的物质和文化需要的同时，尊重自然规律，尽量避免或克服其活动对自然界所造成的不良影响，在保护生态环境的良好品质、保障可更新自然资源的再生条件以及维护环境正义等方面所取得的物质、精神和制度成果的总和。

文明是人类文化发展的成果，是人类改造客观世界的物质和精神成果的总和。从人类的发展历程来看，一部人类文明的发展史，就是一部人与自然的关系史。

文明的主体是人，文明的递进反映的是人对自然的改造和对自身的反省。人类文明大致经历了三个阶段：第一个阶段是原始文明，人与自然的关系表现为人类盲从于自然，人类依靠集体的力量和简单的狩猎与采集活动维持生存。第二个阶段是农业文明，新劳动工具的出现使得人改造自然的能力产生了质的飞跃，但人与自然的关系总体上还是人类服从自然。十八世纪，工业革命开启了人类的现代化，人类文明步入第三个阶段——工业文明。在这一阶段，人类对自然的利用和改造达到空前水平。不过，就在工业文明给人类社会带来物质财富极大丰富的同时，生态危机不期而至。生态危机向人类敲响了警钟，由于人类活动对自然界所造成的不良影响，人类现处的生态环境已无力支撑。人类需要一个新的文明形态，这种文明形态应当调整以往人与自然相处的方式，以人与自然和谐发展为主要内容，实现人与自然、人与人、人与社会和谐共生、良性循环、全面发展、持续繁荣。

可以说，生态文明源于对工业文明的反思，对人与自然关系的反思，对整个人类文明进程的反思。如果说农业文明是“黄色文明”，工业文明是“黑色文明”，那么生态文明则作为“绿色文明”，代表着人类文明发展的更高层次和未来方向。

生态文明的科学内涵是要求人类正确认识和处理人与自然、人类社会与自然界的关系。人类不能仅仅把自然界当作自己的征服对象和经济活动的原料库，而应当将自然界当作人类的朋友予以精心呵护，为自然界自身的存在和发展留出足够的空间。人类的发展应当坚持科学发展。所谓科学发展，就是尊重自然规律、尊重经济和社会发展规律。人类应当努力克服工业文明的弊端，正确处理经济、社会发展与保护自然环境、合理开发和利用自然资源之间的关系，反对掠夺式地开发和利用自然资源，反对将自然界作为消纳人类活动所产生的污染物质的场所，实现人类经济、社会的发展与生态环境保护的协调。①

（二）习近平同志关于社会主义生态文明建设论述

党的十八大以来，以习近平同志为核心的党中央深刻总结人类文明发展规律，将生态文明建设纳入中国特色社会主义“五位一体”总体布局和“四个全面”战略布局；并将“中国共产党领导人民建设社会主义生态文明”写入党章。2013 年 2 月，联合国环境规划署第 27 次理事会通过了推广中国生态文明理念的决定草案；3 年后，联合国环境规划署又发布《绿水青山就是金山银山：中国生态文明战略与行动》报告。中国的生态文明建设理念和经验，正在为全世界可持续发展提供重要借鉴。

2015 年 10 月 26 日，习近平同志在《在党的十八届五中全会第一次全体会议上关于中央政治局工作的报告》中提出：“生态环境特别是大气、水、土壤污染严重，已成为全面建成小康社会的突出短板。扭转环境恶化、提高

---

① 王树义，周迪．生态文明建设与环境法治［J］．中国高校社会科学，2014（2）：114－124，159.

环境质量是广大人民群众的热切期盼，是‘十三五’时期必须高度重视并切实推进的一项重要工作。”①

2017 年 5 月 26 日，在十八届中央政治局第四十一次集体学习时，习近平同志指出：“我对生态环境保护方面的问题看得很重，党的十八大以来多次就一些严重损害生态环境的事情作出批示，要求严肃查处。比如，我分别就陕西延安削山造城、浙江杭州千岛湖临湖地带违规搞建设、秦岭北麓西安段圈地建别墅、新疆卡山自然保护区违规‘瘦身’、腾格里沙漠污染、青海祁连山自然保护区和木里矿区破坏性开采、甘肃祁连山生态保护区生态环境破坏等严重破坏生态环境事件作出多次批示。我之所以要盯住生态环境问题不放，是因为如果不抓紧、不紧抓，任凭破坏生态环境的问题不断产生，我们就难以从根本上扭转我国生态环境恶化的趋势，就是对中华民族和子孙后代不负责任。”②

2018 年 5 月 18 ~ 19 日，全国生态环境保护大会在北京召开。习近平同志在会议上特别强调：“山水林田湖草是生命共同体，要统筹兼顾、整体施策、多措并举，全方位、全地域、全过程开展生态文明建设”；并明确了新时代推进生态文明建设必须坚持的六项重要原则：“坚持人与自然和谐共生；绿水青山就是金山银山；良好生态环境是最普惠的民生福祉；山水林田湖草是生命共同体；用最严格制度最严密法治保护生态环境；共谋全球生态文明建设。”这“六项原则”为打好污染防治攻坚战、全面加强生态环境保护指明了方向，提供了指导思想和行为遵循。

2019 年 9 月 18 日，习近平同志在郑州主持黄河流域生态保护和高质量发展座谈会时强调：“黄河流域是构成我国重要的生态屏障，是我国重要的经济地带，是打赢脱贫攻坚战的重要区域，保护黄河是事关中华民族伟大复兴的千秋大计。”

2019 ~ 2020 年，习近平同志 4 次考察黄河。习近平同志为黄河流域生态保护和高质量发展定下的重大原则——“治理黄河，重在保护，要在治理。

---

① 习近平．关于《中共中央关于制定国民经济和社会发展第十三个五年规划的建议》的说明，人民日报，2015 - 11 - 04.

② 习近平．在十八届中央政治局第四十一次集体学习时的讲话．http：//theory. people. com. cn/GB/n1/2018/0223/c417224 - 29830240. html，2017 - 05 - 26.

要坚持山水林田湖草综合治理、系统治理、源头治理，统筹推进各项工作；要坚持生态优先、绿色发展，以水而定、量水而行，因地制宜、分类施策，上下游、干支流、左右岸统筹谋划，抓好大保护，协同推进大治理，着力加强生态保护治理、保障黄河长治久安、促进全流域高质量发展、改善人民群众生活、保护传承弘扬黄河文化，让黄河成为造福人民的幸福河。”①

2020 年 5 月 21 日，全国政协十三届三次会议在北京召开，2020 年 5 月 22 日十三届全国人大三次会议在北京召开。生态环境保护成为全国“两会”的热点，“编制黄河流域生态保护和高质量发展规划纲要”被写入了政府工作报告。

（三）生态环境保护是生态文明建设的关键

生态文明建设的关键是生态环境保护，这是由生态文明建设的基本目标所决定的。党的十八大报告指出，坚持节约资源和保护环境的基本国策，坚持节约优先、保护优先、自然恢复为主的方针，着力推进绿色发展、循环发展、低碳发展，形成节约资源和保护环境的空间格局、产业结构、生产方式及生活方式，从源头上扭转生态环境恶化趋势。② 生态文明建设要求在价值取向上树立先进的生态伦理观念，在物质基础上发展发达的生态经济，在底线上保障可靠的生态安全。其中，生态安全是生存和发展的基础性前提。生态文明建设的主要战场在于生态环境保护，这是生态文明建设根本目的的内在要求，也是我国环境现状和经济发展方式的现实需要。

我国的环境形势依然严峻，有些长期积累的环境问题未得到有效解决，新的环境问题又在不断产生。根据生态环境部发布的《2021 年中国生态环境状况公报》，一是水环境问题，全国地表水监测的 3632 个国控断面中，Ⅰ～Ⅲ类水质断面（点位）占 84.9%，劣Ⅴ类占 1.2%，主要污染指标为化学需氧量、高锰酸盐指数和总磷；长江、黄河、珠江、松花江、淮河、海河、辽河七大流域和浙闽片河流、西北诸河、西南诸河主要江河监测的 3117 个国控断面中，Ⅰ～Ⅲ类水质断面占 87.0%，劣Ⅴ类占 0.9%，黄河流域、辽河流

---

① 习近平：《在黄河流域生态保护和高质量发展座谈会上的讲话》，求是，2019 年第 20 期。

② 胡锦涛：《坚定不移沿着中国特色社会主义道路前进　为全面建成小康社会而奋斗》，http：//cpc. people. com. cn/n/2012/1118/c64094 - 19612151 - 8. html，2012 - 11 - 08。

域和淮河流域水质良好，海河流域和松花江流域为轻度污染；国家七大重点流域水生态状况以中等及良好状态为主，在 701 个点位中，优良状态点位占 40.1%，中等状态占 40.8%，较差及很差状态占 19.1%；开展水质监测的 210 个重要湖泊中，Ⅰ～Ⅲ类水质湖泊占 72.9%，劣Ⅴ类占 5.2%。二是大气环境问题，全国 339 个地级及以上城市中，218 个城市环境空气质量达标，占全部城市数的 64.3%，121 个城市环境空气质量超标，占 35.7%；339 个城市平均优良天数比例为 87.5%，平均超标天数比例为 12.5%，以 $PM_{2.5}$、O_3、PM_{10}、NO_2和 CO 为首要污染物的超标天数分别占总超标天数的 39.7%、34.7%、25.2%、0.6%和不足 0.1%，未出现以 SO_2为首要污染物的超标天。三是土壤环境问题，全国农用地土壤环境状况总体稳定，影响农用地土壤环境质量的主要污染物是重金属，其中镉为首要污染物，但是全国重点行业企业用地土壤污染风险不容忽视；2020 年水土流失监测结果显示，全国水土流失面积为 269.27 万平方千米，其中，水力侵蚀面积为 112.00 万平方千米，风力侵蚀面积为 157.27 万平方千米；第五次全国荒漠化和沙化监测、岩溶地区第三次石漠化监测结果显示，全国荒漠化土地面积为 261.16 万平方千米，沙化土地面积为 172.12 万平方千米，岩溶地区现有石漠化土地面积 10.07 万平方千米。全国生态质量指数（EQI）为 59.77，生态质量为二类，其中，生态质量为一类的县域面积占国土面积的 27.7%，二类的县域面积占 32.1%，三类的县域面积占 32.7%，四类的县域面积占 6.6%，五类的县域面积占 0.8%，与 2020 年相比基本稳定。

除环境污染以外，自然资源问题亦不乐观。我国自然资源的禀赋较差，由于人口众多，我国的人均资源量明显低于世界平均水平。比如，我国人均水资源占有量仅为世界平均水平的 1/4，而大多数矿产资源的人均占有量不到世界平均水平的一半。自然资源的空间分布不均衡，资源分布与经济区域结构不匹配，部分地区自然资源的缺口日趋增大。一方面是资源匮乏，而另一方面，长期沿用的以追求增长速度、大量消耗资源为特征的粗放型经济增长模式造成了自然资源的过度开发和浪费。

凸显的环境问题与生态文明建设的基本目标和要求背道而驰，形成较大的反差。如何面对严峻的环保形势、回应公众对良好环境的强烈要求，就成为当前我国建设生态文明的核心工作。

（四）《生态文明体制改革总体方案》的核心内容

2015 年 9 月 11 日，中共中央政治局召开会议，审议通过了《生态文明体制改革总体方案》（以下简称《方案》）。《方案》的编制确立了“山水林田湖草”是一个生命共同体的理念，要按照生态系统的整体性、系统性及其内在规律，统筹考虑自然生态各要素、山上山下、地上地下、陆地海洋以及流域上下游，进行整体保护、系统修复、综合治理。开展国土综合整治和生态保护修复是落实“统一行使所有国土空间用途管制和生态保护修复职责”的重要内容，也是贯彻落实生态文明建设、统筹推进“五位一体”总体布局和协调推进“四个全面”战略布局的重点内容。生态修复专项规划是开展国土空间整治与生态修复的依据，是国土空间规划体系的重要组成部分，是国土空间规划中生态建设内容的细化与实施载体。

1.《生态文明体制改革总体方案》编制思路

以生态文明建设思想为统领，立足于整体保护、系统修复和综合治理，着眼于生态系统良好的结构、功能和过程，研究分析生态系统演变规律，识别区域主要生态问题，结合资源环境承载力和生态系统服务评价，按照“山水林田湖草生命共同体”的要求，依据国土空间规划，提出国土整治与生态修复的重点区域、目标任务、重大工程布局、实施机制和差别化对策建议，形成点、线、面、网相结合的工程布局，推进国土空间山水林田湖草全要素整体保护、系统修复、综合治理。

2.《生态文明体制改革总体方案》编制内容

（1）基础调查与评估。分析自然生态状况、经济社会概况、国土空间开发利用现状，国土整治实施情况等生态修复基础，明确生态环境、生态空间、生态安全等方面存在的突出问题，以及未来开展国土空间生态保护修复所面临的形势与挑战。

（2）重点修复空间识别。开展国土空间综合评价，识别拟开展生态修复的重要空间、敏感脆弱空间、受损破坏空间等范围、面积与分布，并制定生态修复分区导引。

（3）编制对象。区域本底特征，包括国土综合整治的农田、城乡、矿山，生态修复的山、水、湖、林、田、海。

（4）问题识别：

农田：底线冲突，农用地连片水平不高，农田整理潜力大；

城乡：空间碎片化，现状用地低效粗放；

矿山：集约化程度仍然较低，历史遗留环境问题仍然较多；

山：矿山地质环境恢复治理未能完全适应新形势要求；

水：主要污染物排放量仍然较高；

林：覆盖率仍然较低，保护力度不足；

田：生态保护红线与永久基本农田保护冲突；

海：海岛、沿岸生态系统多样性较低；

城：土地再利用率低，污染物减排情况不佳。

在国土综合整治与生态修复方面，农业空间存在耕地利用低效与碎片化，公共服务设施不足，建设用地紧张与闲置并存，人地矛盾冲突明显；城镇区域间联动性较差，存在空间破碎、用地无序蔓延、用地效率低下、空间品质不佳等问题；生态质量有待提升，环境保护压力大。

3. 规划目标与任务

针对突出问题，结合国土空间规划，明确目标，提出生态修复相关任务、具体措施与实施时序等。

（1）生态空间。生态空间划分为生态重要区、生态敏感区、生态脆弱区、生态破坏区，其修复策略如下。

山体生态修复：山体开发建设管控、“还绿于民”策略、受损山体生态修复矿山复绿；

水土流失治理：山地丘陵水源涵养治理、低山微丘土壤保持区治理、冲积平原水土保持区治理；

水环境治理：黑臭水体治理、水源地生态修复；

林业生态治理：退化林地生态修复、林相改造、造林更新工程；

土壤修复治理：污染源头防控、工业污染地块修复治理、污染耕地修复治理；

湖泊河流治理：汇流区保护修复、河道防护、景观提升、水体水质改善、水体生态修复；

重点流域水环境保护：截污治污体系、入湖河道生态治理、调水补水、湿地建设、生态搬迁、垃圾减量化、资源循环化等。

（2）农业空间。农业空间划分为永久基本农田保护区、农用地整理、农村居民点、土地综合整治，其修复策略如下。

永久基本农田及永久基本农田储备：衔接“三区三线”，强化保护；

农用地：摸清耕地后备资源、占补平衡、农业生产污染治理、退耕还林还草；

乡村存量建设用地：强化农村建设用地复垦、城乡建设用地增减挂钩、拆除农村违建建筑；

农用地及低效建设用地：促进耕地保护和土地集约节约利用，解决第二、第三产业融合发展用地，改善农村生态环境。

（3）城镇空间。城镇空间划分为城镇低效用地综合整治、工矿用地整治区，其修复策略如下：

闲置浪费用地、老旧小区、旧工业区、城中村及城边村：衔接“三区三线”，城市更新、三旧改造、拆旧复垦、棚户区改造、人居环境提升改善；

采煤塌陷地、油田、露天矿山：山体开发建设管控、换绿复绿。

（五）国内外生态环境保护理论概述

1. 国外生态环境保护相关研究

英国著名经济学家庇古（Pigou）1920 年从经济学角度开展了对环境污染问题的研究。他提出，政府可以通过对生产企业征税（被称为庇古税）的方式，实现外部成本的内部化，促使企业在生产过程中合理配置资源，减少环境污染。也就是说当经济当事人的私人成本与社会成本不相一致时，就会导致市场配置资源失效，政府只有通过征税或者补贴来矫正经济当事人的私人成本，使得私人成本和私人利益与相应的社会成本和社会利益相等。[①]

科斯（Coase）在 1960 年提出，在产权清晰的前提下，当市场交易费用

① ［英］庇古．福利经济学（上册）［M］．陆民仁，译．台北：台湾银行经济研究室，1971：154.

不为零时，排污权的初始分配会影响排污权交易市场资源配置的效率。可通过初始排污权的合理配置和排污权交易，进行有效资源配置，从而实现外部性的内部化。①

世界著名非正式学术团体罗马俱乐部在1972年发表了有名的研究报告——《增长的极限》，提出“持续增长”和“合理、持久、均衡发展”的概念。

从20世纪70年代开始，德国先后制定了《保护空气清洁法》《废弃物治理法》《循环经济法》等一系列法律，明确治理责任，严格环境标准，大力开展循环生产，使德国生态治理走在了世界前列。

美国的生态环境保护发展过程从很大程度上看就是一部环境法制史，法制贯穿于美国生态治理实践的全过程。在严峻的生态环境危机条件下，从20世纪70年代开始，美国出现的大量环境立法，为美国摆脱环境危机、改善环境质量、增进人体健康、促进经济发展、减少社会矛盾发挥了重大作用。1969年颁布的《国家环境政策法》是美国第一部综合性的环境成文法，它也被视为美国的环境保护基本法，随后颁布的《清洁空气法》《清洁水法》《固体废弃物防治法》《防治污染法》等大量法律法规，为美国开展生态环境保护提供了完备的政策法律支撑。

美国保罗·R. 伯特尼和罗伯特·N. 史蒂文斯（2004）出版了《环境保护的公共政策》，对当前世界环境与自然资源政策制定过程中所面临的热点问题诸如污染控制、能源政策、气候变化等做了全面论述。总结了美国1989年以来环境政策演进趋势：第一，对基于市场的环境政策工具兴趣日增；第二，对信息披露制度的关注激增；第三，在一些环境法规及行政命令的制定当中，效益－成本分析法作为环境绩效评价方法得到了一定应用；第四，在“环境正义”论的倡导下，由环境公平管制所引起的收益和成本分配问题受到重视。

2. 国内生态环境保护相关理论研究

在生态环境保护研究方面，中国“环保之父”曲格平先生做出了重大贡献。曲格平先生在认真总结国内外生态环境保护经验的基础上，提出了符合中国国情、具有创新性的环境保护理论。他从中国人口与环境关系的历史沿

① ［美］科斯等．财产权利与制度变迁［M］．刘守英，等译．上海：上海三联书店，1994：20.

革出发，阐明了人口与环境的演变规律和相互作用的机制；运用系统科学原理，提出了经济建设与环境保护协调发展的理论；运用一般系统论和系统工程的原理和方法建立和完善了我国环境管理的理论体系和政策体系等。

叶谦吉（1999）提出，当今人类赖以生息繁衍、发展的地球家园正面临着多重生态风险的威胁与挑战。宏观上可概括为四个方面：第一，全球变暖、水土资源短缺、沙尘暴肆虐、沙漠扩张、海平面上升、洪水频繁等生态灾害，导致地球环境遭到破坏，造成人类生命和财产的惊人损失。第二，地球资源高速消耗，导致地球生态系统出现严重“生态赤字”。第三，物种濒灭，多样性受到严重破坏。第四，人口膨胀、老龄化严重、性别比例失衡等问题凸显，并出现“人口膨胀越快与稀缺水土资源越浪费”的两难问题，这一现象可称之为“生态经济悖论”，从而就使生态风险更加尖锐、复杂化，更加难以解脱。

程欣、帅传敏、王静等（2018）分析发现，生态环境与贫困存在复杂关联，关键影响因子包括环境恶化因素、资源因素和多维贫困因素；灾害与贫困的关系研究主要关注脆弱性、直接关系和农户生计三个视角；贫困人口的诉求呈现多元化趋势，但扶贫模式却较少综合考虑环境和灾害等因素。提出了兼顾环保、减灾和减贫的系统性扶贫理论模型和分析框架，以期为中国政府制定系统性减贫策略奠定理论基础。①

袁晓仙（2019）研究了高原湖泊型湿地及湿地公园的管护，认为高原湖泊湿地和湿地公园的管护关键在于合理规范人类行为，尽可能地减少人类活动对湿地生态系统的损害，应明确湿地的功能定位、合理开展基础设施建设、实行简约化和生态化管理措施，建立专门的统筹管理结构和长效机制。②

章光新、陈月庆、吴燕锋（2019）认为在全球气候变化与人类活动的双重影响下，流域水与生态等问题将更加突出、相互交织，是当前亟须解决的影响和制约世界各国可持续发展的瓶颈问题，并提出了基于生态水文调控的流域综合管理研究框架，即流域生态水文调控原理与方法和面向生态－社会

---

① 程欣，帅传敏，王静等．生态环境和灾害对贫困影响的研究综述［J］．资源科学，2018，40（4）：676－697.

② 杜香玉．生态文明建设的理论与实践研究新论——“转型与创新：云南生态文明建设与区域模式研究”学术论坛综述［J］．原生态民族文化学刊，2019（3）：152－156.

协调可持续的流域水资源综合管理，从而实现流域水资源-生态环境-社会经济系统协调健康发展与公共福利的最大化，更好地服务于生态文明建设与社会经济可持续发展。①

3. 国内生态环境保护相关政策法规

自2015年1月1日起施行的《中华人民共和国环境保护法》第四条与第五条规定："保护环境是国家的基本国策；环境保护坚持保护优先、预防为主、综合治理、公众参与、损害担责的原则。"第三十条与第三十二条对生态保护和修复做了规定："应合理开发利用自然资源，保护生物多样性，保障生态安全，建立和完善相应的调查、监测、评估和修复制度"。

2014年，环境保护部印发了《国家生态保护红线——生态功能基线划定技术指南（试行）》（以下简称《指南》），这是我国首个生态保护红线划定的纲领性技术指导文件。《指南》将生态功能红线的类型划分为3类：一是生态服务保障红线，主要指提供生态调节与文化服务，支撑经济社会发展的必需生态区域；二是生态脆弱区保护红线，主要指保护生态环境敏感区、脆弱区，维护人居环境安全的基本生态屏障；三是生物多样性保护红线，主要指保护生物多样性，维持关键物种、生态系统与种质资源生存的最小面积。

2018年6月16日中共中央、国务院颁布了《关于全面加强生态环境保护坚决打好污染防治攻坚战的意见》（以下简称《意见》）。《意见》的基本原则为坚持保护优先、强化问题导向、突出改革创新、注重依法监管、推进全民共治；《意见》提出："推动形成绿色发展方式和生活方式，坚决打赢蓝天保卫战，着力打好碧水保卫战，扎实推进净土保卫战，加快生态保护与修复，改革完善生态环境治理体系。"②

2019年6月17日，中共中央办公厅、国务院办公厅印发并实施了《中央生态环境保护督察工作规定》（以下简称《规定》）。《规定》第二条：中央实行生态环境保护督察制度，设立专职督察机构，对省、自治区、直辖市党委和政府、国务院有关部门以及有关中央企业等组织开展生态环境保护督

---

① 章光新，陈月庆，吴燕锋．基于生态水文调控的流域综合管理研究综述［J］．地理科学，2019，39（7）：1191-1198.

② 中共中央 国务院．关于全面加强生态环境保护 坚决打好污染防治攻坚战的意见．http://www.gov.cn/zhengce/2018-06/24/content_5300953.htm，2018-06-24.

察。《规定》是生态环境保护领域的第一部党内法规，充分体现了党中央、国务院推进生态文明建设、加强生态环境保护工作的坚强意志和坚定决心，为依法推动生态环保督察向纵深发展发挥重要作用。[①] 事实证明，督察可以有效提升地方落实新发展理念的自觉性，通过督察，地方各级党委政府生态环境保护责任意识明显增强。

4. 生态环境保护规划

生态环境规划是人类为了使生态环境与经济社会协调发展而对自身活动和生态环境改善所做的在时间、空间上的合理安排，编制和实施生态环境规划对于协调人与环境、经济与环境的关系具有深远意义。我国的生态环境保护规划在生态环境保护工作中起到了一定的积极作用，如表1-1所示，从“十五”到“十三五”各时期生态环境保护规划的体系和框架演变来看，生态环境保护规划与经济、社会和科学技术的发展紧密相关。当产业结构调整、经济发展方式转变，生态环境保护与经济发展的关系不仅仅是简单的制约或促进，而是变得更加复杂，环境保护规划面临着巨大的机遇和挑战，任重而道远。

表1-1　生态环境保护规划概述

规划名称	指导思想
国家环境保护“十五”规划	必须坚持环境保护基本国策，以经济建设为中心，紧密结合经济结构战略性调整，贯彻污染防治和生态保护并重方针，统筹规划，因地制宜，突出重点，预防为主，保护优先，制订切实可行的分阶段目标，改善生态，治理污染，实现可持续发展
国家环境保护“十一五”规划	坚持保护环境的基本国策，深入实施可持续发展战略；坚持预防为主、综合治理，全面推进、重点突破，着力解决危害人民群众健康的突出环境问题；坚持创新体制机制，依靠科技进步，强化环境法治，调动社会各方面的积极性。经过长期不懈的努力，使生态环境得到改善，资源利用效率显著提高，可持续发展能力不断增强，人与自然和谐相处，建设环境友好型社会
国家环境保护“十二五”规划	努力提高生态文明水平，切实解决影响科学发展和损害群众健康的突出环境问题，加强体制机制创新和能力建设，深化主要污染物总量减排，努力改善环境质量，防范环境风险，全面推进环境保护历史性转变，积极探索代价小、效益好、排放低、可持续的环境保护新道路，加快建设资源节约型、环境友好型社会

① 翟青：推动中央生态环境保护督察向纵深发展——解读《中央生态环境保护督察工作规定》，http：//www. gov. cn/xinwen/2019-06/27/content_5403909. htm，2019-06-27.

续表

规划名称	指导思想
“十三五”生态环境保护规划	牢固树立和贯彻落实创新、协调、绿色、开放、共享的发展理念，按照山水林田湖系统保护的要求，以改善环境质量为核心，以维护国家生态安全为目标，以保障生态空间、提升生态质量、改善生态功能为主线，大力推进生态文明建设，强化生态监管，完善制度体系，推动补齐生态产品供给不足短板，为全面建成小康社会、建设美丽中国作出更大贡献

资料来源：中国政府网，http：//www.gov.cn/，本书作者整理。

二、区域一体化理论概述

面对大气污染、流域污染等跨区域性、外溢性和复杂性的公共事务，以行政区划为依据，泾渭分明、各司其职的属地管理体制与区域一体化、公共事务跨区域性之间的矛盾进一步凸显，这就要求区域内尽快形成责任共担、协同共治的协同治理机制。尽管地方政府间围绕区域公共事务治理进行着有益的合作尝试，但区域公共治理的管理理念、行政主体、协商机制和法制保障等问题亟待突破。

（一）国外区域一体化理论相关研究

荷兰经济学家丁伯根（J. Tinbergen）在 1954 年对区域经济一体化给出界定：区域经济一体化是指消除限制经济有效运行的人为因素，并通过彼此协调和统一形成最适宜的国际或区际地域结构。一方面，表现为区域经济系统中各元素相互作用、相互影响和相互促进，具有较高的运转效率；另一方面，表现为区域经济系统中各单元分工合作、相互依存和彼此联系，具有优越的性能和特征。

区域经济一体化已成为世界经济发展的显著特征之一，有大量学者对区域经济一体化问题进行了全方位和多角度的研究，且研究主要集中于国际区域经济一体化，如欧洲一体化、北美一体化、东亚一体化、东南亚一体化等。以欧洲为例，欧盟是世界上跨区域一体化发展与治理的典范，具有促进经济增长、提升整体社会福利、缩小贫富差距等多方面效益。欧盟主要经验包括：

建立打破行政分割的多层次治理体系，设计统筹区域发展的财税和基金工具，推进统一市场建设，通过公共服务一体化助推区域发展一体化。但是，欧盟一体化仍然存在因扩张过度、深化不足所导致的统筹协调与危机治理能力不足等问题。

（二）国内区域一体化理论相关研究

林耿和许学强（2005）论证了大珠三角区域经济一体化的必要性，认为制度性障碍、产业结构性缺陷、发展阶段差异和基础设施协调不够是当前影响一体化的主要存在问题，提出建立“大珠三角经济区”的目标，并从产业体系、制度环境、管治系统和交流网络四个方面对其内涵进行诠释；提出实现大珠三角区域一体化的目标，以及从政府、企业、交通等多个层面具体的实现途径。①

马晓河（2014）认为，京津冀地区间发展差距扩大，存在协调机制缺乏、产业结构既雷同又竞争、资源环境问题比较突出等问题。要解决这些问题必须重新对该地区进行战略定位，将其打造成中国一个最具活力的经济增长极、最具增长潜力的世界级城市群、创新型示范区和产业发展协同区、国内交通重要枢纽和对外战略门户。为此，必须对三地进行科学空间布局与功能配置，并采取有效措施推进京津冀一体化。建立三地协调机制，将基础设施和公共服务一体化、产业协同发展、加快周边城市体制改革和城市功能建设、统筹治理大气污染和产能过剩等问题作为重点采取有效措施进行推进。②

张可云（2019）指出，一个强国的标志是区域发展比较平衡，不同类型的区域得到充分发展。从大局的角度来说，强调中国正在走进世界舞台中央；要构建人类命运共同体，最基本的前提就是国内各个区域必须要一体化，也就是国内要形成一个区域利益共同体。这个区域共同体的形成有赖于区域政策的完善，因此区域经济政策聚焦具有重大的战略意义。

肖金成、李清娟（2020）指出，长三角地区作为我国经济发展的先行区，一体化高质量发展有利于优化区域资源的合理配置，有利于形成协同创

① 林耿，许学强．大珠三角区域经济一体化研究［J］．经济地理，2005（5）：677－681．

② 马晓河．从国家战略层面推进京津冀一体化发展［J］．国家行政学院学报，2014（8）：28－31．

新局面，有利于提高我国就业水平和打破城乡二元发展格局；为加快长三角地区一体化高质量发展，应推动质量变革、效率变革、动力变革，在创新驱动、经济转型、改革开放和经济一体化发展等方面继续走在全国前列，发展成为具有全球影响力和竞争力的世界级城市群。

（三）我国区域经济一体化发展概况

区域一体化是我国重要的国家区域发展战略，如京津冀协同发展、长江经济带发展、粤港澳大湾区建设、长三角一体化发展，以及黄河流域生态保护和高质量发展等。

1. 京津冀协同发展

京津冀包括北京、天津、河北三省市，地域面积约21.6万平方千米，占全国的2.3%，2018年末常住人口1.1亿人，占全国的8.1%，地区生产总值8.5万亿元，占全国的9.4%。

2015年4月30日，中共中央政治局审议召开会议，通过了《京津冀协同发展规划纲要》。该纲要指出，推动京津冀协同发展是一个重大国家战略，核心是有序疏解北京非首都功能，要在京津冀交通一体化、生态环境保护、产业升级转移等重点领域率先取得突破。

2. 长江经济带发展

长江经济带覆盖上海、江苏、浙江、安徽、江西、湖北、湖南、重庆、四川、云南、贵州等11个省份，面积约205.23万平方千米，占全国的21.4%，人口和生产总值占比均超过全国的40%。长江经济带横跨中国东中西三大区域，是中央重点实施的三大战略之一。

2016年9月，《长江经济带发展规划纲要》正式印发，确立了长江经济带“一轴、两翼、三极、多点”的发展新格局：“一轴”是以长江黄金水道为依托，发挥上海、武汉、重庆的核心作用，推动经济由沿海溯江而上梯度发展；“两翼”分别指沪瑞和沪蓉南北两大运输通道，是长江经济带的发展基础；“三极”指的是长江三角洲城市群、长江中游城市群和成渝城市群，充分发挥中心城市的辐射作用，打造长江经济带的三大增长极；“多点”是指发挥三大城市群以外地级城市的支撑作用。

3. 粤港澳大湾区建设

2016 年 3 月，《中华人民共和国国民经济和社会发展第十三个五年规划纲要》正式发布，明确提出："支持港澳在泛珠三角区域合作中发挥重要作用，推动粤港澳大湾区和跨省区重大合作平台建设"；同月，国务院印发《关于深化泛珠三角区域合作的指导意见》，再次提出："广州、深圳携手港澳，共同打造粤港澳大湾区，建设世界级城市群。"

2019 年 2 月 18 日，中共中央、国务院印发《粤港澳大湾区发展规划纲要》。按照规划纲要，粤港澳大湾区不仅要建成充满活力的世界级城市群、国际科技创新中心、"一带一路"建设的重要支撑、内地与港澳深度合作示范区，还要打造成宜居宜业宜游的优质生活圈，成为高质量发展的典范。以香港、澳门、广州、深圳四大中心城市作为区域发展的核心引擎。

4. 长三角一体化发展

长三角区域规划于 2010 年 5 月 24 日由国务院正式批准实施，这是贯彻落实《国务院关于进一步推进长江三角洲地区改革开放和经济社会发展的指导意见》、进一步提升长江三角洲地区整体实力和国际竞争力的重大决策部署。

2018 年 11 月 5 日，习近平同志在首届中国国际进口博览会上宣布，支持长江三角洲区域一体化发展并上升为国家战略，着力落实新发展理念，构建现代化经济体系，推进更高起点的深化改革和更高层次的对外开放，同"一带一路"建设、京津冀协同发展、长江经济带发展、粤港澳大湾区建设相互配合，完善中国改革开放空间布局。2019 年 12 月 1 日，《长江三角洲区域一体化发展规划纲要》全文发布。规划范围包括上海市、江苏省、浙江省、安徽省全域，以上海、南京、杭州、合肥等 27 个城市为中心区，辐射带动长三角地区高质量发展。

5. 黄河流域生态保护和高质量发展

黄河流域生态保护和高质量发展，同京津冀协同发展、长江经济带发展、粤港澳大湾区建设、长三角一体化发展一样，是重大国家战略。其目标措施是：加强生态环境保护，保障黄河长治久安，推进水资源节约集约利用，推动黄河流域高质量发展，保护、传承、弘扬黄河文化。这一战略定位，是新时代尊重自然、顺应自然，探索生态优先、绿色发展高质量路子的战略谋划和实践要求。

2020 年 5 月，我国财政部、生态环境部、水利部、国家林业和草原局制定《支持引导黄河全流域建立横向生态补偿机制试点实施方案》，支持实施黄河流域生态保护修复，逐步形成保护环境、节约资源的生产生活方式，努力实现保护与发展共赢，使绿水青山产生巨大的生态、经济和社会效益。

三、生态环境协同治理理论概述

（一）协同治理理论概述

1. 协同治理理论

协同治理是在治理理论的基础上有机融合了协同理论及其思想方法，进而形成的一种新的治理策略。其实质是将协同的理论与思想方法运用到治理过程中，进而实现基于治理角度的善治或基于协同角度的整体协同效应。

广义的协同治理是指所有两个或两个以上的寻求实现一个共同目的组织之间的协同或协作关系；在公共管理活动中，政府、非政府组织、企业、公民个人等社会多元要素在网络技术与信息技术的支持下，相互协调合作治理公共事务，以追求最大化的管理效能，最终达到最大限度地维护和增进公共利益之目的。在协同治理过程中，政府不仅可以召集并指导各方参与协同治理、设置和维护基本的协作规则，而且还可以承担“中间人”和“调节器”的角色，推动各方参与者建立信任、促进对话协商并实现共同收益。因此，政府在协同治理中具有至关重要的作用。协同治理中政府作为的构成，即对协同过程进行适度管理和提出协同治理各方都能接受的有说服力且可信的决策。

2. 协同治理的含义

协同治理包括四个层面的含义：一是协商；二是同意；三是决策；四是集体行动。“协商”是用来解决问题的有目的对话，是探寻有效解决办法的一种途径，在此过程中，各种偏好都得到表达，一方在试图说服他方的同时，也可能调整自身的诉求；“同意”是协商的结果，各方在互动交流的基础上增进共识，致力于达成一致意见；“决策”是将多方行动体纳入合作行动的契约安排；“集体行动”是将一致同意的契约安排付诸实施，各方根据契约规定承担责任，并获取相应的收益。协同治理理论强调地方政府间协商与合作，倡导针对跨区域事务构建多方主体参与的协作机制，各地方政府通过协商、对话、谈判集聚共识，形成集体规则，采取协同行动。

3. 协同治理模式与机制

协同治理是地方政府突破公共事务政府管理的局限，走出政策冲突困境的新思路，既是政策冲突治理的新探索，也是公共事务公共治理的现实选择和发展方向。协同治理机制是指在协同治理目标和发展评价共同作用及其产生的协同动力推动下，政府-企业-社会通过协同合作及有效沟通对资源进行整合与优化配置，进而促使治理系统产生序参量，并对序参量进行选择与管理，从而控制治理系统的自组织演化方向，保证协同治理目标（例如环境治理多元主体间的协同效应）得以实现的过程。

协同治理作为一种新的政策冲突治理模式，开放性、参与性与协作性是其基本特征，因此，应构建“政府主导、社会协同”的多元主体治理结构；协同治理强调多元主体共同参与政策过程，需要社会多元主体参与的相关制度安排，因此，应建立利益相关者共同参与、协同行动的集体决策机制；利益呈现多元而复杂的关系，需要以一定的制度或机制加以规范，进行利益整合，因此，应健全多层次的政策利益协调机制。任何一项政策本身就很复杂，涉及众多利益主体，政策制定部门应主动与其他部门做好沟通、协商工作，建立健全信息共享平台，通过立法为区域政策协调提供法律保障，完善政策信息共享机制和法律保障机制。[①]

（二）区域协同治理理论概述

1. 国外区域协同治理相关理论研究

区域协同治理作为区域科学研究中的一个分支学科，最早可以追溯到

① 叶大凤. 协同治理：政策冲突治理模式的新探索［J］. 管理世界，2015（6）：172－173.

20世纪初产生的区域经济学，受后续政治发展理论和20世纪末涌现的治理理论思潮的影响，其理论内涵不断拓展。欧美学界认为区域协同治理的主旨意涵是在改善各级政府府际关系的基础上，推进政府间合作行政，进而赋权、吸纳社会力量与市场力量，借以实现跨区域公共问题的多方协同治理。

英国学者约翰·希克斯（John R. Hicks，2002）提出的整体性政府理论，为区域协同治理理论奠定了政治学与行政学意义上的基石。这一理论主要是针对公共物品供给过程中，“碎片化”的政府权威造成公共物品供给低效而提出的，倡导在各级政府以及每一级政府的不同职能部门之间建立纵向、横向的沟通、合作机制。

经济合作发展组织（OECD）认为，区域环境保护和经济可持续发展等问题亟须各地方政府间协力处理。沃克（Walker，2000）等认为地方政府间通过合作在处理公共事务时能够利用彼此之间的优势使双方成为一致协调人，使各项公共事务办理得更有效率。

戴维·卡梅伦（David Cameron，2002）认为在国家内部地区之间，管辖权之间的界线在逐渐模糊，政府间需要更多的沟通交流。

甘宁汉姆（Gunningham Neil，2009）认为在有效沟通、包容性、透明度、制度化的前提下，由政府机构和非政府组织、公众进行共同合作的环境治理模式是最有效果的也是最有效率的。

2. 国内区域协同治理相关理论研究

中国台湾地区学者李长晏、詹立讳（2006）认为，区域协同治理是基于多元力量广泛参与、平等协商以及监督、问责的过程，通过中央、地方各级政府与社会力量之间建立合作伙伴关系，借以解决跨区域的公共治理议题。

丁煌、叶汉雄（2013）提出，区域协同治理是为解决跨政区、跨部门、跨领域的社会公共治理议题，政府、企业、社会组织和公民个体等利益相关者协同合作，运用法律规范、行政政策、行业规范以及沟通协商等治理手段，实现对跨区域公共事务有效治理的活动过程。

杨逢银（2015）提出，区域协同治理实质上是一种包含政府部门、市场力量和第三部门在内的跨越行政区边界的跨部门的合作治理形式，它不仅是政府行政系统内部，纵向与横向间权力资源的重新配置与整合，还涉及对市场力量和社会力量的统合。它通常以区域协同的公共治理项目为手段，针对区域范围内各地共同面临的制约区域经济社会可持续发展的公共治理议题，建立区域范围内不同层级政府及其职能部门纵向与横向的、各级地方政府与企业和其他社会力量之间的协同、互惠、合作关系网络，通过采取多种形式有效解决跨区域公共治理的相关议题。①

3. 区域协同治理的内涵

（1）区域协同治理具备两个或两个以上相邻行政区的地缘条件。区域协同治理是指两个或两个以上相邻的地方政府在实施属地化管理过程中形成的治理议题，它超越了某个特定地方政府的行政管辖范围。两个或两个以上相邻政区的地缘条件是形成区域协同治理的一个客观因素和前提条件。在此前提下，地理上相邻的地方政府在各自的辖区范围内推行属地化管理的施政举措，并接受上级政府的考核、监督。这有助于促进地方政府解决各自辖区范围内的公共事务，但超出单一政区的跨区域事务突破了属地化管理的治理效度，极易造成跨政区公共事务治理危机，需要区域范围内的地方政府、企业、其他社会力量等利益相关者协同解决。

（2）区域协同治理属于跨政区、多角色的集体行动。区域协同治理作为跨政区、多角色的集体行动过程，需要克服多种“集体行动困境”。参与区域协同治理的行动主体主要包括区域范围内的政府、企业、其他社会力量等利益相关者。区域协同治理只有通过相关政府组织内部、政府组织与企业、政府组织与社会力量、社会力量与企业等多方力量的协同努力才可以实现。但在治理实践中，上述行动主体之间的合作都面临着“碎片化”治理、机会主义、外部性等问题。特别是作为核心行动者的地方政府，在区域治理的集体行动中，相互间竞争与合作、冲突与协调的关系始终并存，致使如何规避地方政府的机会主义或不合作行为成为跨区域治理中的核心问题。

（3）多元利益关系或多个管理主体共同参与治理。区域协同治理是一种纵横交错的网络组织结构，呈现出多元利益关系或多个管理主体共同参与治

① 杨逢银．行政分权、县际竞争与跨区域治理——以浙江平阳与苍南县为例［D］．杭州：浙江大学，2015.

理的特征。从纵向维度看，区域治理组织主要是由地方组织和区域性联合组织两个层次构成，前者包括地方政府组织和民间组织，它们作为区域治理的实体部分，既是区域共同风险基金和治理资源的提供者，也是治理政策的具体执行者。后者是地方组织或府际间组织合作基础以上形成的共同体，大多数都不构成独立的行政管理机构，而是一个协会或联盟组织，其主要功能有政策议题讨论与规划、共同基金管理、协调与解决共同面对的问题、冲突斡旋、专项项目研究以及开展多种多样的社会性活动等。从横向维度看，参与跨区域治理的不仅有各级地方政府组织，还包括各类民间组织、甚至是有影响力的公民个体，以及上述三种力量结成的合体联盟共同体。一些成长于民间的草根组织在区域协同治理中发挥着极为重要的作用，有时其发动与连接社会资本的广泛性要超越地方政府组织的动员力。

4. 区域协同治理的作用

（1）有利于推动区域经济的一体化进程和统筹发展。区域协同治理是区域范围内的各级政府组织、私营部门、社会力量及公民个体等多元主体力量，在竞争、协商、合作等互动过程中逐渐结成的一种网络化的协同治理结构。它能增进相邻辖区地方政府之间的沟通与合作，有利于发挥市场在区域经济资源配置中的基础性作用，保障流动性生产要素和商品服务的自由流动，进而消解地方政府间竞争引发的“行政区经济”问题，加快推进区域经济发展的一体化进程。此外，对于区域范围内经济发展较为落后的地区而言，跨区域治理多元主体之间的沟通、协商、合作，能突破传统辖区行政零和博弈的狭隘地方利益观念，有利于地方政府在合作共赢中推动区域经济的统筹发展，增强区域发展的竞争力。

（2）有利于提高区域性公共物品的供给效率。自 20 世纪 80 年代的行政分权改革以来，中央政府逐步将事权、财权和干部管理权逐级下放。在此背景下，各级地方政府必须负责管理本辖区范围内的社会公共事务，并为辖区居民提供基本的公共服务。由此，地方性公共物品的供给呈现出地方政府间各自为战的供给局面。这不仅导致相邻辖区的地方性公共物品出现低效的“碎片化”供给，还使得跨区域性公共物品供给困难。区域协同治理能较好地增进相邻辖区地方政府之间的沟通、合作，整合、吸纳市场和社会组织力量，发挥政府组织在地方性公共物品供给中各自的功能优势，减少重复建设，从而对相邻辖区的地方性公共物品和跨区域性公共物品采取协同、合作的供给机制，能在提升地方性公共物品供给规模效益的同时，提高跨区域性公共物品的供给效率。

（3）有利于推进区域城镇群的协调发展和中心城市建设。在新型城镇化发展战略背景下，地方政府纷纷将城镇化作为推进辖区经济社会发展的重要战略举措。受属地化管理和地方政府间无序竞争的影响，各地政府在制定城镇化发展战略上通常会坚持本位主义，以辖区城镇发展为中心设计城镇发展战略，没有兼顾区域发展大局，这可能导致区域范围内城镇规划布局混乱，城市功能区划分不合理，中心城市建设滞后，严重影响城镇群的协调发展。区域协同治理能够有效地整合相邻辖区的地方利益，形成不同层次和层级政府间的协同治理，实现城市规划、城市功能区的合理划分及产业发展的合理布局，进而实现区域城镇群之间的协同联动，推动区域中心城市建设。

（4）有利于提升跨区域流域治理绩效。流域治理议题中涉及的水污染治理、防护堤修筑、河道疏堵、沿河的渔业资源和植被保护以及景观带打造等问题，大都超出了单一政区和单个部门的治理范畴和治理限度，客观上需要流域范围内的各地政府、私营部门、社会力量等多元主体形成跨区域、跨部门的协同治理格局。区域协同治理所包含的复合行政能突破传统行政区划的刚性约束，建立有效的联系和沟通机制，增进地方政府间的相互协作，同时也可以整合各种社会力量和市场资源，加强社会和企业的协同合作，构建跨区域、跨部门的多方协同治理格局，进而解决跨区域流域治理中出现的“负外部效应”“公地悲剧”等问题。

（三）生态环境协同治理理论概述

治理理论已广泛应用于经济和社会的各个领域，其中，生态环境治理成为其主要应用方向之一。生态环境协同治理理念强调的是可持续发展，包括对经济、社会和环境的管理。此时，生态环境的协同治理主体包括政府、企业和非政府组织，并且强调对于整个系统的管理。

1. 国外生态环境协同治理理论相关研究

国外学者对生态环境协同治理的研究主题集中于生态系统与可持续发展。

国外学者在生态环境协同治理研究中反复强调“社会生态系统”“广泛参与”等理念，更为关注整体性、系统性的公共事务。

联合国将生态环境治理定义为：旨在改变生态环境相关的动因、认知、制度、决策的系统与行为负责任的干预过程；通过不同利益相关者影响生态环境管理行动和结果的监管过程、机制和组织。生态环境治理领域非常复杂，要求涉及包括司法、文化等多学科的多类边界和多尺度的考虑。

列什（Resh，2014）通过对美国海洋协同治理的研究指出，政府在协同网络中与其他参与者建立联系的广泛性与协同网络取得成果之间存在着正向关系。如果政府能够超越单一的治理者角色，与其他参与者建立起直接的沟通、信任、知识分享，将会使协同治理的成效更为突出。

埃里克森（Erickson，2015）基于美国河流流域治理案例指出，在研究流域水资源的长期变化趋势与森林保护利用关系的过程中，人们不断针对不同的具体目标而开展协同治理；经过具体的、较小的目标的不断积累，人们发现了整体的生态系统的重要性，并将协同治理最终聚焦于整体生态系统的保护。

2. 国内生态环境协同治理相关理论研究

郭炜煜（2016）认为生态环境协同治理是把生态环境保护与协同治理相结合而形成的一种全新的环境治理理念。生态环境协同治理理论是运用协同学的基本思想和方法，通过研究生态环境治理多元主体间的协同规律对生态环境问题进行协同治理的一种理论体系，其目的是实现生态环境治理中多元主体协作，取得“1 + 1 > 2”的治理效果，即实现生态环境治理中多元主体间的协同效应。[①]

孟庆瑜、梁枫（2017）认为京津冀生态环境协同治理存在的问题是对环境保护立法的关注度依然偏低，对环境保护执法和环境监测公信力的理性判断缺失，因此，必须精准施策，切实发挥政府的主导作用，充分依靠法治协同，逐步形成京津冀生态环境协同共治的新格局。

于文轩（2020）认为规则创制是生态环境协同治理的前提。政策与立法的互动、区域立法的协调以及规则体系的内洽，是生态环境协调治理规则创

① 郭炜煜. 京津冀一体化发展环境协同治理模型与机制研究［D］. 北京：华北电力大学，2016.

制的基本要求。为此，应加强系统性风险防范，重视过程管理，并确保保障机制与评价机制的顺畅运行。这既是协同治理实践的内在需求，也是呼应生态环境协同治理法制理念的必然结论，并在自然保护的法制完善中凸显其重要性。

3. 生态环境协同治理机制

生态环境协同治理机制是在生态环境治理体系中各地政府治理过程中的各个要素、节点、环节所共同构成的一个生态环境治理流程相对完整、稳定的系统结构。生态环境协同治理机制具体包括生态环境协同治理形成机制（动因）、生态环境协同治理运行机制（过程）和生态环境协同治理保障机制。

（1）生态环境协同治理形成机制。形成机制指的是生态环境协同治理这一新的治理理念或观念的产生及其被治理主体认同的过程，主要包括评价机制和动力机制。生态环境协同治理形成机制表明协同治理目标与生态环境治理现状间的差距是生态环境协同治理动力的根源，科学评价生态环境协同治理目标与生态环境治理现状是生态环境协同治理主体行为的基础和动因。

（2）生态环境协同治理运行机制。运行机制是指生态环境协同治理主体通过协同合作对生态环境治理资源优化配置及序参量管理控制以实现协同治理的预期目标及效果的基本过程，主要包括合作机制、整合机制和支配机制。环境协同治理运行机制由一系列的生态环境协同治理活动及措施组成，其中协同治理多元主体间的协调合作是基础，生态环境资源的整合优化配置和序参量控制是关键，这些治理活动共同作用最终实现生态环境治理的协同效应，即达到生态环境协同治理的预期目标或效果。

（3）生态环境协同治理保障机制。保障机制是生态环境协同治理实现的重要手段，贯穿于生态环境协同治理的整个过程，具体包括协调机制和约束机制。生态环境协同治理保障机制是环境协同治理得以实现的重要保障，无论是在环境协同治理的形成机制中，还是环境协同治理的运行机制中，保障机制均起着极其重要的作用，确保着环境协同治理过程中多元主体协同行为和策略的顺利实现。

4. 生态环境“三线一单”

生态环境“三线一单”，是指生态保护红线、环境质量底线、资源利用上线和生态环境准入清单，是推进生态环境保护精细化管理、强化国土空间环境管控、推进绿色发展和高质量发展的一项重要工作，具体含义如下。

（1）生态保护红线。指在生态空间范围内具有特殊重要生态功能、必须严格保护的区域，是保障和维护国家生态安全的底线和生命线，通常包括具有重要水源涵养、生物多样性维护、水土保持、防风固沙、海岸生态稳定等功能的生态功能重要区域，以及水土流失、土地沙化、石漠化、盐渍化等生态环境敏感脆弱区域。按照“生态功能不降低、面积不减少、性质不改变”的基本要求，实施严格管控。

（2）环境质量底线。指按照水、大气、土壤环境质量不断优化的原则，结合环境质量现状和相关规划、功能区划要求，考虑环境质量改善潜力，确定的分区域分阶段环境质量目标及相应的环境管控、污染物排放控制等要求。

（3）资源利用上线。指按照自然资源资产“只能增值、不能贬值”的原则，以保障生态安全和改善环境质量为目的，利用自然资源资产负债表，结合自然资源开发管控，提出的分区域分阶段的资源开发利用总量、强度、效率等上线管控要求。

（4）生态环境准入清单。指基于环境管控单元，统筹考虑生态保护红线、环境质量底线、资源利用上线的管控要求，提出的空间布局、污染物排放、环境风险、资源开发利用等方面禁止和限制的环境准入要求。

2017 年 12 月，国家环境保护部印发《“生态保护红线、环境质量底线、资源利用上线和环境准入负面清单”编制技术指南（试行）》。按照“国家指导、省级编制、地市落地”的模式，已组织 31 省（区、市）及新疆生产建设兵团分两个梯队加快推进“三线一单”工作。第一梯队为长江经济带 11 省（市）及青海省，第二梯队为北京等 19 省（区、市）及新疆生产建设兵团。31 省（自治区、直辖市）通过开展区域空间生态环境评价，将国土空间划分为优先保护、重点管控、一般管控三类环境管控单元，并根据单元特征提出针对性的管控要求，“三线一单”成果全部通过生态环境部组织的技术审核。

四、秦巴山区生态环境保护与协同治理概述

2020 年 4 月 20 日，习近平同志在陕西考察调研时指出：秦岭和合南北、

泽被天下，是我国重要的生态安全屏障，是天然空调，是黄河、长江流域的重要水源涵养地，是我国的“中央水塔”，是南北分界线，是生物基因库，也是中华民族的祖脉、中华文化的重要象征。保护好秦岭生态环境，对确保中华民族长盛不衰、实现“两个一百年”奋斗目标、实现可持续发展具有十分重大而深远的意义。[①]

（一）秦巴山区生态高地与经济洼地反差强烈

秦巴山脉名山林立、气势雄浑、植被优良、雨量充沛，区域内分布3000余种种子植物和400多种野生动物，为我国黄河、长江、淮河三大流域提供了水源保障，是中国南北气候的分界线、长江和黄河的分水岭、青藏高原和黄土高原的过渡区，被称为中国的“中央水库”“生态绿肺”和“生物基因库”。

同北美落基山脉、欧洲阿尔卑斯山脉一样，秦巴山脉孕育了众多举世闻名的历史城镇和人类聚居地，是中华民族的重要发祥地和中华文明的摇篮。秦巴山脉东西绵延1000余千米，总面积约为30万平方千米，总人口约为6164万，这里既是“一带一路”的重要地区，又是支撑我国东西双向开放的关键地区，更是构建我国国土空间平衡发展的核心地区。同时，这里也是中国跨省级行政区最多、人口最多的集中连片山区，乡村振兴任务艰巨。

生态高地、资源富地、文明发祥地与发展滞后、经济洼地的强烈反差，使得秦巴山区区域发展不平衡不充分的问题非常突出。作为我国生态安全的重要地区，这里的生态治理现代化和经济绿色循环发展对于我国生态文明建设具有重大意义。

（二）秦巴山片区区域发展与扶贫攻坚规划

2012年5月，国务院扶贫开发领导小组办公室、国家发展和改革委员会发布《秦巴山片区区域发展与扶贫攻坚规划》（以下简称《规划》），《规划》的基本原则：坚持加快区域发展与扶贫攻坚相结合，坚持经济发展与生态环

---

① 习近平在陕西考察时强调 扎实做好“六稳”工作落实“六保”任务 奋力谱写陕西新时代追赶超越新篇章. http: //www. qstheory. cn/yaowen/2020 - 04/23/c_1125896567. htm, 2020 - 04 - 23.

境保护相结合，坚持统筹协调与突出重点相结合，坚持国家支持与自力更生相结合。坚持加快发展与改革创新相结合。《规划》战略定位：区域交通重要通道、循环经济创新发展区、科技扶贫示范区、知名生态文化旅游区、国家重要生态安全屏障。

《规划》中将“生态环境保护与经济发展相结合”设立为基本原则之一，将“资源开发利用和生态建设良性互动格局形成，生态优势转变为经济社会发展优势”确定为发展目标之一，但并未凸显“生态环境保护”的优先性，以及协同治理重要性。秦巴山区承担着南水北调中线工程水源保护、生物多样性保护、水源涵养、水土保持和三峡库区生态建设等重大任务，有85处禁止开发区域，有55个县属于国家限制开发的重点生态功能区。生态建设地域广、要求高、难度大，资源开发与环境保护矛盾突出。为实现上述目标，确保秦巴山区生态环境状况稳中向好，构建秦巴山区生态环境保护与协同治理机制迫在眉睫。

（三）《陕西省秦岭生态环境保护条例》概要

秦岭是我国南北气候的分界线和重要的生态安全屏障，具有调节气候、保持水土、涵养水源、维护生物多样性等诸多功能，在我国自然生态环境中具有重要地位。秦岭陕西境内范围涉及西安、宝鸡、渭南、汉中、安康、商洛6市39个县（市、区）〔13个县（市、区）的全部及26个县（市、区）的部分区域〕、300多个乡镇，4000多个行政村及社区，保护面积5.82万平方千米，人口489多万。

习近平同志曾多次就秦岭生态环境保护作出重要指示批示。陕西省在集中开展秦巴山区生态环境保护问题专项整治时，将《陕西省秦岭生态环境保护条例》（以下简称《省条例》）的修订作为贯彻落实习近平同志重要指示批示的一项重要行动，旨在用最严格的生态环境保护制度保障秦巴山区宁静和谐美丽。2019年9月27日，新修订的《省条例》经省十三届人大常委会第十三次会议表决通过，《省条例》分为《总则》《生态环境保护规划》《植被》《水资源》《生物多样性保护》《开发建设活动的生态环境保护》《监督管理和法律责任》及《附则》等共9章81条，对秦岭主梁、支脉，以及核心保护区、重点保护区、一般保护区的范围分别做出规定。该条例于2019年

12 月 1 日起施行。

新修订的《省条例》由开发变为保护，突出“保护优先”原则。总体上来说，突出了“严”和“细”，严就是保护的各项规定更加严格，进一步明确了秦岭的保护范围和相关重要区域的范围界线；细就是对各类开发建设活动的规定规范更加细化明确，有利于这个条例的落地落实，形成了一个秦岭生态环境保护规划体系。将原条例中的“禁止开发区、限制开发区和适度开发区”对应修改为“核心保护区、重点保护区和一般保护区”，核心保护区面积占比由原条例的 0.77% 提高到 13.92%，立法理念从限制开发转变为保护优先，坚持“生态优先、绿色发展”为导向，规定“核心保护区不得进行与生态保护、科学研究无关的活动”，“重点保护区、一般保护区实行产业准入清单制度，淘汰‘三高’落后产能，鼓励发展绿色循环经济”。实行严格监管，严守生态保护红线。增加“监督管理”专章，明确各级政府及部门的监管责任，建立综合执法机制，加大责任追究；划定和落实城镇开发边界、永久基本农田和生态保护红线，突出源头治理。

（四）《西安市秦岭生态环境保护条例》概要

2019 年 12 月，陕西省西安市对《西安市秦岭生态环境保护条例》（以下简称《市条例》）进行了全面修订，修订后的《市条例》于 2020 年 7 月 1 日开始施行。修订后的《市条例》立法理念从“限制开发”转变为“保护优先”，将原条例“禁止开发区、限制开发区和适度开发区”全部修改为“核心保护区、重点保护区和一般保护区”。《市条例》规定了秦岭保护范围内的 6 类禁止行为：房地产开发；开山采石；新建宗教活动场所；新建、扩建经营性公墓；新建高尔夫球场；法律、法规禁止的其他活动。

保护生态环境就是保护生产力，改善生态环境就是发展生产力。《省条例》《市条例》修订统筹考虑体现人与自然和谐共生、区域协调发展和经济社会全面进步的要求，坚持生态惠民、生态利民、生态为民，要求政府规划和调整产业布局、规模、结构，降低污染物排放量、扩大秦岭生态环境容量，推进绿色发展、循环发展、低碳发展。提出优先吸收熟悉地形地貌、能够完成巡查任务的当地居民担任基层网格员，将山民转变为生态保护工作者，成为良好生态环境的最先受益人。

《省条例》《市条例》完善了自然资源、人文资源保护的具体措施，明确了开发建设活动应当符合相关规划和产业政策，提出了实行产业准入清单制度的要求。打出行政监督、司法监督、人大监督组合拳，拿出生态补偿、修复治理、综合评估硬手段。规定了建设综合监管信息系统、落实行政执法责任制、实施网格化管理、进行执法司法衔接、运用目标责任考核等具体监管手段，提出了加大财政转移支付、确定治理修复责任、规范矿业权退出、制订移民搬迁计划、进行区域封闭保护、引导规范祭祀行为、保障公众有序参与、定期组织综合评估、实施生态环境损害赔偿等多种保障措施。

五、“十四五”时期生态环境保护重点方向和策略

“十三五”时期是我国生态环境保护的攻坚期，我国生态环境保护事业经历了改革发展的关键转折，党和国家对生态文明建设作出了一系列重大决策部署，确立了习近平生态文明思想，推动了生态文明建设领域的制度改革，完成了生态环境领域管理机构改革，从思想上、制度上、管理上不断完善生态环境治理体系。通过攻坚克难，使得生态环境质量明显改善，2020 年地级及以上城市空气质量优良天数占比超过 80%（2018 年为 79.3%）、地表水质量达到或好于Ⅲ类水体占比超过 70%（2018 年已达到 71.0%）、受污染耕地安全利用率达到 90%、受污染地块安全利用率超过 90%、森林覆盖率超过 23%、湿地保有量超过 8 亿亩等“十三五”规划目标如期或超额完成。

“十四五”时期是把我国建成富强民主文明和谐美丽的社会主义现代化强国新征程和实施新“两步走”战略的第一个五年规划期。“十四五规划”明确提出“推动绿色发展，促进人与自然和谐共生”，即：坚持“绿水青山就是金山银山”的理念，坚持尊重自然、顺应自然、保护自然，坚持节约优先、保护优先、自然恢复为主，守住自然生态安全边界。深入实施可持续发展战略，完善生态文明领域统筹协调机制，构建生态文明体系，促进经济社会发展全面绿色转型，建设人与自然和谐共生的现代化。依据我国经济社会发展阶段和生态环境保护工作的进展，“十四五”生态环境保护所处阶段和

时期应为生态环境保护生态环境质量提升的爬坡期，环境深入治理与生态修复并重时期，生态环境保护与经济社会发展协同推进期，经济社会发展和生态环境保护的阶段性和区域性分异并存期。因此，“十四五”生态环境保护工作的主线应该是“巩固、调整、充实、提高”，工作原则应该是“分类推进、精准施策、协同治理、社会共治”。

（一）“十四五”生态环境保护工作的主线

1. 巩固强化生态环境治理攻坚克难取得的成果

在经过了攻坚克难期之后，不能有喘口气、歇歇脚的念头，要特别注意巩固和加强已有成果，防止已经基本解决的生态破坏和环境污染问题“死灰复燃”，防止出现任何形式的反弹。

2. 调整生态环境保护的目标、方向、重点

经过“攻坚期”的大力度治理，前期突出的生态环境主要矛盾已经得到初步甚至基本解决，下一步应及时调整转变生态环境保护工作的方向和重点，抓住存量环境问题中过去属于次要矛盾而现在逐渐凸显为主要矛盾的问题开展精准治理。

3. 充实完善生态环境的治理体系和制度体系

在已建立的生态环境保护领域“四梁八柱”（“四梁”是指优化国土开发、促进资源节约、保护生态环境、健全生态制度四大任务，“八柱”是指逐步建立的自然资源资产产权制度、国土开发保护制度、空间规划体系、资源总量管理和节约制度、资源有偿使用和补偿制度、生态环境治理制度、环境治理与生态保护市场体系、生态文明绩效考核和责任追究八大制度体系）治理体系和制度体系的基础上，对治理体系和制度安排进行查遗补缺、充实完善，对制度进行预调微调，推进治理体系现代化进程。

4. 坚持以提高生态环境质量、促进高质量发展为核心

梳理并解决固废、生态、土壤、水、大气等领域的存量问题，并制订周密计划，有力提升我国生态环境质量，继续以生态环境保护促进经济社会高质量发展，提高人民群众的获得感、幸福感。

（二）“十四五”时期生态环境保护的原则

“十二五”“十三五”时期我国针对问题最严重的重点区域和重点领域，设计了严惩重罚的制度，狠抓污染攻坚战，推动了全国各地区、各行业领域的生态环境质量状况分布由劣多优少的“金字塔形”的偏态分布向“纺锤形”的正态分布转变。经过了“十三五”时期的治理整顿，更多的城市、乡村、行业部门从生态环境严重破坏和污染的队伍中出列，进入生态环境较好的队伍。

1. “分类推进”原则

继续促进后进地区和领域尽快达标，加强责任落实和监督管理力度，对环境问题从严从重处罚，形成有效震慑；同时巩固提升已有成果，让政策更多地关注“中游水平”的大多数区域和领域，制定更严格的环境目标和标准，促进其尽快向优质方向继续改善提升；此外，提高先进地区和领域的激励水平，扩大试点示范建设，彰显先进地区和领域的示范效应。

2. “精准施策”原则

由于我国幅员辽阔，各地区经济社会发展水平、生态环境治理水平存在显著的空间分异，各领域各要素存在的问题和治理的程度存在很大差异。“精准施策”原则就是要因应各地区不同的经济社会发展水平、自然地理本底特征，因应各领域生态环境问题不同的特点，改变过去全国“一把尺子量到底”“一个措施插到底”的做法，对南北方、东西部、城镇（乡）村等不同区域、不同行政单元，由中央政府提出质量提升的原则性要求，利用强化的监测网络和大数据平台，加强结果考核，兼顾过程检查，鼓励地方政府因地制宜制定和采取有针对性的措施。

3. “协同治理”原则

“十四五”期间，生态环境部门仍将保持对生态破坏和环境污染的高压态势，同时将更加注重开展“协同治理”。一方面，生态环境保护与治理应与经济社会治理协同推进，通过转变经济社会发展方式，促进经济高质量发展，生态环境保护工作也应通过“放管服”支撑经济高质量发展，将生态环保工作与和谐社会建设更加密切地结合起来。另一方面，应推动生态环境问题的协同治理，强调生态环境治理的全面性、协调性、系统性，改变过去“头痛医头脚痛医脚”的方法，防范治理环境的过程中“按下葫芦浮起了瓢”，深入挖掘污染治理与温室气体控制协同的制度潜力、技术潜力，安排好温室气体减排与空气污染物减排、水污染物减排、固体废物减排等工作的协同推进。

4. “社会共治”原则

“十四五”时期我国逐步进入生态环境治理的“深水区”，边际治理成本逐渐提高，质量提升难度不断加大。这就要求在“十四五”时期加大力度推进生态环境治理体系的现代化，建立党委领导、政府主导、企业为主体、社会组织和公众共同参与的“社会共治”体系：明确党委领导职责，建立科学合理的考核评价体系和责任追究机制；加强政府政策引导力和决策科学性，加强生态环境保护干部队伍建设；加强相关制度安排，促进企业绿色转型，提高企业履行治污减排主体责任的内生动力，充分运用市场化手段，鼓励企业主动参与环境治理和生态建设；利用新技术新手段，畅通社会组织和公众参与环保监督的机制，不断提高公民的环境保护意识，引导公众向绿色低碳、文明健康的生活方式转变。

（三）“十四五”生态环境保护的重大工程

推动生态环境保护融入国家区域发展战略。加强京津冀产业转移和科技成果转化的便利化程度，确保京津冀地区生态环境保护协作机制持续高效运行，促进区域生态环境和发展水平同步提高；依据“生态优先、绿色发展”的原则打通长江、黄河中下游生态环境保护与治理体系，全面改善长江、黄河水系环境质量，建立创新型现代产业体系；推进粤港澳大湾区空气质量率先达标，加强近海生态环境治理，加强海岸线保护与管控，建立绿色智慧节能低碳的生产生活方式和城市建设运营模式；在长三角区域打造我国绿色创新发展高地和现代化绿色城市群，建立常态化、实体化、分层次的环保协商推进机制，形成区域联防联控示范。

实施重点工程，提高生态环境质量，在巩固“十三五”重大工程成果的基础之上，针对“十四五”生态环境保护新形势和新问题，建议组织实施以下生态环境保护重点工程。

1. 新型大气污染物综合治理工程

对污染物协同治理和挥发性有机物、臭氧防治技术开展科技攻关，研发新型污染物防治技术路线和装备，开展二氧化硫、氮氧化物、烟粉尘、挥发性有机物、氨气等多污染物协同控制。

2. 大江大湖重点治理工程

统筹重点流域和湖泊点源、面源污染防治和河湖生态修复，实施流域水环境综合治理工程，完善重点流域产业准入负面清单，调整大江大湖沿岸产业布局，对高污染企业实施搬迁，强化重点湖库水体富营养化防控，将总氮、总磷纳入污染物总量控制指标，实施总磷、总氮与化学需氧量、氨氮协同控制。

3. 近海环境重大保护工程

实施近岸海域污染综合防治，加强入海排污口监管，重点整治黄河口、长江口、闽江口、珠江口、辽东湾、渤海湾、胶州湾、杭州湾、北部湾等河口海湾污染，加强海岸带生态保护与修复，严格控制生态敏感地区围填海活动，强化实施禁渔、休渔政策。

4. 土壤环境治理攻坚工程

在全国农用地和重点企业用地土壤质量详查的基础上，构建土壤环境基础数据库，建立土壤环境质量监测网络，健全土壤污染防治相关标准和技术规范，持续推进土壤污染防治综合先行区建设和土壤污染治理与修复技术应用试点项目，制定详细的土壤污染治理和修复的时间表与路线图，在重点行业和重点区域分步实施土壤污染治理和修复，加强污染土地安全利用管理，防范人居环境和食品安全风险。

5. 固废减量化、无害化、资源化工程

推进“无废城市”试点建设，及时总结先进经验并在全国范围内推广，在农业、工业、服务业、居民生活各领域推进垃圾减量化、资源化和无害化，持续禁止进口洋垃圾，提高国内资源回收产业发展水平，严厉打击固体废物及危险废物非法转移和倾倒行为。

6. 生态产品提质增值工程

建立生态产品价值实现机制，推进绿色产业建设；构建以国家公园为主的自然保护地管理体系，在国家公园试点基础上，命名一批国家公园，依托国家公园等开发优质的生态教育、游憩休闲、健康养生养老等生态服务产品；维护修复城市自然生态系统，优化城市生态空间布局，形成蓝绿交织的优质生活空间，构建田园生态系统，优化乡村种植、养殖、居住等功能布局，发挥农田、草原、水域、林地等农业空间的生态功能，有效扩大城乡生态产品供给。①

党的十九届五中全会将“坚持系统观念”作为“十四五”时期我国经济社会发展必须遵循的五项原则之一，指明了提高社会主义现代化事业组织管理水平的方向。秦巴山区是多物种、多水系、多地貌和多种气候特征汇集的多元化复杂生态系统，应从“坚持系统观念”的角度来推进该区域生态环境的协同治理，必须统筹兼顾、把握重点、整体谋划，更加注重系统性、整体性、协同性。因此，对于秦巴山区，应提高对生态环境保护与治理的重视程度，提高生态环境保护的治理能力，健全生态环境保护与治理多元主体协同机制，加快生态环境保护与协同治理法律体系建设，推进评价、监督与问责机制建设。推进秦巴山区政府职能转变，促进基层服务转型与创新，确保秦巴山区生态建设可持续发展。

① 刘峥延，毛显强，江河．“十四五”时期生态环境保护重点方向和策略［J］．环境保护，2019（9）：37－41．

第二章　秦巴山区生态环境保护现状与治理问题分析

一、秦巴山区生态环境特点与污染及补偿问题

（一）秦巴山区生态环境特点

1. 秦巴山区分布的广泛性

"秦"指秦岭山脉，"巴"指大巴山脉。秦巴山区就是指长江最大支流——汉水上游的秦岭大巴山及其毗邻地区，地跨甘肃、四川、陕西、重庆、河南、湖北六省市，其主体位于陕西南部地区，秦巴山区包括的地名如表 2-1 所示。

表 2-1　　秦巴山区主要行政区

省（市）名	市名	县　名
河南（10）	洛阳市	嵩县、汝阳县、洛宁县、栾川县
	平顶山市	鲁山县
	三门峡市	卢氏县
	南阳市	南召县、内乡县、镇平县、淅川县
湖北（7）	十堰市	郧阳区、郧西县、竹山县、竹溪县、房县、丹江口市
	襄阳市	保康县
重庆（5）	重庆市	城口县、云阳县、奉节县、巫山县、巫溪县
四川（15）	绵阳市	北川羌族自治县、平武县
	广元市	元坝区、朝天区、旺苍县、青川县、剑阁县、苍溪县
	南充市	仪陇县
	达州市	宣汉县、万源市
	巴中市	巴州区、通江县、南江县、平昌县

续表

省（市）名	市名	县　名
陕西（29）	西安市	周至县
	宝鸡市	太白县
	汉中市	南郑区、城固县、洋县、西乡县、勉县、宁强县、略阳县、镇巴县、留坝县、佛坪县
	安康市	汉滨区、汉阴县、石泉县、宁陕县、紫阳县、岚皋县、平利县、镇坪县、旬阳县、白河县
	商洛市	商州区、洛南县、丹凤县、商南县、山阳县、镇安县、柞水县
甘肃（9）	陇南市	武都区、成县、文县、宕昌县、康县、西和县、礼县、徽县、两当县

资料来源：中国发展门户网，http：//cn. chinagate. cn/2016 –04/26/content_38327179. htm。

秦巴山区有众多的小盆地和山间谷地相连接，其中以汉中盆地、西乡盆地、安康盆地、汉阴盆地、商丹盆地和洛南盆地最为著称。汉川平原和安康盆地的月河川道土地肥沃，气候温和，河流纵横，阡陌交错，是陕南的主要产粮区。秦巴山区又是长江上游地区一个重要的生态屏障，这里的水、热、林、草资源及土特产品、矿藏等自然资源极为丰富。南部的巴山山麓，群山毗连，层峦叠嶂，河流源远流长；北部的秦岭余脉，山势和缓，谷宽坡平，溪水淙淙流淌。其间渠堰迂回，梯田环绕，不仅是主要产粮地，也是多种经营最有潜力的地方。

秦巴山区有种子植种三千余种，野生动物四百多种。陕南山川盛产蚕丝、苎麻、茶叶、生漆、桐油、棕片等数十种土特产品以及杜仲、天麻、麝香、五倍子等珍贵中药材。秦巴山区的地下宝藏也十分丰富，除金、银、铜、铁、硫等矿藏外，汞锑、铅锌等矿的藏量在全国也位居前列，是我国重要的有色金属、贵重金属矿藏区。陕南的水能资源藏量丰富，分布合理，为工农业生产的发展提供极为有利的条件，也预示着山区资源的综合开发面临着十分广阔的前景。

2. 秦巴山区生态环境的公共性

社会产品分为公共产品和私人产品，公共物品是由公共部门生产的，私人部门不愿意生产或无法生产。根据公共物品理论，森林的生态效益属于公共物品，也是一种纯粹的公共物品。秦巴山区的生态资源是公共物品，所有消费者均有机会使用，且在使用过程中很可能会出现使用过度和资源短缺的现象。

3. 秦巴山区生态环境的复杂性

我国对于环境主要采取的是地方自治原则，即地方政府进行独立的治理活动，解决各自的环境问题。但是这种与其他地区治理割裂的治理模式，很难全面彻底地治理该区域生态环境污染，投入高且见效慢甚至没有效果，利益分配也有失公平。秦巴山区由于地跨甘肃、四川、陕西、重庆、河南、湖北六省市，给生态环境治理都带来了很大的困难。

（二）秦巴山区生态环境破坏问题

秦巴山区向来以山势巍峨、森林茂密而著称。沿八百里秦川北部，有西岳华山、太白山等国家级风景区，已逐步建立了一系列自然保护区。这里自然资源丰富，人烟稀少，本应保持较好的生态环境，充分发挥生态屏障的保护作用，但由于处于穷困落后地区，地方性工业生产规模小，比较分散，未能有效扭转粗放型经济增长方式，部分区域生态环境保护现状不容乐观，存在较为严重的环境污染问题。

1. 秦巴山区生态环境破坏整体情况

(1) 污染源。引起秦巴山区生态环境破坏的污染源主要有以下几种类型。

矿山。秦巴山区矿产资源丰富，有金（Au）、银（Ag）、铜（Cu）、铅（Pb）、锌（Zn）、钒（V）、钛（Ti）、钼（Mo）等多种矿产，随着对矿石的开采利用逐渐深入扩大，秦巴山区内办起了金矿、铅锌矿、铜矿、钒矿、金红石选矿冶炼厂。而选矿、冶炼常用一些化学药剂，在生产过程中常形成有毒气体，如二氧化硫（SO_2）、二氧化氮（NO_2）、砷（As）、汞（Hg）的蒸气，这些气体未经处理直接排入空气中，对环境生态造成污染，使农作物深受其害，人体健康受到影响。

造纸厂。造纸厂在生产过程中需排放污水，大部分造纸厂工厂依河而建，取水方便，排污更是方便，殊不知造纸过程中排出的污水含有许多有机物、酸、碱、重金属离子，流进河流造成污染物积累，导致流域水质日趋恶化。

石料厂。在传统的社会中，采石、加工石料多是人工劳动，除了消耗一定劳动力，对环境影响不大，但随着科技的不断发展，为了减少体力支出，多采用现代手段，如炸药的使用，形成噪声污染，产生的粉尘使空气纯度降低，给居民生活造成影响。

水泥厂。由于监管不到位，小型水泥厂往往置环境而不顾，废气冲天，废水长流，污染物使河流改变了原有面貌。

（2）污染物类型。

重金属。重金属污染主要是指汞、镉、铅、铬，以及砷等，毒性较大；也指具有一定毒性的其他重金属如铜、锌、钴、镍、锡等。化石燃料的燃烧是重金属的主要释放源，采石、冶炼也是向环境中释放重金属的最主要的污染源，有些企业通过随意排放废水、废气、废渣，在环境中造成重金属污染。

有机物。秦巴山区有机物的污染也较为严重，当地化工厂、矿山、石化厂等工业组织在生产过程中，为了降低成本，没有在排放污水的过程中加入相应的缓解剂，使有机物降解后再排放，没有达到环保要求的标准。这样破坏的行为，使当地的河流、生态、空气等自然资源遭到了一定程度的破坏。

氰化物。氰化物的降解不是一件很难的事，但一些厂矿为了目前的利益，为了减少试剂处理水的成本，竟将含氰化物的废水随流水排放，顺山势倾流，氰化物是剧毒物质，如不处理，日积月累使生态环境受到严重损害。

（3）污染物扩散途径。

土壤渗透。污染物渗入地下的途径因污染源的性质不同而不同。液体污染物可以直接通过孔、坑道、裂隙、岩溶等进入地下水，流经田地、表土层污染，渗入表土层造成地下水污染、土层质量下降，同时破坏土壤中微生物系统的自然生态平衡，使病菌大量繁殖和传播，从而造成土壤的营养结构发生改变，农作物减产，疾病蔓延。

地表径流。厂矿排出的废水由于处理不当，直排入河流，污染物进入水体后，首先是被大量水稀释，随后产生一系列复杂的物理、化学变化和生物转化。当污染物不断地排入就会造成污染物积累，水质日趋恶化，使生态环境平衡遭到破坏。

空气扩散。大气污染物的时空分布及其浓度与污染物排放源的分布、排放量及地形、地貌、气象等条件密切相关，气象条件如风向、风速、大气湍流、大气稳定度总在不停地改变，故污染物的稀释与扩散情况也不断变化。同一污染源对同一地点在不同时间所造成的地面空气污染浓度往往相差较大。飘尘具有胶体性质，它易随呼吸进入人体肺脏，在肺泡内积累并可进入血液输往全身，对人体健康危害大，某些固体物质在高温下，由于蒸发或升华作用变成气体逸散于大气中，遇冷后又凝聚成微小的固体颗粒悬浮于大气中。例如高温熔融的铅、锌，可迅速挥发并氧化成氧化铅和氧化锌的微小固体颗粒。粉尘、二氧化硫、二氧化碳、热辐射等进入空气随气象条件而扩散。

2. 秦巴山区土壤重金属污染

秦巴山区内部生态条件具有一致性，区内经济发展也较为相似，在土壤重金属污染上也较为接近。

秦巴山区的土壤重金属污染主要存在于矿区以及农业用地中，主要来源为工业污染、农业生产污染、生活垃圾以及交通污染等。据数据统计，秦巴地区农村中重金属镉以及铬污染均较为严重，秦巴山区土壤中的重金属镉达标率呈逐渐上升趋势。秦巴地区有铅锌矿、银铜矿等，有些矿伴生镉、钴或者稀土矿等，矿山开采也导致了秦巴地区的土壤重金属污染。

土壤重金属污染不仅威胁动植物生长发育，还会造成水体污染，同时也严重危害人们的健康以及经济收益等。

土壤负载环境中的污染物中，重金属稳定性较强，容易向动植物体内转移，过量重金属容易造成动植物发育不良甚至死亡，严重危害生态平衡，并影响农业以及畜牧业生产发展，降低农牧业收益。受污染土壤被雨水冲刷流入河流湖泊等地，还会污染水体，危害水生动植物安全；人类在食用重金属超标的植物、肉类以及水产品后，严重影响健康。被污染的土壤不适合再种植农作物或牧草，应尽快治理修复，以免造成更大的危害。

3. 秦巴山区水环境污染

（1）秦巴山区河流受污染风险较高。

部分河段污染现象较为严重。秦巴山区整体水质状况良好，但部分河段，如十堰市天河、南阳市老灌河、天水市渭河等污染现象严重。汉江上游地区工业布局不尽合理，众多工厂多依汉江或其主要支流而建，存在医药制造、食品酿造、化学工业等重点废水工业污染源。区域内部分企业存在不正常使用污染处理设施，违法排污、超标排污、偷排漏排等现象，造成部分河段水体水质下降。

农村生活污染、农业面源污染日益突出。区域内农村生活污水、畜禽养殖废弃物处理率均较低，大多直接排入江河，造成大量营养物质随地表径流进入水体，局部水体富营养化问题突出。农村耕作者大量不当使用农药、化肥和地膜等，使土壤残留污染严重，残留物随水土流失排入江河。农村生活污水垃圾及农业污染对河流水质造成的威胁不容忽视。

尾矿库分布较多，监管落后。秦巴山脉是我国多类矿种分布密集区，采矿、选矿及其加工企业众多，形成了数量众多、形式各异的尾矿库、废石场及废渣场。大部分建设时间较早，建设标准低，环保设施缺乏，安全基础差。由于废矿渣含有硫、砷、汞等多种有害成分，有毒渗滤液的渗入将进一步污染地下水。部分尾矿库尚未建立在线监测系统，缺乏综合数据库，难以对整体区域内的环境风险进行综合评估。而“无主库”“三边库”（“三边库”是指临近江边、河边、湖边或居民饮用水水源地上游的尾矿库）的存在使得监管难度加大，易导致突发环境事件和重特大生产安全事故，严重威胁流域水质安全。

石漠化、水土流失较为严重。根据2018年12月国家林业和草原局发布的《中国·岩溶地区石漠化公报》的统计数据，秦巴山区石漠化较为严重的地区为三峡库区，三峡库区石漠化总面积为56.3万公顷。根据水利部组织的2020年度全国水土流失动态监测工作结果，三峡库区水土流失面积较2019年减少了1.04%，但水土流失面积占其国土面积的比例仍然较高，为32.57%，是长江经济带平均占比的1.73倍。石漠化直接加剧了区域内的水土流失现象，这对区域内生态系统的稳定、水源涵养功能的发挥均构成了一定的威胁。

（2）秦巴山区水质监测预警能力较为薄弱。

监测点位布设不足、局部重复。环保系统和水利系统布设的断面不完全相同，监测重点有所差异。丹江口水库、汉江、丹江等均布设了多个水质监测断面，在重要节点布设了控制断面；而其他重要入库支流一般只在支流口或上游布设为数不多的断面。总体而言，现有水质自动监测站点数量少，监测点位布设存在局部重复、局部不足，尤其偏远地区，不能全面真实地反映库区及上游地区水质的现状和变化趋势。

环境监管能力、手段较落后。截至2021年底，丹江口水库及上游地区仍以人工为主的监测方式进行水质监测，全流域范围内配有水质自动监测站较少，水质远程自动监测在站点位置及数量、仪器配置等方面与库区规划目标要求仍存在较大差距。库区及上游地区环境监管主要以现场检查为主，监管手段单一，环境监察监测人员编制尚不能达到国家环境监测标准化建设要求，与南水北调中线核心水源区环境保护工作总体要求不匹配。环境应急中心建设缓慢，难以保障库区及上游地区的水质应急监测，部分区域污染源在线监测设施安装不到位，难以实现对污染源的实时监测，威胁流域水质安全。

水质预警预报能力薄弱。截至2021年底，尚未建立全流域的风险源、水环境数据库，信息传输系统有待完善，无法对库区重点污染源进行实时监控和有效预警，以应对流域突发水环境污染事故。

4. 秦巴山区生物多样性被破坏

秦巴山区以生物多样性、水源涵养为其最重要的生态价值，但该地区对于珍稀濒危物种栖息地及水源地的保护存在不足，秦巴山区生态系统完整性的保护仍需要进一步优化与完善。

（1）珍稀动物物种栖息地破碎化。秦巴山区作为我国生物多样性保护优先区域（秦岭、大巴山）和国家24个重点生态功能区之一，是众多珍稀濒危野生动物的栖息地，分布有大熊猫、朱鹮、金丝猴、羚牛、林麝等120余种国家级保护动物和珍稀植物，是我国重要的生物基因库，在世界物种基因保护方面占据显著地位。但部分物种栖息地碎片化状况严重，人类居住、农耕、旅游开发等行为活动以及道路建设对栖息地不断分割，珍稀物种的自然保护地急需填补空缺并严格保护地内的管理制度以降低人类活动的干扰。

例如，由于森林乱砍滥伐及捕猎问题，秦岭羚牛的栖息地逐年萎缩，种群数量不断锐减。据统计，秦岭羚牛种群数量约5100只，其活动范围在春季与秋季集中于较低海拔，人类活动干扰较多，保护地覆盖区域有限，也造成羚牛与当地居民的冲突事件增多；川金丝猴栖息地在秦巴山脉依旧存在一些零散斑块未连通的状况，在海拔低于1000米的成县和略阳县境内形成较明显的隔离带，神农架片区栖息地也相对破碎，沿高海拔区域呈不规则分布；林麝的栖息地对人类活动干扰极为敏感，秦巴山区域大量的道路建设使林麝现有栖息地的破碎化非常严重，林麝分布区面积锐减了约2/3，其栖息地从四大分布区分裂成12个独立斑块，破碎化程度严重。

（2）珍稀物种自然保护地空间不足。秦巴山区域大熊猫及神农架国家公园试点的建立在一定程度上整合了周边自然保护地，提升了野生动物栖息地的完整性，但在秦巴山脉仍然有许多地区存在其他珍稀野生动物的保护不到位。从1965年至2020年年底，陕西省虽然在秦岭地区羚牛分布区内先后共建立了33个保护区，总面积达到850万亩，但保护范围内人类活动的干扰仍然存在，一些重要的迁徙生态廊道缺失，造成秦岭羚牛的栖息地连通性不够，保护状态仍不容乐观。川金丝猴生态环境主要分布在秦岭的中西部地区，面积为8853.8平方千米，但现有保护地仅保护了31.6%的川金丝猴生活区，有必要新建或扩建保护区，提高生态环境之间的连通性，促进金丝猴种群的交流与迁徙。秦岭林麝生态环境主要集中在主峰太白山及周边地区中高海拔的森林中，共有生态环境面积10764.4平方千米，现有的保护区保护了3500.9平方千米的林麝生态环境，但仍有67.5%的林麝生态环境处于保护空缺状态。

5. 秦巴山区生态环境破坏典型案例

汉江发源于秦岭南麓，是长江九大支流中的第一条。流经陕西省汉中和安康，进入湖北省，为南水北调中线工程输水中心，是我国水资源结构调整的重要水源地。汉江上游高山深谷的秦巴山区是汉江流域重要的水源保护区。但截至2020年7月，秦巴山区上游的许多支流多年来仍然受到硫铁矿开采的污染。虽然这些矿区在2000年前后被政策关闭，但由于缺乏生态恢复或风险控制措施，堆积在矿山露天和山区深沟中的矿渣仍然在雨水和泉水的冲刷下不断将硫磺水输送到下游，这不仅影响了村民用水，也威胁到汉江流域的水质。这些矿渣主要散布在安康市的白河县，还涉及汉中市西乡县的部分区域。[①]

更遗憾的是，在矿区遗留生态环境问题尚未解决的情况下，采矿仍在继续，在陕西省汉中市西乡县，2017年，当地个别企业依然在生产硫金砂。

① 澎湃新闻．陕西秦巴山区硫铁矿区污染调查，https：//www. thepaper. cn/.

2019年，有记者在企业厂区内看到，按照环评规定以及环保部门的整改要求本该加药处理的废水池并未开动，大量强酸性的生产废水存留在废水池中。废水池旁，泡桐沟里的硫磺水顺势流入五里坝河，而五里坝河是一条由泉水补给的多沟溪河流，沿东南流入镇巴县境内的四道河，最终汇入汉江。

个别地方政府未树立经济与生态共同发展的理念，只注重个人绩效，轻污染治理。水资源的流动使得污染源极易扩散，导致污染范围扩大，又由于不同区域的经济状况和发展程度不同，治理方式很难协调，秦巴山区污染治理日渐复杂和严峻。

（三）河流的自然与风景价值保护缺失

秦巴山区区域内有7个与水生生物保护相关的国家级自然保护区，6个与河流地貌保护相关的国家级地质公园，6个与河流风景价值保护相关的国家级风景名胜区以及45个国家级水利风景区。虽然秦巴山脉有涉河保护地，但总体而言保护地内河流仍在一定程度上面临着来自旅游开发、水资源开发等方面的威胁，对于秦巴水源涵养地河流的自然与风景价值的保护力度明显不足，违规水利设施建设情况仍然存在。保护地内河流面临着开发风险，与此相关的小水电问题突出，例如神农架国家公园试点区内存在引水式小水电，导致坝下河床干涸和水土流失，威胁水生珍稀濒危物种生存。旅游基础设施建设也为河流保护带来一定风险，保护地内一些河岸因为游憩步道及平台建设呈现不同程度的硬质化特征，一定程度上影响了河流的自然流淌状态及驳岸的自然状态。配合游憩活动修建的餐饮楼、服务中心等基础设施，在一定程度上破坏了河流景观的整体性和连续性。游客产生的旅游垃圾，对植被、水环境和野生动物造成一定威胁。总体而言，秦巴山区在河流的自然与风景价值保护方面还缺乏对河流价值的整体认知，仍有一些河流未受到严格保护，河流自然与风景价值的保护不连续、不完整、不系统。

（四）生态补偿机制有待完善

1. 补偿标准不统一、补偿金额过低

针对丹江口水库及上游地区的水质保护，国家与地方政府都制定了一些涉及生态补偿的制度和措施，但实施的部分补偿办法、标准随意性较大，存

在着核算标准不统一、标准偏低、不足额补偿等问题。总体来看，国家的重点生态功能区转移支付金额与地方政府的环保投入还存在一定的差距，转移支付资金难以全面支撑丹江口水库及上游地区的水质保护，不能保障调水工程的顺利运行。

2. 生态补偿方式和资金来源较为单一

丹江口水库及上游地区的生态补偿方式主要为国家的重点功能区转移支付。区域的生态补偿主要依靠政府采取财政补贴、行政管制等手段，如进行资金补偿、实物补偿、政策补偿等。当前国家采取的生态补偿措施和政策，基本上是以工程项目建设投入为主，主要为水污染防治和水土保持项目，但投资项目不配套、标准偏低。生态补偿资金主要来源于中央财政一般性转移支付，缺少横向补偿，补偿的资金来源单一。

3. 生态补偿政策法规有待完善

针对丹江口库区及上游地区的生态补偿，已有的相关法律法规对水资源保护各利益相关者的权利、义务、责任缺乏明确的界定，对补偿内容、方式、标准和实施措施也缺乏具体规定。

4. 后评估机制有待健全

虽然制定了一系列生态补偿的激励约束政策，但其权威性和约束性不够。丹江口库区及上游地区各地区的资金分配后，对专项资金存在挪用、乱用现象。

二、秦巴山区生态环境治理现状

（一）秦巴山区生态环境治理模式

秦巴山区较早意识到了区域协同对于推动秦巴山区脱贫、实现更高质量发展的重要意义，在积极推动政府、非政府组织、企业和公民参与生态环境保护方面，同处于秦巴山脉区域的五省一市，很早就开展了跨区域合作。

早在1986年，湖北十堰、襄樊、神农架林区、荆门，陕西安康、商洛，河南南阳、洛阳，四川达州等4省9市（区）成立了“中西部经济技术协作区”，其合作从区域产业拓展到生态环境保护与生态文明建设等纵深领域。

2002年由巴中、汉中、广元3市率先发起的川陕片区旅游协作会议，在2008年吸引甘肃省陇南、天水等城市加入。

2010年，四川省万源市、通江县，重庆市城口县和陕西省镇巴县、紫阳县签署《秦巴山区扶贫统筹试验区合作协议》，共建秦巴山区扶贫统筹试验区。

2014年，四川省达州市联合广安、南充、巴中、汉中、安康、十堰、万州、涪陵等地打造“秦巴地区区域发展与扶贫攻坚合作示范区”，并与陕西、重庆相邻县（区）开展连片扶贫合作。

2015年，四川、陕西、甘肃3省6市的国家税务局、地方税务局签署《秦巴山区部分地市税收合作协议》，在税收政策执行、纳税服务、信息共享等方面展开深度合作。

2019年，巴中、汉中两市签订了战略合作框架协议，在基础设施互联互通、文旅融合发展、脱贫攻坚、产业发展、乡村振兴等诸多方面开展深化交流与合作。

1. 政府在生态环境治理中的组织作为

实施西部大开发战略促进了秦巴山区的发展，秦巴山区丰富的资源和广袤的土地为全国的经济发展带来了更加有力的保障。中央和地方政府之间的权力配置、各级地方政府之间的通力合作和政府各部门之间的协调互动对秦巴山区的生态治理则显得尤为重要。

（1）明确中央和地方政府在生态环境领域内的权力分配。中央政府在对秦巴山区的生态环境问题上表现出了高度的重视，早在1998年颁布的《全国生态环境建设规划》中，强调了秦巴山区生态环境治理对全国生态环境改善的战略地位，并且在各项会议中不断地完善对与生态环境相关的立法、制度和行政组织改革这三个方面的建设。党和国家以及国家环境保护总局下发的相关政策性文件，虽然在总体性规划上对秦巴山区生态环境治理起到了重要的指导作用，但由于秦巴山区各级政府面临着GDP考核带来的经济发展压力，在对中央颁布的生态环境治理法规、政策及管理模式的贯彻执行并不理想，并且对当地的生态环境质量改善程度不明显。

（2）各级地方政府对生态环境的保护与治理。自 2011 年，秦巴山区的各级地方政府逐渐意识到了生态环境对经济发展的基础性作用，秦巴山区各省份根据当地的生态环境状况，将生态环境治理落实到区域的经济发展规划当中，当地政府下调了 GDP 增速目标。可见，秦巴山区各级政府已经把秦巴山片区区域协调经济发展和生态环境治理作为导向标，不断更新和完善有关生态环境治理的地方性法规和政府规章制度，并设立了对生态环境治理的制度改革试点，开展生态安全屏障试验区的建设工作。

（3）秦巴山区大范围内的生态工程建设正在逐步开展。随着国家财政对秦巴山区转移性支付的不断加强，秦巴山区大范围内的生态工程建设正在逐步实施。秦巴山区实施的生态工程主要有五项，即天然林保护工程、重点防护林体系建设工程、退耕还林还草工程、野生动植物保护及自然保护区建设工程。

2. 秦巴山区非政府组织的生态环境保护行为正在逐步发挥作用

（1）国际环保组织很少关注到秦巴山区生态发展。环保非政府组织大致分为国际环保非政府组织、国内环保非政府组织、秦巴山区区域环保非政府组织。从分布情况来看，国际环保非政府组织虽然很青睐西部地区，但绝大多数的组织主要建立在西南地区，尤其在云南、四川等地分布较多。国际环保组织成立的时间长，具有先进的理念和成熟的管理机制，能够有效地引导我国的环保事业的发展，并为我国的环保事业带来资金上的支持。秦巴山区经济发展相对落后，生态环境脆弱且有进一步恶化的趋势，但很少得到国际环保组织的关注和支持。

（2）秦巴山区生态环境保护相当重要，但是在秦巴山区的环保非政府组织却屈指可数。根据 2022 年 6 月在全国社会组织信息用信息公示平台查询结果，仅有 5 家服务于秦巴山区环境保护、经济综合发展的社会组织。相比于物种多样的西南地区，秦巴山区生态环境脆弱、生态环境协同治理难度大，这是我国环保非政府组织在西北地区力量薄弱的重要原因。

（3）秦巴山区区域环保非政府组织影响力度小。秦巴山区区域环保非政府组织数量少，影响小，并且分布不均匀。按照中国环保联合会的分类方法，将秦巴山区环保非政府组织分为三种类型：民间环保非政府组织、学生环保社团以及国际环保组织。

陕西省安康市的民间环保组织“绿色秦巴”。“绿色秦巴”的宗旨为“致力于陕西环境污染监督，倡导有价值的绿色生活”。从公众参与以及公众环境行为培养角度入手，去守护汉江母亲河。一方面建立河流守护网络区域化地保护本地河流，另一方面通过“共爱生命之源”活动倡导本地公众、企业等关注河流垃圾等议题，通过开展河流二十四节气自然美学课程引导孩子们关注参与河流保护。发起了“汉江流域水保护计划”“共护三秦水”以及“民间河长”护水网络。目前整个陕西护水网络总计有9个网络，共计300多人在巡护着陕西90多个巡护点、39条河流。在安康六个县区都有河流守护的团队，他们职业不同，有保安、教师、公务员、快递员、学生等。

陕西环保志愿者联合会。陕西环保志愿者联合会由陕西省民政厅注册监管，由热心环保事业的人士、企事业单位和其他社会环保组织自愿组建而成的非营利性社会团体组织。陕西环保志愿者联合会主要在搭建沟通桥梁、环境教育培训、环境科普知识、公众参与互动与社会监督、环保项目的规划、组织和实施、环境政策法律法规咨询、环保交流合作、环境文化理论研究和作品创作、环保公益活动等方面开展工作。

虽然秦巴山区环保非政府组织数量较少，但对于提高秦巴山区公众的环保意识、增进其环保行为都起到了举足轻重的作用，甚至还在一定程度上缓解了部分地区的生态环境危机。伴随着环保非政府组织力量的不断壮大，在不久的未来将会很大程度上影响或决定着中国的生态环境治理状况。

3. 企业和公民对生态环境保护的参与度不高

企业和公民都是非政府的生态环境保护参与者，秦巴山区作为后发展地区对经济发展的追求更加强烈。但是，秦巴山区的企业和个人对生态环境保护还主要在意识层面，参与生态环境治理的行为活动并不积极，缺乏对生态环境保护的责任意识。例如，2015年陕西省委第三环境保护督察组向汉中市反馈督察情况：全市206家医疗机构产生的84.36吨医疗废水处理污泥，仅经基本消毒后就进入生活垃圾填埋场填埋或自行处置，汉中市委、市政府应根据《陕西省环境保护督察巡查方案（试行）》和督察反馈意见要求责令医疗机构整改。

（二）秦巴山区生态环境保护立法情况

除《宪法》和《环境保护法》《大气污染防治法》《水污染防治法》等环境保护专门法律外，近年来秦巴山区涉及五省一市的地方人大和政府也在充分行使立法权，在自然生态环境保护方面出台了地方性法规和规章等规范性文件。2022 年 2 月 10 日，笔者在中国知网法律数字图书馆以“四川”“重庆”“湖北”“陕西”“河南”“甘肃”加上“环境”作为关键词进行搜索，统计相关区域内省级地方人大和政府出台的地方性法规和规章，具体统计数据如表 2－2 所示。从法律、法规、规章的数量及实际调研的情况而言，秦巴山区自然生态环境保护法律、法规及规章仍然存在较多问题，直接影响秦巴山区自然生态环境的保护。

表 2－2　　　　秦巴山区五省一市环境保护立法情况

省（市）	地方性法规（件）	地方政府规章（件）
陕西省	5	16
湖北省	5	16
重庆市	5	15
四川省	6	12
甘肃省	3	13
河南省	4	12

资料来源：中国知网法律数字图书馆（查阅资料时间为 2022 年 2 月 10 日）。

（三）秦巴山区水资源保护现状

1. 环保意识增强

为响应国家生态文明建设号召，秦巴山区域已进入生态修复保护常态化阶段，其中，水生态修护和保护尤其受到重视。2017 年，环境保护部等三部委发布《长江经济带生态环境保护规划》。2019 年，陕西省出台《陕西省秦岭生态环境保护条例（修订草案）》。秦巴山区域生态修复的一项重点工作是全面清理小水电。2018 年，水利部等四部委发布《关于开展长江经济带小水电清理整改工作的意见》，随后陕西省发布《陕西省秦岭区域和全省自然保护区小水电站问题整改及生态治理工作指导意见》。两项文件均要求限期退出涉及自然保护区核心区或缓冲区、严重破坏生态环境的违规水电站。

2. 管理机构改革和管理模式创新

为响应国家机构改革，秦巴山区域各省已陆续组建自然资源厅，整合了国土资源厅、发展和改革委员会、水利厅、农业厅、林业厅等的国土空间用途管制和生态保护修复职责，着力解决自然资源所有者不到位、空间规划重叠等问题，以实现山水林田湖草整体保护、系统修复、综合治理。同时，设林业与草原局加挂国家公园管理局牌子，整合了国土资源厅、发展和改革委员会、水利厅、农业厅、林业厅等的自然保护区、风景名胜区、水利风景名胜区等管理职责。

根据《关于全面推行河长制的意见》，秦巴山区域各省已逐步建立省、市、县、乡四级河长体系，任命地方各级政府领导为河长。各省河长制工作方案均要求依法开展河道管理范围划定、岸线开发利用与保护区确定等。还强调构建自然生态河湖，维护健康自然弯曲河湖岸线和天然浅滩深潭泛洪漫滩，恢复受损河湖的生态功能，加强水生生物资源养护，提高水生生物多样性。①

这些举措均从政府层面肯定了自然状态下河流的生态环境价值，并正在积极恢复已受小水电破坏的河流自然流淌状态和生态过程。政府机构改革之后，原先分属于国土资源部门、发展和改革委员会、水利部门、林业部门等不同部门管理的保护地将由国家公园管理局统一管理，有助于解决河流保护管理存在的地方管理力度不足、多部门交叉等问题，为秦巴山区水资源的保护管理带来契机。

（四）秦巴山区植被资源治理成效

北京师范大学“地表过程与资源生态”国家重点实验室利用 MODIS－NDVI 数据，采用趋势分析、Hurst 指数及偏相关分析等方法，探讨了 2000～2014 年秦巴山区植被覆盖时空变化特征及未来趋势，并对其驱动因素进行分

① 夏继红，周子晔，汪颖俊等．河长制中的河流岸线规划与管理［J］．水资源保护，2017，33（5）：38－41．

析，研究结论如下。①

（1）2000～2014 年秦巴山区植被覆盖呈显著增加趋势，增速为 2.8%/10a（10a 指 10 年，后续同理），其中 2010 年之前植被覆盖呈持续增加趋势，增速为 4.32%/10a，而 2010 年之后则表现为连续下降的态势，降速达 -6.59%/10a。

（2）空间上，植被覆盖格局呈现“中间高、四周低”的分布特征，高值区主要分布在陕西境内的秦岭山地和大巴山山地，并且随海拔的升高，植被覆盖逐渐变好，直至 3600 米之后归一化植被指数（NDVI）值急剧下降。

（3）秦巴山区植被覆盖整体表现为上升趋势，呈增加和减少趋势的面积分别占 81.32% 和 18.68%，极显著增加区域主要分布在植被覆盖较低的西北地区；而 2010～2014 年 71.61% 的区域植被呈下降趋势。

（4）赫斯特（Hurst）分析表明，秦巴山区植被变化的反向特征强于同向特征，其中 46.89% 的区域由改善转为退化，而持续改善地区仅占 34.44%。同时，Hurst 指数随海拔波动较小，4500 米以下以低于 0.5 为主。

（5）人类活动对植被造成了双重影响。一方面，退耕还林还草等生态工程有效改善了区域生态环境，使植被覆盖增加；另一方面，随着城市化的推进，城市扩张对城市周边植被覆盖造成一定的负面影响。

整体而言，生态效益已经逐渐凸显。以陕西省汉中市为例，汉中市位于陕西省西南部，北依秦岭，南屏巴山，与甘肃、四川毗邻，是国家重点生态功能区秦巴生物多样性生态保护区。市域总面积 2.72 万平方千米，辖 2 区 9 县 176 个镇（办）2187 村（社区），总人口 380 万人。全市共有建档立卡贫困村 1010 个，2019 年底建档立卡规模为 22.5 万户 67.2 万人。2018 年，全市森林覆盖率 59.11%，较 2014 年提高 0.93 个百分点，林地面积增长 38 万亩，有效改善了全市生态环境。据测算，新增林地每年可吸收二氧化碳 914 万吨，释放氧气 675 万吨，涵养水源 127 亿立方米。2019 年，市中心城区优良天数 303 天，较 2015 年增加 21 天。汉江水质逐年好转，全市优良水体占比达到 100%，Ⅰ类、Ⅱ类水质断面达 96.2%，集中式饮用水水源地水质全

① 刘宪锋，潘耀忠，朱秀芳等 . 2000 -2014 年秦巴山区植被覆盖时空变化特征及其归因［J］. 地理学报，2015（5）：705 -716.

部达标。随着林木的生长，森林植被面积增加，水土流失得到有效控制，生物多样性得以改善，生物资源更加丰富。

（五）秦巴山区生态环境治理典型案例

1. 甘肃省坚持经济发展与生态环境相结合

以甘肃省为例，为了全面落实生态环境的分级管控，2017 年印发了《甘肃省秦巴山片区区域发展与扶贫攻坚实施规划（2016－2020 年）》，坚持经济发展与生态环境保护相结合。加强环境保护和生态建设，集约节约利用资源，大力推进清洁生产和绿色消费；以科技创新为支撑，切实转变经济发展方式，加快产业结构调整升级，走新型工业化、城镇化和农业现代化道路，促进经济发展与生态环境保护良性互动。

在生态建设和环境保护方面，从重要生态功能区、生态保护与建设、环境保护和防灾减灾四个方面综合提升秦巴山区生态建设和环境保护效果。在生态安全保护区方面，以白水江、小陇山国家级自然保护区及省市级自然保护区、国家级和省级森林公园为重点，以生态建设与环境保护为核心，推进生态功能区规范化建设与管理。甘肃秦巴山区片区自然保护区名录如表 2－3 所示。保护区内以挖掘和弘扬自然、民俗、文化潜力，大力发展旅游业及其关联产业为主，限制任何采矿、采伐等破坏生态安全的建设活动；同时，在生物多样性保护区方面加强对境内动植物及其生活环境的保护，保护稀有野生动植物种质资源，保护大熊猫、金丝猴等珍稀动物，以及水杉、红豆杉、岷江柏木、秦岭冷杉等森林稀有植物资源。实施大熊猫国家公园体制试点，合理开发森林资源，保护植物赖以生存的原始森林生态系统。加大动植物保护区建设，在保护区内限制开采、开发活动。加大森林资源动态监测基地、动态监测系统建设，完善配套设施。

表 2－3　甘肃秦巴山区片区自然保护区名录

名称	行政区域	面积（公顷）	主要保护对象	级别
白水江	文县	183799	大熊猫、金丝猴、扭角羚等野生动物	国家级
小陇山	徽县 两当县	31938	扭角羚、红腹锦鸡等野生珍稀动植物	国家级
鸡峰山	成县	52441	梅花鹿及其生态环境	省级

续表

名称	行政区域	面积（公顷）	主要保护对象	级别
尖山	文县	10040	大熊猫及森林生态系统	省级
文县大鲵	文县	13579	大鲵及其生态环境	省级
裕河	武都	51058	大熊猫及其生态环境	省级
康县大鲵	康县	10247	湿地生态系统和野生动物	省级
礼县香山	礼县	11330	森林生态系统	省级
黑河	两当县	3495	扭角羚等珍稀动物及自然生态系统	省级

资料来源：甘肃省人民政府网站，http：//www. gansu. gov. cn/，本书作者整理。

2. 陕西省进行秦岭生态环境保护总体规划

以陕西省为例，2020 年 7 月发布了《陕西省秦岭生态环境保护总体规划》，该规划肯定了自秦岭生态保护工作开展以来生态环境质量持续改善、“五乱”问题整治成效明显、野生动植物保护效果显著、水源地保护持续加强和体制机制进一步健全六方面的工作成效，也正视了秦岭地区山地灾害相对严重、生态环境相对脆弱、生态修复任务艰巨、经济发展相对滞后和生态保护意识尚需提高五方面主要问题。该规划确立了坚持保护优先、统筹规划、严格监管、绿色发展和共同参与的基本原则，从植被保护、水资源保护、生物多样性保护、开发建设活动的生态环境保护、生态环境修复治理、绿色发展、保障和改善民生等方面进行了详细规划部署，并明确了规划实施和监督监管体系，有效保障生态保护实施效果。目标是到 2025 年，秦岭范围国土空间“三区三线”全面划定，实现“多规合一”，以国家公园为主体的自然保护地体系基本建成，主体功能区战略和制度全面落地；生态功能水平不断提升，森林覆盖率稳定在 70% 以上，野生动物重要栖息地面积保护率超过 65%，湿地保护率超过 30%，饮用水水源水质达标率达到 100%，汉江、丹江出省境断面水质达到国家要求，历史遗留矿山地质环境治理率达到 50%，新增水土流失治理面积超过 3000 平方公里；经济社会发展水平和区域可持续发展能力稳步提升，公共服务能力、基础设施建设、资源集约节约利用水平大幅提高。

陕西省各市县也积极推进秦巴山区生态环境保护。汉中市印发的《汉中市人民政府关于印发汉中市秦岭生态环境保护规划的通知》规定，汉中市秦巴生态保护委员会统筹负责汉中市山长制工作，市、县区两级秦巴生态保护委员会办公室加挂山长制办公室牌子，镇（办）明确负责山长制相关工作的机构。市秦巴委负责汉中山长制管理范围内所有区域的保护管理和山长制工作，承担推进山长制的总督导、总调度职责。县区、镇办山长制工作机构负责各自管辖区域内的保护管理和山长制工作。山长制办公室成员单位按照各自职责分工，协同推进各项工作。全面建立山长制，分段分区域设立山长，建立市、县、镇、村四级山长体系。

三、秦巴山区生态环境治理存在的问题

秦巴山区地跨五省一市，下辖 80 个县（市、区），不同行政区划依据其自身实际情况制定了适合本省、市的地方性法规、标准，80 个县（市、区）中的大部分也依据中央、省市的相关法律法规及规范性文件制定了相应的实施细则和方案。但是各省市之间的跨域合作“碎片化”现象较为明显，尚未提出系统性的思路和规划。

（一）生态环境协同治理中法规政策的碎片化

首先，秦巴山区不同行政区划针对相同问题制定的规范文件，主要采用“实施方案”“实施意见”“实施规定”等立法体例予以规定。以水资源生态环境保护为例，湖北、四川、重庆均以条例来进行规定，而陕西、甘肃均以实施意见来进行规定，而河南省则是以实施细则来进行规定。其次，自然生态环境保护的制度机制不健全。地方性法规和规章的主要作用在于弥补现行法律或行政法规的不足，从秦巴山区生态环境保护立法来看，大部分的地方性法规、规章及规范性文件并没有将生态环境保护制度全面细化。最后，秦巴山区的综合性生态环境保护立法缺失。秦巴山区地域广阔，涉及五省一市的 80 个县（市、区），所辖行政区划级别差异较大，既包括市，又涵盖县或区，分割管理直接导致不同行政区划交界处出现生态环境保护的真空地带，不同行政区划的生态环境保护立法难以实现对该地区环境资源的保护。

（二）生态环境协同治理中目标规划和责任主体的碎片化

通过对秦巴山区五省一市自然生态环境保护法规、规章的比较，无论是单行条例，还是地方性法规，其内容都存在一定的差异。以生态环境保护条例为例，比较《湖北省环境保护条例》《河南省建设项目环境保护条例》《陕西省秦岭生态环境保护条例》《甘肃省环境保护条例》《四川省环境保护条例》及《重庆市环境保护条例》，存在两方面的问题。

一方面，生态环境保护立法的宗旨不一致。《陕西省秦岭生态环境保护条例》专门针对秦巴山区（陕西片区）的具体情况制定条例，目的是维护秦岭水源涵养、水土保持功能，保护生物多样性，规范秦岭资源开发利用活动，促进人与自然和谐相处，侧重自然生态的保护。四川、重庆、甘肃及湖北的立法目的都明确了生态环境保护与社会经济协调发展的双重目标，表现出来的是环境保护与社会经济协调发展相一致。河南省目前有《河南省建设项目环境保护条例》《河南省地质环境保护条例》等相关环保法规，但缺少独立的环境保护条例。《陕西省秦岭生态环境保护条例》是专门针对秦巴山区（陕西片区）的自然生态环境保护的专门立法，环境保护意识更浓，如表 2－4 所示。

表 2－4　　　　秦巴山区各省市生态环境保护立法目标

省（市）	立法目标
陕西省	保护秦岭生态环境，维护水源涵养、水土保持功能，保护生物多样性，促进人与自然和谐相处，推进生态文明建设，实现经济与社会可持续发展
四川省	保护和改善环境，防治环境污染、生态破坏和其他公害，保障公众健康，推进生态文明建设，促进经济社会可持续发展
重庆市	保护和改善环境，防治污染和其他公害，保障公众健康，推进生态文明建设，促进经济社会可持续发展
湖北省	保护和改善生活环境、生态环境，防治环境污染和其他公害，保障人体健康，促进经济和社会发展
河南省	防止建设项目产生新的污染、破坏生态环境
甘肃省	保护和改善生活环境与生态环境，防治污染和其他公害，保障人体健康，促进经济和社会发展

资料来源：国家法律法规数据库，本书作者整理。

另一方面，五省一市环境保护条例规定的责任存在差异。以环评影响报告书为例，五省一市规定的法律责任在区分程度和处罚数额上都存在较大差异。其中，甘肃省对于环评报告的规定较为笼统，没有给出细致的处罚方式和数额，河南省对无评价证书或超出评价证书范围承接评价任务的处罚进行了明确规定。湖北省将环境影响报告书的初步设计和环评结论错误进行了规定，其余四省一市均没有对此进行规定，如表2－5所示。

表2－5　秦巴山区五省一市环境保护条例中追责处罚相关规定

省（市）	条例	追责处罚相关规定
陕西省	无	无此项规定
四川省	《四川省环境保护条例》第八十一条	建设单位未依法报批建设项目环境影响报告书、报告表，未依法重新报批……由县级以上环境保护主管部门责令停止建设处建设项目总投资额百分之一以上百分之五以下的罚款，并可以责令恢复原状；对建设单位直接负责的主管人员和其他直接责任人员，依法给予行政处分
重庆市	《重庆市环境保护条例》第一百零八条	建设项目未依法提交建设项目环境影响报告书或者报告表或者环境影响报告书或者报告表未经批准，擅自开工建设的，对主要负责人处一万元以上十万元以下罚款
湖北省	《湖北省环境保护条例》第三十二条	建设项目环境影响报告书（表）未经环保部门审批，初步设计中的环境保护篇章未经环保部门审查批准，擅自施工的，由具有审批权的环保部门责令限期补办审批手续或停止施工，中并处以一万元以上十万元以下的罚款；环境影响评价单位因评价结论错误，环保部门处以评价费用两倍以下的罚款；无评价证书或超出评价证书范围承接评价任务的，环保部门没收非法所得，并处以评价费用两倍以下罚款
河南省	《河南省建设项目环境保护管理条例》第三十二条	初步设计中并处以一万元以上十万元以下的罚款；环境影响评价单位因评价结论错误，环保部门处以评价费用两倍以下的罚款；无评价证书或超出评价证书范围承接评价任务的，环保部门没收非法所得，并处以评价费用两倍以下罚款
甘肃省	《甘肃省环境保护条例》第六十三条	建设单位未依法提交建设项目环境影响评价文件或者环境影响评价文件未经批准，擅自开工建设的，由负有环境保护监督管理职责的部门依法责令停止建设，处以罚款，并可以责令恢复原状

资料来源：国家法律法规数据库，本书作者整理。

目前秦巴山区生态环境破坏主要表现在土壤重金属污染、土壤水环境污染、生物多样性破坏几大方面。秦巴山区五省一市政府、非政府组织、企业和公民均在生态环境治理中通过立法、加强过程监管等多个角度不同程度地做出了贡献。五省一市仅就当前秦巴山脉区域环境保护工作中矛盾较为突出的部分环节或领域的问题展开合作，没有形成有关秦巴山脉区域发展的统一、整体和长远方案，导致区域生态综合治理成效难以显现。

四、秦巴山区生态环境保护与协同治理的制约因素

秦巴山区生态环境保护与协同治理的制约因素很多，其中既有现行政府生态环境保护决策机制无力达到的缺憾，也有政府生态环境保障机制运行过程中的动态障碍。

（一）决策机制缺乏科学性

长期以来，秦巴山区传统经济的发展模式是一种粗放型、单向线性的、不具有可持续性的发展模式，这种经济发展模式是以破坏环境为代价的，经济发展速度越快，付出的资源和环境代价越大，最终可能会丧失发展的基础和后劲。采用这种单一化发展模式的后果是高投入、高消耗、高排放、不协调、难循环、低效率六大“病症”。

科学而切实可行的生态环境保护决策机制较为欠缺。科学可行而长期有效的环境发展决策机制存在并发挥有效作用是秦巴山区继续发展改革的必要前提，也是该区域政府自身建设不可或缺的组成部分。生态环境建设具有投资大、周期长、见效慢的特点，加快秦巴山区生态环境建设、实施退耕还林工程，对于国家、地方和群众三个方面来说，是一项长期的、重大的工作，本身需要科学稳定的环境决策体系的有力支持，可实际效果并非如此。小流域治理、水源涵养林建设等生态环境建设都是依托工程项目来进行的，项目结束以后，工程的生态效益比较明显，而在中短期内很难见到比较显著的经济效益，项目自身很难筹集到项目结束后的工程管护和改造资金。一旦国家

不继续投入，则已建工程的作用和效益也很难充分发挥，甚至会丧失殆尽。

（二）运行机制不畅

1. 生态环境机构与地方政府难以实现有效横向配合与监督

垂直管理改革后，生态环境监测监察行政执法不再受地方政府的行政干预，环境监测监察行政执法具有相对的垂直性、独立性，但生态环境机构监测监察垂直管理改革后又会遇到的一些新问题。一是生态环境系统自成体系，外界无权干扰，地方政府的监督管理被弱化，监测监察机构在执法过程中，基本失去地方政府的横向有效监督；二是生态环境机构在监管和执法中必须依赖地方政府的大力支持配合，而地方政府是被监管对象，在横向配合方面存在一定的难度，有时甚至会难以执行，势必加大生态环境执法的成本；三是垂直管理改革后，地方政府的环保职能被分解，组织结构不完整，发现污染隐患而又无权过问，看得见管不着或者管得着又看不见，难以实现有效监督。

2. 生态环境保护的资金投入机制出现空位、错位现象

我国在秦巴山区大部分地区的建设投入主要是依靠国家投入，因此在群众中产生了“生态是国家需要的，给钱、给物我就干”“国家要被子（植被），农民要票子”的“等、靠、要”的思想。国家的资金投入并没有激活和吸引更多的社会资金的投入，这在一定程度上阻碍和延缓政策的可持续性。许多区县环保部门在核定排污费的过程中，按照与企业协商好的缴款金额核定，有的尽可能多核定，为双方留下讨价还价的空间，也有的地区将减免排污费作为招商引资的优惠政策，截留应上缴国家级、省级国库的排污费收入。还存在以物抵费的现象，变相隐瞒应征收的排污费。在排污费的分配环节上用于污染治理的投入不足，治污项目的计划安排不及时，致使大量治污资金闲置。在排污费的管理环节上，一是部分地区自行设立过渡户、缴费不及时、直接坐支；二是项目资金后续管理缺乏有效监督；在排污费的使用环节上，一是部分环保部门以费养人的问题比较突出，二是挤占挪用资金的现象时有发生。

3. 生态环境保护激励、约束、协调环节的不到位现象较普遍

秦巴山区在生态治理激励、监督约束、部门协调等各环节仍存在自身无

力克服和难以解决的障碍。

（1）激励机制。秦巴山区在退耕还林还草等生态环境建设中取得了很大的进展，农民退耕还林还草的积极性很高，但这在一定程度上是国家补贴政策实施的短期效应，随着国家补贴政策的弱化，当补贴小于耕地产出的时候，农民就又会返耕。因此这种单纯依靠政策“以粮代赈”救济式的生态建设激励机制是远远不够的。机制创新是推动力，在生态环境建设中必须充分调动社会各界和跨地区的积极性、主动性和创造性，大力探索、实践和推广适应市场经济体制、有利于生态环境建设和保护、有利于群众脱贫致富的新机制，如在某些地区推行的“四荒”（“四荒”指荒山、荒沟、荒丘、荒滩等未利用的土地）使用权租赁、股份合作、拍卖等措施。

（2）监督约束机制。在国家给钱给物的情况下，尤其是现行的“退耕还林还草”政策中，国家给比自己种的收益大时，群众开展生态建设的积极性必然空前高涨，但是约束机制不健全，生态建设缺乏有效的监督管理，不少地区对于已经退耕、并种植林草的土地没有实施严格的用途管制，使得生态质量难以得到保障。

（3）部门协调机制。由于生态建设涉及多个部门，而目前的生态建设是多部门管理，因缺少有效的部门间协调机制，出现了运行环节复杂，条块分割，资金使用分散，职能部门与县乡各级政府责任划分不清，在地区、在县级的林业、水利、农业综合开发、农牧等部门各有打算，难以形成合力的情况。

中国科学院可持续发展战略组组长牛文元指出“多年计算的平均结果显示，在中国经济成长过程中，有相当一部分成绩是依靠资源和生态环境的透支获得的，这种代价至今仍存在于经济发展之中。”为此，世界银行推出“绿色国民经济核算体系”，用以衡量各国扣除了自然资源损失之后的真实国民财富。在绿色体系下，生态环境指标将作为考核政府人员政绩的重要参数。确保经济和生态环境协调发展的政府人员将被评为称职和优秀等级，而因片面追求经济增长而破坏生态环境、造成污染指数居高不下的政府人员将被评为不称职等级。实践证明，环境既是经济的条件，又是经济发展的结果，环境问题是经济活动发展到一定阶段的产物，经济与环境之间存在着密切的内在联系。随着人类社会向知识化、人本化和生态化的发展以及人们环保意识和生态意识的提高，社会经济中与环保直接相关的生态产业将越来越受到重视与关注，这也将成为推动经济发展的新的增长点，将会获取良好的经济效益和环境效益。但从政府绩效评价指标的构建或具体评价内容来看，传统的发展观仍在惯性运作，而与之相应的政府政绩评价体系也照常运行。

（三）保障机制不健全

生态环境补偿机制保障不力、难有作为。生态环境建设作为全国性公共产品，其补偿主体形成了以中央政府为核心和主导、地方政府并存的格局，补偿方向兼容纵向和横向。在这种补偿格局中，中央政府财政通过纵向转移支付向地方进行生态环境建设补偿，地方各级政府通过纵向转移支付向下级政府进行生态补偿，同时各级政府本级财政进行必要的补偿支出，各省区级政府和流域间政府在中央政府的调控下，在必要的协调后，由东中部地区政府对西部地区政府的生态环境建设，江河流域下游地区对上游地区的生态环境建设作必要的横向补偿。

秦巴山区生态环境补偿机制的这一格局和现状具有如下现实困境。

1. 补偿的总量和标准普遍偏低

以中央政府为主导的财政投资性供给补偿和生态产品经营效益性补偿的总量和标准都普遍偏低，显示出国家财政在支撑西部地区生态环境建设方面的不足，中央财政的投资性供给补偿中，资金来源单一，过多依赖国债，表现出典型的“国债依赖症”，地方财政供给能力严重不足，配套资金多数不能到位。中央对西部地区生态环境建设的专项转移支付制度在转移支付的数量、因素影响计算上都缺乏较为明确、细化的规定，生态环境建设的专项转移支付补偿机制缺乏稳定性、长效性和法律保证性，专项资金到位缺乏稳定保障。秦巴山区的生态环境建设、扶贫与经济发展没能有效结合，地方政府对支撑生态环境建设和农民增收的后续产业发展的扶持不足或缺乏，从长远看又使地方财政补偿机制的收入来源缺乏产业支撑性，对秦巴山区的资源开发造成的生态环境损失和居民的利益损失缺乏有效和足够的补偿机制。完善环境污染补偿制度排污费收取、排污总量控制、谁污染、谁治理对环境污染防治的补偿缺乏有效性和预防性，对提供具有生态环境正外部效应的生产型和服务型企业在税收优惠、税费改革以及贷款贴息的鼓励性财政补偿手段不足。

2. 生态环境法治机制相对滞后、执行不力

在生态环境法治领域，秦巴山区明显表现出了一些自身存在的缺陷和弱点。首先，秦巴山区现行生态环境与资源立法大部分是在计划经济体制下制定的，明显与社会主义市场经济体制的要求不相适应。例如，目前执行的超标排污收费制度，只是对超过浓度标准排放污染物征收排污费。这种超标排污收费制度，实质上是计划经济体制下的资源分配、无偿使用为主要特征的产品经济在环境保护领域的具体体现。排污只要不超过污染物排放标准，就可以无偿使用环境纳污能力资源，这在很大程度上加剧了资源浪费和环境污染。

3. 没有与地方特色紧密结合

秦巴山区生态环境立法应注重和本土资源的结合，如充分考虑本地的生态环境状况和人文地理背景。要从该地区的实际情况出发，而不是照搬、照抄国家生态环境立法，最重要的是要针对秦巴山区生态环境的特殊性，出台有地方特色的法规和规章。

4. 内容重叠矛盾，存在立法空白

同一环境污染行为，不同区域按照不同的法规、规章，有不同的法律后果，其矛盾是显而易见的。国家立法的空白，也制约着秦巴山区生态环境立法的完善，致使该地区相应的规范缺失，具体环境问题无法解决。如跨界污染、污染物总量控制、生态利益补偿等问题就因没有法律依据而得不到解决。

5. 缺乏综合性的秦巴山区生态环境立法

秦巴山区的生态环境立法是针对单项生态要素进行的，缺乏对秦巴山区生态环境整体和系统的保护。秦巴山区的环保执法工作在很大程度上还停留在计划经济体制和粗放型增长方式的层面上，许多地区还在走着“先污染，后治理”的老路。在污染防治方面，过分依赖于“末端控制”而忽视“源头治理”，远未达到在市场经济体制和集约型增长方式的层面上实现经济、社会可持续发展的要求。就秦巴山区而言，在生态环境法治层面存在着诸多问题和矛盾，这使得该区域生态环境发展呈现出强弱不均的不平衡发展态势。

造成这些问题的原因是多方面的。一是以“末端控制”为核心的思想仍然贯穿于环境污染防治的法律制度之中，预防性、综合性、整体性保护的法律制度存在缺陷。二是法律加以保护的只是眼前的、局部的和直接的利益，缺乏环境保护与经济社会发展的综合化和一体化的法律机制，使得环境保护常常表现为和经济发展相矛盾。三是环境管理能力不强，执法不力，环境保护成本高、效率低。

第三章　秦巴山区生态环境保护与协同治理的紧迫性

生态环境保护是国家重大战略中需要率先突破的重点领域之一。秦巴山区是我国生态功能区划划定的重点生态功能区及长江上游流域生态屏障的关键区域。要想真正从根本上解决秦巴山区生态环境的问题，需要各地区和各部门之间相互协调、共同治理，打破各自为战的治理现状，尽快建立和健全一套全面的、相互合作的生态协同治理机制。

一、生态危机与生态危机全球化加速

（一）生态平衡与生态危机

生态平衡（ecological equilibrium）指生态系统的一种相对稳定状态，当处于这一状态时，生态系统内生物之间和生物与环境之间相互高度适应，种群结构和数量比例长久保持相对稳定，生产与消费和分配之间相互协调，系统能量和物质的输入与输出之间接近平衡。生态系统平衡是一种动态平衡，因为能量流动和物质循环在不间断地进行，生物个体也在不断地进行更新。现实中，生态系统常受到外界的干扰，但干扰造成的损害一般都可通过负反馈机制的自我调节作用得到修复，维持生态系统的稳定与平衡。不过生态系统的调节能力是有一定限度的，当外界干扰压力很大，使系统的变化超出其自我调节能力限度即生态阈限时，系统的自我调节能力随之丧失。此时，系统结构遭到破坏，功能受阻，整个系统受到严重伤害乃至崩溃，此即生态平衡失调。

当生态平衡失调严重，威胁到人类的生存时，称为生态危机。人类盲目的生产和生活活动往往会导致局部甚至整个生物圈结构和功能的失调。生态平衡失调起初往往不易被人们觉察，一旦出现生态危机就很难在短期内恢复平衡。也就是说，生态危机并不是指一般意义上的自然灾害问题，而是指由于人的活动所引起的环境质量下降、生态秩序紊乱、生命维持系统崩溃，从而危害人的利益、威胁人类生存和发展的现象。因此，人类应该正确处理人与自然的关系，在发展生产、提高生活水平的同时，注意保持生态系统结构和功能的稳定与平衡，实现人类社会的可持续发展。

（二）生态危机产生的原因

1. 经济发展方面原因

生态危机的首要原因是人类无节制追求经济发展。我国著名生态经济学家刘思华认为，现代人类生存与发展危机的经济根源主要在于“经济第一主义、经济功利主义和物质享乐主义”。这也是当今世界陷入生态危机深渊的现实原因。

2. 社会制度方面原因

生态问题也是社会问题。不同的社会制度会采取不同的政治方略与政治措施，在谋求社会发展的同时，必然对自然环境带来不同程度的影响，不同的生态后果因不同的社会制度而异。从这个意义上说，生态危机的出现与社会制度有着直接的关系。生态危机是伴随着资本主义的生产方式所产生的，因此它与资本主义制度有着必然的联系。日本政府于2021年4月13日召开会议，决定在未来两年福岛核废水罐达到蓄水峰值后，将稀释过的废水排入大海，引发外界和当地渔民的猛烈批评。这说明滥用自然资源而不为子孙后代考虑、超越地球的承载力等特征是资本主义制度对环境产生危害的直接原因。

3. 思想观念方面原因

在对生态危机的研究中，涉及了对生态危机产生的思想文化原因的探讨，这是因为人类的任何活动都是在一定思想理论的指导下进行的。所以，生态危机的解决，首先需要人类改变固有的思维方式和观念，树立既要满足人及其社会发展的需要又能维护生态系统平衡的正确观念，这是人类走出工业文明发展困境的思想前提。美国哲学家欧文·拉兹洛（Ervin Laszlo）在《巨变》这本书中论述人类有五大根深蒂固的对生态环境有害的文化观念，即“大自然取用不竭”“自然是个大机械”“人生是为生存斗争”“市场能分配利益”“消费越多越出色”等观念思想，造成了目前的生态危机。

（三）全球生态危机

生态危机的特点之一是范围的广泛性。在全球范围内爆发，遍布整个地球生态圈的大气圈、水圈、土壤岩石圈，对人类生存的危害是全面的。特点之二是危害的严重性，特别是部分结果的不可逆性。特点之三是成因的复杂性是空前的，其深层原因有人口、生产方式、消费、科技、贫困、人类中心主义等。

2019 年 3 月 13 日，联合国发布重磅报告《全球环境展望 6》。这一报告历时 5 年，针对全球环境状况展开了最全面且最严谨的评估。报告指出，健康的环境是经济繁荣、人类健康与福祉的先决条件和基础。人类行为对生物多样性、大气层、海洋、水和土地造成了各种影响，程度严重、甚至不可逆转的环境退化对人类健康产生了负面影响。大气污染的负面影响最为严重，其次是水、生物多样性、海洋和陆地环境的退化，如图 3－1 所示。报告警告称，地球已受到极其严重的破坏，如果不采取紧急且更大力度的行动来保护环境，地球的生态系统和人类的可持续发展将受到更严重的威胁。报告指出，除非大幅度加强环境保护力度，否则到 21 世纪中叶，亚洲、中东和非洲或将有数百万人因此减寿。

生态危机从 20 世纪中叶成为全球性危机开始，经历了一个愈演愈烈的过程。

1. 全球气候变暖

那些无法完全“内部化”持续排放的温室气体，使南北极温度上升，冰山融化，海平面升高，淹没部分沿海地区；无数被冰山封盖的有害微生物（如病毒与细菌等）被释放，将对人类造成巨大的灾难；气候变暖影响降雨和大气环流，造成旱涝等自然灾害；气候变暖导致许多病虫害的蔓延，极大影响人类的正常生产活动。

据2016年12月5日《参考消息》报道，气候变化研究的首席科学家托马斯·克劳瑟（Thomas Crowther）博士说："完全可以说我们在全球变暖的问题上已经到了无可挽回的地步，我们无法逆转这样的影响，不过我们确实可以降低危害的程度。"他的研究结果刊登在《自然》上，已经得到联合国的采纳。

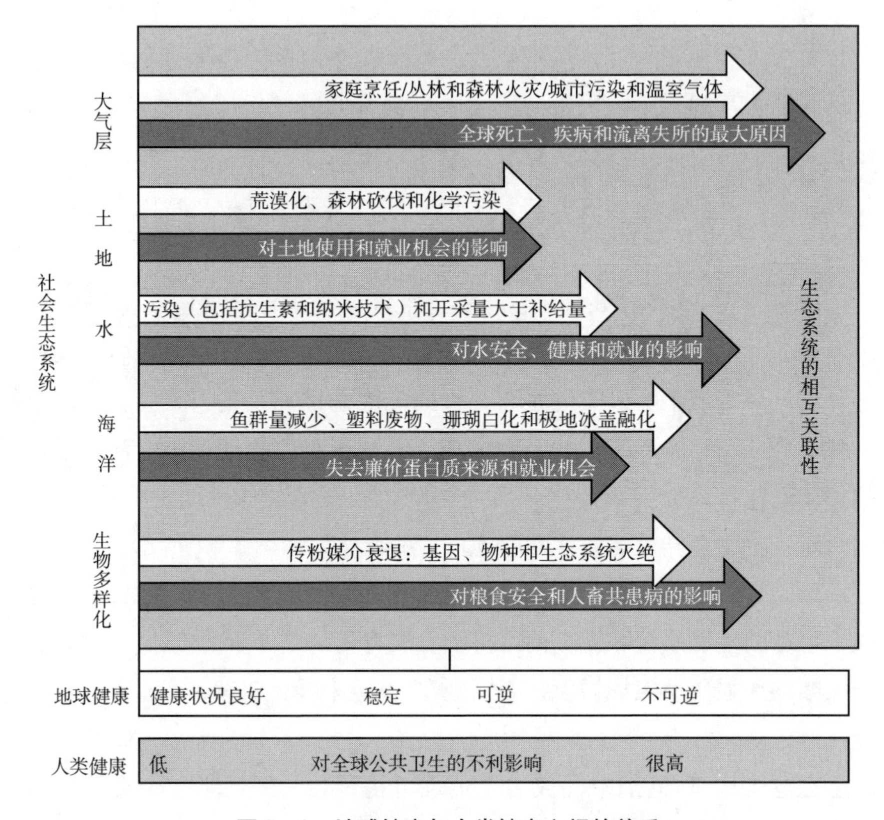

图3-1　地球健康与人类健康之间的关系

资料来源：段赟婷、凌曦《全球环境展望6：决策者摘要》，http：//www. wem. org. cn/（世界环境）。

2. 臭氧层破坏

臭氧相对集中的臭氧层距地面约为25千米，是地球的"保护伞"，它为人类吸收太阳光中大量的紫外线。倘若臭氧层持续遭到破坏，那么随着"无形杀手"——紫外线的侵入，生物蛋白质和基因物质脱氧核糖核酸被破坏，将会增加皮肤癌的发病率，也会抑制大豆、瓜类、蔬菜等植物的生长，使得农作物大量减产，影响生态平衡。现今，南北极臭氧洞已有欧洲陆地面积之大，好在经过人类的努力，臭氧层已有修复的迹象。

3. “跨国恶魔”——酸雨破坏性强

酸雨被称为“跨国界的恶魔”，其危害是全球性、跨国域的。随着工业发展和化学燃料的大量使用，大气中的二氧化硫、二氧化氮等分子越来越多，大大降低了雨、雪、雾、露的 pH 值，使其呈现酸性，最终形成酸雨。酸雨严重影响人类环境，造成诸多环境问题，如土壤酸化、腐蚀建筑材料、危害动植物的生长等，甚至漂洋过海，影响其他国家的生态环境。例如，日本排放的酸性成分，越过太平洋，到达美国时形成酸雨落下，同时影响到加拿大。酸雨强劲的破坏力和跨国特性，危害范围大，严重威胁全球生态安全。

4. 大气污染严重

大气污染是由悬浮颗粒物、一氧化碳、二氧化碳、氮氧化物、铅等造成，尤其是雾霾这一越发严重的大气污染已成为大众关注的焦点。所谓霾，是指空气中的灰尘、硫酸、硝酸、有机碳氢化合物等大量极细微的干尘粒子均匀地浮游在空中，使空气浑浊。而 PM2. 5（粒径小于 2. 5 微米的颗粒物）是造成雾霾天气的元凶，它不仅是一种污染物，而且是重金属、多环芳烃等有毒物质的载体，主要包括粉尘、烟尘等工业排放的废气与汽车尾气等。研究发现，在高湿度和高氨气的条件下，空气中的二氧化氮会促进硫酸盐形成，从而加重雾霾。这表明，除了燃煤、机动车排放和生物质燃烧，控制氮肥的使用也非常重要，这能在相当程度上减少 PM2. 5 的形成。

由于 PM2. 5 粒径小、活性强，容易通过各种途径吸收侵入人体，进入呼吸道较深的部位，甚至深入细支气管和肺泡，严重影响人的身体健康。

5. 土壤遭到破坏，地球大动脉出血严重

人类所需要的蛋白质 98% 来源土地。过度放牧、耕作采伐薪材使得水土流失不断加剧，土壤荒漠化程度越来越严重，沙尘暴肆虐，使得地球的大动脉出血，若是不及时遏止，地球将因失血过多而休克。著名的“双龙”事件（美国的黑龙事件和苏联的白龙事件）都向人们诠释土壤退化的危害性。据了解，110 个国家（人口大约 10 亿）的可耕地肥沃层在降低，由于森林植被的破坏、耕地的过分开发和牧场过度放牧，非洲、亚洲和拉丁美洲的土壤侵蚀严重，治理形势严峻。到 21 世纪中期，全球人均可用耕地面积可能会不足 0.1 公顷。

6. 海洋酸化严重

海洋是人类生命的摇篮，占全球总面积的 71%。全世界有 60% 的人口分布在离大海不到 100 千米的地方，沿海地区人口压力大，排入海洋的生活污水和工业污水逐渐增多，超过海洋自净能力，严重影响海洋的生态环境。海洋的过度开发，导致海水酸化（富营养化），海洋资源大量减少，生物多样性急剧下降。例如，人类活动以及过度开发导致近海区的氮和磷增加 50% ~ 200%，使得波罗的海、北海、黑海、中国东海等赤潮频繁发生，导致红树林、珊瑚礁、海草大量被破坏，海洋生物以及海洋渔业遭受损失。与此同时，滨海红树林的不断减少，也加剧了台风、地震和海啸等自然灾害的危害程度。

7. 淡水资源短缺

目前，获取淡水和使用清洁的淡水已经被认为是最需要引起重视的环境问题之一。水是我们生命的源泉，淡水短缺，将会引发新一轮的冲突。如果说 20 世纪战争的根源是石油，那么 21 世纪战争的根源则是水。争夺水资源是跨流域跨国家的，例如两次印巴战争都是为了争夺水资源。

8. 生物多样性锐减

数以千计的物种灭绝，生物多样性正以前所未有的速度减少。世界上每年至少有 5 万种生物物种灭绝，并以几何级数增长。生物多样性遭到破坏，影响到整个生物链和生态系统，人类将成为孤家寡人。

9. 土地沙化荒漠化日益扩大

目前，全球荒漠化土地面积已达到 3600 万平方千米，约占地球陆地面积的 1/4，并且仍然以每年 5 万 ~7 万平方千米的速度扩大，有 25 亿人口遭受此危害，12 亿多人口受此直接威胁，100 多个国家和地区受此影响。据联合国统计，目前全球已有不少于 5000 万人沦为荒漠化的生态难民。

10. 森林和湿地面积大量减少

森林被喻为地球的肺，湿地被喻为地球的肾，它们同时也是大基因库，森林占地球陆地面积的 1/3。但是，森林火灾频频发生。一是澳大利亚丛林大火。澳大利亚丛林大火是澳大利亚炎热干燥季节频繁发生的野外火灾。大面积的土地每年都会被破坏，并且造成财产损失和人员伤亡。据澳大利亚官方宣布，自 2019 年 7 月澳大利亚进入林火季以来，高温天气和干旱是林火肆虐的主要原因。从经济最发达、人口最稠密的州所在的东南部沿海地区，到塔斯马尼亚、西澳州和北领地区，几乎每个州都有林火在燃烧。截至 2020 年 7 月 28 日，澳大利亚丛林大火或已致 30 亿动物死亡。二是自 2019 年以来，亚马孙森林火灾频发。截至 2019 年 8 月 22 日，巴西境内森林着火点达 75336 处，较 2018 年同期增加 85%，逾半数着火点位于亚马孙雨林。2019 年 8 月以来，巴西森林着火点已达 36771 处，较 2019 年 7 月同期激增 175%。亚马孙地区森林大火已持续燃烧了 16 天。欧盟哥白尼气候变化服务中心发出警告，该场大火已导致全球一氧化碳和二氧化碳的排放量明显飙升，不仅对人类的健康构成了威胁，还加剧了全球气候变暖，一系列连带后果不堪设想。

全球生态危机不断加剧。早在 2009 年，由瑞典科学家主导的研究对全球九大生命支撑系统所作的全面定量化评估认为，人类已经突破了三个子系统的红线，包括气候变化、生物多样性、空间中氮的循环。还有三个领域在 21 世纪不容乐观，包括海洋酸化、淡水利用、土地利用。解决环境问题的最佳方式是将环境问题与相关的经济和社会问题结合起来共同解决，同时要考虑不同目标和具体目标之间的协同增效和权衡取舍，包括平等和性别层面的因素。要完善地方、国家、区域和全球各级的治理，包括在各政策领域之间开展广泛协作。必须制定更积极的环境政策并提高执行水平，但要注意仅靠环境政策还不足以实现可持续发展目标。在确保为可持续发展提供可持续的资金来源并使资金流动与环境优先事项相一致的同时，必须加强能力建设，借助科学信息来管理环境。所有利益攸关方作出坚定承诺、建立伙伴关系并开展国际合作，以极大地推动环境目标的实现。[①]

（四）中国生态危机

社会和经济的发展繁荣发展离不开一个健康的地球，然而，人类对资源

---

① 段赟婷，凌曦．历时 5 年《全球环境展望 6》发布：地球已受到严重破坏．世界环境［J］．2020（2）：28 – 30.

日益增长的需求，却对地球造成了巨大的压力。按照人类目前的消耗速度，地球需要一年半的时间，才能生产和补充我们一年所消耗的自然资源。这意味着人类消耗的速度超过了地球的可再生能力，地球将更难维持人类在未来的需求。随着生态赤字的持续运转，生态超载可能会引起生态资产退化，自然保护区枯竭，生物多样性丧失和生态系统崩溃等重大环境影响。

2015 年，世界自然基金会（World Wide Fund for Nature or World Wildlife Fund ，WWF）与中国环境与发展国际合作委员会（China Council for International Cooperati onon Environment and Development ，CCICED）联合发布了关于中国生物多样性和自然资源需求状况的《地球生命力报告 · 中国 2015》。报告显示：40 年，中国的陆生脊椎动物种群数量下降了一半，而中国的生态足迹却在同时期上升超过一倍，中国已面临严峻生态挑战。

报告追踪了中国大陆 682 个物种、2419 个种群的时间序列信息，发现 1970 ~ 2010 年，中国陆栖脊椎动物种群数量下降了 49. 71% ，其中两栖爬行类物种下降幅度最大为 97. 44% ，兽类物种也下降了 50. 12% 。主要是人类活动和发展导致的栖息地丧失、退化和碎片化。对于两栖爬行类动物和兽类而言，还有过度猎杀、气候变化方面的因素。另外，在早年种群数量显著下降之后，中国留鸟种群数量在 1970 ~ 2000 年保持稳定，并在 2000 年后显著上升，1970 年以来的种群数量上升 42. 76% ，这主要得益于保护区数量的增长和一系列法律法规的完善。

报告发现，中国的生态足迹总量占全球 1/6，排名世界第一，但中国正消耗着自身生物承载力 2. 2 倍的资源。生态赤字给中国带来了一系列环境问题，包括森林过度采伐、干旱、淡水不足、土壤侵蚀、生物多样性丧失以及大气中二氧化碳增多等。中国生物承载力总量最高的九个省份集中了全国 50% 的生物承载力（山东、河南、内蒙古、四川、黑龙江、云南、河北、江苏、湖南），而全国约 35% 的生态足迹总量发生在五个省份（广东、江苏、山东、河南、四川）。该期报告发布后来，内蒙古、云南、海南、新疆四个省份成为新的生态赤字省份，全国仅剩青海和西藏两个省份仍维持生态盈余。

因此，要切实推进我国的生态文明建设，迫切需要解决资源约束趋紧、环境污染严重、生态系统退化的问题。要合理配置生态资本，建立区域物质、服务往来的互惠型伙伴关系；改善乡村居民生活福利，引导乡村生态足迹理性增长；重视城市合理布局，引导城镇生态足迹理性发展；提高生产的资源利用效率，扩大绿色消费的产品与服务选择；严控能源消费总量，促进能源结构低碳化，降低能源消费的二氧化碳排放强度；严格保护生态用地，保育与发展自然生产力；全面开展生态补偿，增强生态系统活力与弹性，提高生态系统服务功能。①

二、生态环境保护与协同治理的属性

（一）协同治理的本质属性

协同治理是人类社会在追求公共事务良善治理方式过程中的理性选择，作为一种治理方式，它构建了个体或集体在处理公共事务活动中的行为模式。在此意义上讲，协同治理既是一种处理公共事务的制度形式，也是关于治理主体集体行动方式的规范。

1. 从关系结构来分析协同治理

“哪些主体参与”是协同治理成功与否的重要因素。实质上，治理主体之间能否形成合理的接触、沟通、互动模式同样是协同治理成功与否的关键性因素。这意味着治理主体之间的关系是新型治理的核心内容。就此而言，从主体性的角度看，协同治理本质上是关于治理主体接触、交流与互动方式的关系结构。

从低水平的合作关系向高水平的协同关系演进。多元化主体之间的互动关系通常可以划分为合作、协调与协同三种类型。合作是最低水平的互动关系，联系有限、互动松散，并不要求权力与价值的共享，目的仅限于信息、资源和利益的交换。协调处于中间位置，具备中等程度的接触频率和联系程度。而协同是指最高程度的互动关系，互动的目的是通过权力与价值的共享达成共同目标。协同治理是更高级别的互动关系，治理主体之间接触最频繁、联系最紧密，信任水平和相互依赖程度最高。

① 世界自然基金会（WWF）与中国环境与发展国际合作委员会（CCICED）. 地球生命力报告中国2015［R］. WWFCHINA，2015.

从竞争关系向伙伴关系转变。公共事务的高度复杂性和高度不确定性，增加了主体间的依赖性。协同治理区别于一般性治理的地方在于其强调通过公共部门与其他利益相关者之间的伙伴关系实现公共目标。伙伴关系即是治理主体的关系结构，其前提是建立在信任基础上的相互依赖。主体的多样性提供了看待问题的多重视角，而相互依赖则创造了超越零和博弈实现双赢选择的可能性。伙伴关系的另一个特点是平等互惠，即治理主体之间由相互竞争、此消彼长的零和博弈转向“一荣俱荣、一损俱损”的正和博弈，具有相互承诺与义务感，并照顾到彼此的利益。

从组织内部关系向组织间关系扩展。协同治理发生在多种多样的情境之中，既可能发生在组织内部，也可能发生在跨越边界的组织之间。协同治理确实可能发生于政府部门之间，包括不同层级政府部门的协同，如中央政府和地方政府的协同；也包括同级政府不同职能部门之间的协同，如行政部门、司法部门与立法部门的协同。政府部门已经不再是唯一的治理主体，亦无法独立完成复杂性公共事务的治理任务。因此，更多的协同治理发生在政府与企业、非营利组织等其他非政府主体之间，这些协同行动跨越了包括层级边界、地域边界在内的物质边界。因此，协同治理不仅要关注同一组织内部的关系结构，而且要从更广阔的视角去关注组织间的关系结构。

从垂直关系向扁平关系转变。治理关系结构中主要有两种关系的类型，一是水平/非等级的关系，二是垂直/层级式的关系。在水平关系中，参与各方以寻求共识为原则参与决策，并直接参加行动，任何一方强势到可单方终止关系；在垂直关系中，其中一方强势到可以控制其他参与者，要求他人代替自己行动，而不是直接参与，并且能够单方终止关系。在协同治理中，如果把水平关系置于左边极端，把垂直关系置于右边极端，把多方合作的伙伴关系置于中间的位置。在治理实践中，随着中央政府向地方政府放权，政府部门与非政府部门共享裁量权，治理主体之间垂直层级关系结构更趋于扁平化。

2. 从决策过程来分析协同治理

协同治理是一种集体决策方法，公共部门和非政府利益相关者共同参与共识导向的协商过程，为管理公共资源制定和执行公共政策与程序。

协同治理具有开放性。为了解决复杂性的公共问题，需要具有相关知识和利益关系的组织或个人参与讨论决策过程。协同治理的可行性与合法性都需要这种参与。从协同治理网络结构或行动者联盟与外界的关系来看，为了争取更多外部环境的支持与构建外部合法性，如果能够吸纳更多外界主体参与，则能进一步开阔观察问题的视野，获取更多的协同资源。具体来看，协同治理的决策过程由政府以及公民、社会组织、企业以及其他利益相关者共同完成，而不仅仅局限于政治精英或政策专家。而且，协同治理的决策过程是交互式的，在政策制定的初期阶段就涉及政府以外的其他治理主体。

协同治理具有包容性。包容性是开放性的延伸，是指协同治理决策过程接受不同利益者参与、允许表达不同诉求，且不同的意见需要被认真对待。协同治理的开放性接纳了多样性的决策讨论参与者，但他们之间往往在价值观念、知识结构、社会习俗、利益诉求以及行为方式等诸多方面存在普遍而深刻的分歧。多元化的社会现实注定了决策过程中存在广泛的冲突与争执。科学的决策过程必须充分重视各方的意见。

协同治理决策方式是协商式的。协商意味着治理过程应该提供公开对话、获取信息、尊重、了解并重新界定问题的空间以及达成共识的行动。在协同治理体系中，决策制定是协商式的，这种协商式的决策模式不仅囊括了技术专家和知识精英的专业知识，更接纳了社会公众的集体智慧，建立在集体理性和普遍的参与主义基础之上，在保证决策科学性、合理性的同时，更易获得合法性。协同治理的决策过程强调开放性与包容性，既允许不同意见的表达，又要维护弱者的利益。在很多情况下，最终决策的达成依赖于充分协商基础上的妥协理性。①

（二）生态环境保护与协同治理的本质属性

1. 生态环境保护与协同治理具有整体性

生态环境保护与协同治理是一种将人与自然和谐共生以及人、自然、社会和谐相处的生态环境保护与经济发展有机结合，这种新型治理模式是一种

---

① 田玉麒．制度形式、关系结构与决策过程：协同治理的本质属性论析［J］．社会科学战线，2018（1）：260－264．

超越传统的某一个领域所构建治理体系，是加强生态环境保护的总体性治理，体现出显著的整体性，应对相互关联生态环境与人类整体性危机的整体性治理。既是对自然界和人类社会在紧密内在联系之中形成的一种整体性存在和发展特征的客观反映，又是对多领域多部门传统治理的有机整合。

生态环境保护与治理从来都不是孤立的问题，而是紧密关联并发生相互渗透和相互作用的辩证关系的一体化问题。自然界和人类社会并不是一种相互隔绝和两元对立的领域，而始终处于紧密联系和双向互动之中。自然界生态状况的变化会引起人类社会各个方面的相应变化，古人一直强调的“风调雨顺、国泰民安”的思想就生动地反映了生态对于人的生命以及国家政治进步、经济发展、文化繁荣的重大意义。生态问题并不只涉及生态领域范围内，而会对人类社会生活的各个领域和各个方面产生巨大而深刻的影响，生态危机会引发社会的经济危机、政治危机、文化危机，形成一种对人类生存和发展具有深刻影响的总体性危机。在生态危机引发社会综合性危机的交叉叠加影响下，对人类生命安全和身体健康形成巨大威胁，无论是气候变化还是病毒肆虐，都会以生态危机的形式对人类的生存和发展带来重大影响。生态环境保护与协同治理是对传统各自为战的治理理念、治理体系、治理模式的变革和超越，注重的是能够有效应对自然界和人类所发生的生态、经济、政治、文化危机的整体性治理理念的确立，有助于整体性推进生态环境协同治理机制的构建。

2. 生态环境保护与协同治理具有复合联动性

生态环境保护与协同治理作为一种具有客观性和必然性的总体性治理模式，有着高度的复合联动性。这种复合联动性主要体现在多元化领域之间的复合联动、多样性治理体制机制的复合联动以及多种专业知识和专业人才队伍的复合联动。

（1）多元治理领域的复合联动。生态环境保护与协同治理弥补了传统生态环境保护与治理领域只有单一的治理任务和单一治理模式的不足，结合生态环境保护发展形势的客观实际需要，从构建跨区域系统整合的治理高度，紧紧围绕如何达到人与自然和谐共生，以及自然、人与社会和谐共处治理目标、治理价值、治理路径选择，将生态环境保护与治理目标与社会经济发展的目标和任务有机衔接起来，形成生态环境保护与治理的协同合作平台，一方面，有助于填补以往主要担当生态保护的生态环境管理部门留存下来的真空地带，促进生态环境保护与治理在紧密结合中达到更加精细化和完善化的程度，另一方面，在生态环境保护与协同治理的紧密联结中织密和编牢国家整体生态环境保护网络。

（2）多样性生态环境保护与协同治理体制机制的复合联动。生态环境保护与协同治理体制机制建设是带有根本性、长期性、全局性和稳定性的建设，需要按照生态环境保护与协同治理的总体性要求进行制度体系之间的衔接和联动互动，做好生态环境保护与协同治理一体化联动的制度变革、制度设计和制度创新。而传统的生态环境保护与治理体制因为政出多门和各司其职而具有相对的制度密闭性，制度发挥的作用也非常有限。由于生态环境保护与治理制度体系之间缺乏内在的有机联结，对于生态环境保护与治理如何反作用于经济社会的内在逻辑，往往无法从整体性加以把握并有效应对，从而无法发挥制度对生态环境保护的有效保障作用。当生态危机发生时，生态环境管理部门的各种制度体系很难在有效联动中充分发挥出效能。

（3）多种专业知识和专业人才队伍的复合联动。生态环境保护与协同治理要从可能性转变为现实性，需要有机整合许多学科，促进各种专业知识和专业人才队伍的复合联动。这不仅需要生态环境保护与治理方面的生态环境知识，还需要通过整合人文社科类的法学、经济学、管理学、社会学、政治学等多学科理论知识体系，形成高度复合并能够应对生态危机的知识高地；不仅需要具有专业知识和专业技术的人才队伍懂得多种跨学科的知识，而且还需要基层干部、社区工作者以及社会公众都要学习和具备有关生态环境保护的知识，并且能够将生态环境保护的知识融合起来指导工作和生活，从而应对综合性危机的预警机制、应急处理机制、善后处理恢复机制就会更加周到和完善，能形成一个多种知识体系参与预防，应对和恢复的有效流程，促进生态环境健康发展。①

① 方世南．人类命运共同体视域下的生态－生命一体化安全研究［J］．理论与改革，2020（5）：12－22．

三、生态环境保护与协同治理的发展过程

在公共事务的治理领域中，国家机制、市场机制和社会机制构成了治理过程的三大体系，其各自所应对的风险治理类型、具体行为方式与手段，以及潜在的风险均有所区别。国家机制、市场机制与市民社会的不同组合结构所呈现出来的治理样态在环境治理的过程中也有着具体的表现。

（一）生态环境保护与协同治理的策略演变

1. 国家机制在生态环境保护与协同治理中的角色

国家机制在自然灾害、社会群体内部冲突、市场失灵以及外部威胁方面扮演着关键性角色，其通过必要的行政、法律、经济等手段来实现有效的制度供给，并结合必要的行政强制力，建构社会主导价值观，实施社会公共工程。在市场供给无力，社会需求难以满足的情况下，这种治理机制体现出高效、回应性与积极主动性。不过其在制度层面也潜伏着一定的风险，有效制度供给不足以及制度适用过程中的选择性与自由裁量，往往会诱发更大程度与更广范围上的治理危机，凸显国家治理机制存在的缺陷。

2. 市场机制在生态环境保护与协同治理中的作用

通过市场分工的深化、资本的激励与经济理性的培育，可以一定程度上抵制政治权力的过度干预，体现“看不见的手”的积极意义，实现市场资源配置的帕累托最优。因此，市场治理机制在应对资源配置失衡和经济行为不当方面有着积极的现实意义。不过市场机制充分发挥作用的前提条件比较苛刻，而不完全信息市场往往体现为投机行为的泛滥、垄断行为的盛行、经济增长机制的崩溃等方面。

3. 社会机制在生态环境保护与协同治理中的意义

社会机制主要体现为市民社会与民众参与对公共事务的治理意义。自愿合作与积极行动是积极公民的表现，在信任与合作的基础上发展而来的

公民行为具有典型的自治与他治统一的特性，其对政治权力和市场行为均具有一定程度的遏制作用。只是在转型中国的社会现实中，其发展结构的不平衡以及市民社会内部的碎片化和随机性，往往令其难以充当有效治理的主体，而被某些政治力量或利益集团所控制，走向民主参与、社会治理的反面。

（二）生态环境保护与协同治理的运作过程

生态环境保护与协同治理应包括面对面对话、信任建立、过程承诺、认知共享和中间成果五个层面，加上初始环境、领导角色和制度设计，形成一个完整的协作过程。

1. 生态环境保护与协同治理的初始阶段

生态环境保护与协同治理的初始阶段，包括发现问题、动员力量、获取资源。协同治理虽然已经成为生态环境保护与治理的核心理念，但在实际的治理中，主要体现为单一公共事务治理，即围绕特定事项展开的协同，故发现问题是其第一步，确定问题后就需要动员各种相关力量参与协同治理进程。虽然协作的参与者都是利益相关者，但由于利害关系的远近、热心程度等差异，各主体的主动性肯定不一样，动员也就成为必要，资源则是决定协同治理能否成功的重要决定因素。

2. 生态环境保护与协同治理的发展阶段

生态环境保护与协同治理的发展阶段，包括协商对话、建立信任、规划承诺。协同治理中各主体协作的常规途径就是“面对面对话”，即各主体在共同的平台上交换意见、沟通协调，以期取得共同的认识。交流和对话为信任的建立奠定了基础，而信任则是破解集体行动困境的重要筹码。基于彼此信任才能制定有行动力的规划，并得到各协作主体的执行承诺。这实际是协作治理运行的核心要素所在。

3. 生态环境保护与协同治理的深入阶段

生态环境保护与协同治理的深入阶段包括中间成果、共同愿景、变更与调适。协同治理要能深入进展，就要让参与者在协作中间得到一些阶段性成果，即所谓的“小赢”。“小赢”虽然不是协同治理参与者的最终追求，但确实是一种激励，可以强化对协作的信心；而且“小赢”还能够促成着眼于未来的共同愿景，使协作持续下去。协同治理进程中也可能出现各种变化，包括环境、目标、机遇等，这都可能促使协同治理过程发生变更，协同治理参与者也需要不断适应这些变化。

4. 生态环境保护与协同治理的再循环阶段

生态环境保护与协同治理的再循环阶段，主要体现为协同治理参与者之间的依赖和共赢。在协同治理的进程中，各主体间的了解和信任不断增强，逐渐就会形成各主体之间的相互依赖；而协同治理的结果也会使各主体得到实际的利益，实现共赢。这将使协作进入良性循环。可将专家学者、研究机构等视为社会治理不可缺少的智囊团；习惯了公民参与各种公共事务的治理中，并搭建了协同治理的参与平台；将媒体吸收进社会治理的协作架构中，欢迎媒体发表意见。

（三）生态环境保护与协同治理的运行机制

生态环境保护与协同治理过程要能够持续、协同治理的目标要能实现，还需要构建必要的生态环境保护与协同治理机制。

1. 生态环境保护与协同治理的共识形成机制

共识是生态环境保护与协同治理的基础。在社会复合主体中，各主体的具体目标可能存在差异，但只有达成共识，才能在普遍性利益上目标一致，一荣俱荣；在特殊利益上把蛋糕先做大做强。无论是公共项目还是社会事业，复合主体的行为者都认识到，该项目的实施对任何一个参与者都有好处，他们能够共享这些公共产品，比如发展传统文化、提高生活品质和区域竞争力等。项目发展好，蛋糕做大了，参与者能够分享的实际利益也会增加，这些利益包括利润、公共服务数量等。

2. 生态环境保护与协同治理的行动整合机制

社会复合主体能够让分散的多元主体产生一致的行动，主要依赖主动协同和被动协同两种动力。各主体之所以能够主动协同，是建立在共同的利益愿景基础上的，即各主体受到共享利益的刺激，愿意为追求共享利益采取协同行动；同时，复合主体中政府的地位比较特殊，在一定程度上扮演着推动者和监督者的角色，政府相关部门和企业则有上级部门和公众的考评压力，这些都促使各主体进行被动协同。

3. 生态环境保护与协同治理的沟通交流机制

为了更好开展协同治理工作，围绕社会复合主体建立了丰富的沟通交流途径，让公众参与决策的开放式决策，收集公众意见，不同主体共同交流；具体到复合主体内，政府是交流平台的主要提供者，根据协同治理主体行动的需要而举办制度化或临时性的各种会议、论坛、座谈。

4. 生态环境保护与协同治理的利益协调机制

社会复合主体中各组织的职能划分细致明确，收益也很清晰，其中的特殊之处在于，处于主导地位的政府超然于实际利益分配而扮演着利益仲裁协调的角色。作为复合主体的发动者与核心参与者，政府承担议题启动、资金注入、政策支持、主动协调等多种职能，但政府并不参与复合主体的直接利益分配，而是能够跳出琐碎的利益纷争，追求间接和长远利益，在其他主体之间扮演协调者的角色。[①]

四、生态环境保护与协同治理的必要性

生态环境的外部性、空间外延性使得这种“复合型”污染已超越了局部地区单独治理的能力范围，生态环境的协同治理是推动我国可持续发展的必要条件。

（一）生态环境保护与协同治理的理论价值

1. 环境治理体制改革创新的理性选择

随着公共问题的外部化与无边界化，传统的以行政区划为边界的生态环境治理模式在提供区域公共产品面前显得束手无策，以政府、企业、社会互动合作为主体的协同治理模式充分尊重各治理主体的平等地位，彰显了政府

① 郭道久．协作治理是适合中国现实需求的治理模式［J］．政治学研究，2016（1）：61－70，126－127.

满足公众环境质量需求的服务型导向意识，契合服务型政府发展的基本宗旨。生态环境的跨域协同治理要求政府构建一种多元互动的综合型合作治理体系，标志着我国环境体制改革进入了一个全新的阶段。

2. 组织要素间共同价值追求的内在要求

生态环境的公共利益为协同治理提供了理念意识的趋同，公共利益的存在、公共环境的需求使得协同治理成为可能，并将转化为治理的内驱力。在基于不同利益基础上的政府、企业、社会等不同组织要素间，共同、共享的价值追求，一方面为协同治理提供了实践条件，另一方面为治理主体对环境利益共享提供了内在根据，创造了集体认同感与归属感。

3. 资源的稀缺性与区域间正和博弈的必然结果

互利共生是人与自然和谐相处的必然趋势，资源的稀缺性迫使区域间依赖性加强。在生态环境整体性和区域治理单一分割性背景下，协同治理成为必然选择。生态环境作为准公共物品，具有跨域服务的连续性，使得合作的依赖性加强，纳什均衡成为各方博弈所追寻的目标。

（二）生态环境保护与协同治理的现实意义

1. 顺应时代潮流，化解环境治理危机的需要

生态环境的负外部性打破了传统政府在治理环境问题时各自为战的局面，协同治理成为生态环境治理的主导趋势。我国作为世界上环境污染较为严重的地区之一，影响了经济的发展与公众健康。生态环境的流动性加剧了环境污染的外部性与治理难度，并且由于地方政府理性经济人的角色，呈现出“碎片化”治理的局面，严重阻碍了生态环境的治理进程，因此创新协同治理成为提升区域环境内生动力的要求，也是解决我国当前生态危机的一种必然选择。

2. 实现共同发展，避免责任互相推诿的有效探索

当前生态环境的外部性与无边界化决定了环境治理是一项复杂的系统工程，打破行政壁垒建立协同治理机制是有效规制区域主体责任互相推诿的有效措施。同时，由于环境的外部不经济性以及各治理主体间的复杂性与动态性，加剧了政府之间、政府与企业之间的利益冲突，决定了环境问题外部成

本内部化是解决环境问题的根本措施，而这一措施必须统筹明确治理主体间共同的职责，通过协同治理促进环境保护的共同完善。

3. 参与全球生态环境治理，彰显中国智慧的需要

环境与发展问题是21世纪世界各国面临的共同挑战。生态环境问题超越国界限制，现阶段我国生态环境污染仍然较为严重，迫切需要转变生态环境治理理念，在促进自身环境质量改善的同时，与世界各国一道加强环境合作，参与全球生态环境的治理。因此，必须创新环境治理机制，形成一套具有中国特色的环境治理模式，通过与各国的合作，提升中国环境治理的话语权，彰显当代中国智慧。

（三）生态环境保护与协同治理的行为逻辑

1. 通过区域间协同治理突破区域行政界线和地域分割

自然环境作为特殊的公共资源，不会因行政划分而割裂。例如，“雾霾”袭扰了全国绝大多数省份，长江、黄河的水污染问题也是横跨多个省份，因此难以通过行政界线来切分环境问题。秦巴山区环境污染是整体的、连续的，具有跨区域性。现实生活中跨区域环境污染问题时有发生。此外，不同区域间还存在着环境污染转移问题，由于政绩考核需要，欠发达地区领导为追求经济增长，忽视环境保护，大量引入高经济性但重污染性的企业，形成了先污染后治理的局面。随着社会的发展和信息化水平的不断提高，不同地区间的交流越发频繁和便捷，伴随经济上的合作，各地区间的依存程度加深，诸多公共事务打破了原有行政界线，跨区域间的协作带来了多方共赢的局面。面对秦巴山区烦琐、复杂的区域环境问题，更需要突破区域行政界线和地域分割，通过区域协同治理共同解决环境污染问题。

2. 通过多主体协同打破治理主体的单一性

区域环境协同治理不仅是不同区域间的协同，也是不同治理主体间的合作。参与环境污染治理的主体主要有政府机构、社会公众、企业、相关非营利组织等。在传统治理模式中，环境污染问题主要由政府机构负责解决，其他各类主体难以参与其中。区域环境协同治理则打破了治理主体的单一性，政府机构依然在治理体系中处在主导地位，同时引进了不同主体参与治理，

通过多主体的商议和协作，能够更为科学、合理、有效地解决秦巴山区环境污染问题。

3. 通过治理结构的网络化建立良好的合作协调机制

传统生态环境治理模式主要以单个政府为主体，执行效率低，且处处受阻，难以有效解决环境污染问题。而区域环境协同治理模式则能有效地将各个孤立的政府机构串联，形成治理网络。治理网络主要包括水平层面和垂直层面。其中，水平层面是指横向政府机构间的合作，它主要有两部分构成，一是不同区域政府间的合作，二是同级政府不同部门之间的合作，这都需要建立良好的合作协调机制，以充分减少阻碍，形成治理合力。而垂直层面则是指不同层级政府之间的合作，主要是指中央政府与地方政府间的协作以及地方上下级政府之间的协作。该层面的治理安排以往更多情况下是上级政府予以工作指导和安排，下级政府实施和反馈，在新模式下，上下级政府要强化沟通机制，共同投入环境问题治理全过程中去，提升治理效果。面对日趋严峻的环境问题以及崛起的各种社会力量，形成的多元化、网络状的社会结构，生态环境治理需要引进具有符合时代特点的治理模式。区域环境协同治理模式正符合时代的需求，现阶段社会公众、企业和相关非营利组织等参与社会治理的意愿不断增强，信息技术水平不断提升，两者的结合将有效提高社会治理水平。同时作为引导和具有主要决策权的中央政府虽然逐步从社会、经济、文化等多个领域淡化，但这并不代表中央政府可以不作为，相反，中央政府应继续发挥引导、监督多元主体的职能，促进各主体间的相互合作。逐步形成中央政府与地方政府，平行政府、政府和非政府组织间合理分工、相互协调配合的环境治理新模式。①

五、秦巴山区生态环境保护与协同治理的现实需要

秦巴山区生态环境问题作为发生在不同地域之间的环境问题，既具有一

① 卢青．区域环境协同治理内涵及实现路径研究［J］．理论视野，2020（2）：59－64.

般环境问题的共性，又表现出其自身独有的个性。一方面，具有一般环境问题的突发性、高危性、人为制造性和不确定性等共性特征，也是跨域生态环境问题的共性特征。另一方面，跨域生态环境问题还具有自身独特性。具体来看，跨域生态环境问题通常发生在两个或两个以上的行政区域，环境问题一旦发生，由于行政区划的限制和信息流动的边界障碍，会降低环境问题的被觉察程度，不仅影响环境问题的治理效率和效果，而且存在爆发环境冲突的社会风险。跨域生态环境问题的共性特征与个性特征决定了对跨区域环境风险的有效治理，仅仅依靠政府主导的“属地管理”模式存在较大难度，因而需要借助不同利益相关者之间的合力以实现协同治理。由此来看，跨区域的协同治理才能有效解决秦巴山区生态环境问题。

（一）源于生态环境资源蕴含的本质特性

生态环境资源的本质特性是协同治理现实需要的基本前提。首先，生态环境资源具有公共性。生态环境资源是一种公共资源，兼顾纯公共物品和准公共物品，具有非排他性和非竞争性双重特征。这些特征为跨域生态环境问题协同治理提出了要求。首先，由于跨域生态环境资源产权难以界定，管理上存在条块分割和政出多门现象，容易导致“公地悲剧”。协同治理则是通过合作的方式解决不同地域内的环境问题，以增进公共环境利益，满足人民日益增长的美好生态环境需要。其次，生态环境资源具有外部性。生态环境资源的外部性体现在两个方面，即正外部性和负外部性。其中，负外部性是指由于生态环境的整体性特征，某一区域的环境污染会使毗邻的其他区域遭受恶果。无论是哪种外部性都会影响地方政府生态环境治理的策略选择。解决跨域生态环境的外部性问题，需要通过协同治理促使不同行政区域在环境政策的制定与执行上协调步调、协同行动，使其外部性问题转化为内部问题。再次，生态环境资源具有整体性。生态环境资源各要素之间是相互联系、相互影响的有机整体，体现为时间上的连续性和空间上的关联性，即生态环境是在特定历史条件下形成的，并会影响下一阶段的生态环境状况；而一个地方的生态环境也会影响相邻地方的生态环境状况。因此，秦巴山区生态环境资源的公共性、外部性和整体性特征决定了跨域生态环境治理，不能仅仅局限于刚性的行政区划，而应该尊重生态环境的自然规律，以生态功能区为基本单位，通过协同治理的方式，集合利益相关者的力量，扭转各自为战的局面而达成集体行动的趋向。

（二）源于传统治理方式的低效失灵

我国2014年修订的《中华人民共和国环境保护法》第六条规定，“地方各级人民政府应当对本行政区域的环境质量负责”。这决定了我国生态环境治理的基本模式是政府主导下的属地管理，其包含两个核心要素，即政府主导和属地管理。客观地看，这种治理模式具有一定优势，政府主导保证了环境政策的执行力，属地管理则清晰地划定了地方政府职责，便于上级政府的考核与控制。然而，这种治理方式却存在不可忽视的弊端。具体来看，政府主导原则不可避免地加重了政府负担，而又挤压了企业、社会组织的参与空间，削弱了它们参与生态环境治理的积极性。属地管理原则较容易导致地方区域行政分割、政府部门职能分割等碎片化问题，其结果就是束缚了地方政府的手脚、弱化了职能部门的治理动机，最终导致治理低效与失灵问题。行政区划的客观事实造成了生态环境治理的刚性限制，行政体制上的“画地为牢”使地方政府在面对跨域生态环境问题时只能各自为战。这最终在三个方面降低了跨域生态环境问题的治理效率：其一，不同行政区域之间缺乏统一的治理目标、监测体系、行为规范以及惩处措施，导致治理活动各不相谋、各行其是。其二，行政壁垒加剧了不同地方政府间整合资源、共享信息的难度，导致沟通不畅、协作不力。其三，地方政府的管辖权局限在本行政区域内，对其他地方力不能及，即使在本区域加大环境治理投入，也难以改变周边地区的环境质量。相反，由于生态环境问题具有外溢性特征，源于其他地区的输入性污染会冲抵本地区的治理投入。相比于继续加大环境治理力度，作为理性人的地方政府更愿意选择“搭便车”的行为，这势必导致治理低效，甚至失灵。因此，扭转传统治理方式低效失灵的局面，关键在于打破行政区划的刚性边界，构建跨区域的生态环境治理体制机制，以生态环境功能区为单位，让区域内地方政府从环境功能区的整体出发，合力规划并实施生态环境治理方案，整合区域内的信息和资源，统筹安排、协同共治，进而达到改善生态环境质量、满足人民美好生态环境需要的目标。

（三）源于跨域生态环境治理的非均衡性

生态环境治理的非均衡性，是指不同地区之间生态环境治理理念、能力等方面的差异导致治理效果非均衡的状态。不同区域生态环境治理的非均衡性主要表现为治理理念的非均衡性和治理能力的非均衡性。首先，治理理念的非均衡性是指地方政府在绩效观念、价值取向、文化认知等方面的不同导致生态环境治理的理念存在差异。一般来讲，治理理念的非均衡性受地方经济发展水平影响较大。举例来看，长江的最大支流汉江流经多个秦巴山区省市，下游地区经济比较发达，在经历经济发展导致环境破坏的阶段，经受环境污染所造成的恶果后，逐渐认识到生态环境保护的重要性。而上游地区经济发展相对落后，仍处于追求经济增长的发展阶段，环境污染难以避免且治理优先性相对滞后。此时，上游地区追求经济快速增长的政绩观和下游地区追求绿色发展的政绩观之间的冲突，会造成地方政府之间治理理念的非均衡性，难以在生态环境治理方面形成合力。其次，治理能力的非均衡性是指地方政府在环境治理的资金投入、技术水平等方面存在差异。众所周知，资金投入是生态环境治理的物质保障，资金投入既受当地经济发展水平的制约，也受地方环境政策的影响，反映了地方政府在生态环境领域的活动范围和政策倾向性。在环境污染治理的投资方面却存在较大差异，不仅会直接制约区域间生态环境的治理效果，还会导致更多深层次问题。资金投入的非均衡性势必会影响各地区环境基础设施建设、环境公共产品供给的状况，这又进一步导致地方政府在生态环境问题治理技术和水平等方面产生非均衡性。因此，破解跨域生态环境问题治理的非均衡性问题，需要打破行政区划的限制和行政权力的约束，建立合理的外部信息共享机制和生态环境补偿机制，形成跨域环境协同治理大格局，使生态环境领域的财政资源要素流动更加顺畅合理，使不同区域地方政府生态环境治理能力更加均衡有序。[①]

---

① 田玉麒，陈果．跨域生态环境协同治理：何以可能与何以可为［J］．上海行政学院学报，2020（2）：95－102.

六、秦巴山区生态环境保护与协同治理的时代价值

秦巴山区作为完整的山地生态系统，承担着动物栖息地、水源保护、生物多样性等多种生态功能，而这些功能实现的关键是要保持区域生态系统的整体性和稳定性。但秦巴山区区域发展缺少一体化的规划和协调机制，各地区对环秦巴山整个区域的战略定位和价值取向也未形成整体认知和共识，由此导致区域内无论是基础设施的布局建设、还是自然资源的开发利用，都是以行政区为基础的条块分割式发展。各地区为了各自的脱贫目标和短期利益，违背自然规律、过度超前开发矿产资源和生态资源，在交通设施区位选择等初始阶段就开始竞争博弈。还有些不具备条件的地区为了开展工业化和城镇化建设，盲目"削山平地"，对区域生态系统造成了严重负面影响，导致整个区域的地质灾害、流域面源污染扩散等风险加剧。因此，要秦巴山区生态环境保护放在自然、人与社会经济协调发展的整体框架内去谋划。首先要保护，其后在保护前提下的科学合理开发利用，达到人类宜居的自然和谐、环境友好的科学发展状态。协同治理作为新兴的治理模式，高度契合了生态环境治理的要求，能够发挥协调各方、平衡价值的功能，有助于促进利益相关者的共同理解和内部合法性。将协同治理嵌入秦巴山区生态环境问题的解决过程，具有现实需要和迫切性。

（一）秦巴山区在全国生态环境保护中的战略地位

秦巴山区是沿太行山—伏牛山—神农架—巫山—武陵山地理学分界线上的西部地区，地处东部一级平原低地与西部二级高原山地交汇处，同时又是秦淮一线南北气候的分水岭地带，可以说是中国自然环境的十字交叉带，特殊的地理位置使得该区域兼有东西南北复杂的生态环境特点，在保护生态安全中具有举足轻重的地位。

1. 秦巴山区是南水北调工程的重要水源地

秦巴山区是优质水源区之一，这里是嘉陵江、汉江、丹江以及汉江最大

支流堵河的发源地，亦是南水北调中线工程水源地、亚洲第一大人工淡水湖——丹江口水库所在地。丹江口水库能否承担南水北调的重要功能，除满足汉江中下游的用水要求外，取决于丹江口水库以上入库水量和水质状况，入库水量不足则无法满足唐白河平原和黄淮海平原对水量的需求，而水质不达标则失去供水的基本条件。丹江口水库入库水量与水质与秦巴山区 10 万多平方千米的地域关系密切。如果秦巴境内生态环境质量差，植被覆盖率低而导致降雨量减少、降水行洪时间过短，则实际入库水量要减少；如果域内面源和点源污染过重，导致水库水质超过饮用水源地水质标准，则丹江口水库会失去供水水源地的地位；如果水土流失不治理，则大量的入库泥沙会减少水库的使用年限。因此，保护区域生态环境，增加森林、植被覆盖率从而改善局部气候，增加区域降水行洪时间，则能够保证入库水量；防治面源、点源污染，则能保障入库水质；治理水土流失，则能保障水库使用年限。因此，秦巴山区生态环境保护是全国优质水源区、南水北调中线工程的保障。

2. 秦巴山区是全国生物多样性的重点生态功能区域

2019 年 5 月 6 日，联合国在巴黎发布的报告提出，要从地方到全球的各个层面开始“革命性改变”，保护、恢复和可持续利用大自然，加强生物多样性保护与可持续利用，确保长期人类福祉和社会可持续发展。

秦巴山区是我国和东亚地区暖温带与北亚热带地区生物多样性最丰富的地区之一，也是珍稀、濒危植物最为集中的区域之一，是中国生物多样性保护的两大关键地区秦岭山地与神农架林区所在地。秦巴山区珍稀、濒危植物的基本特征：一是种类组成丰富，二是起源古老，三是地理成分复杂、过渡性、特有性明显，四是表现出地理分布相对集中性、局限性和生态幅度的狭隘性。因此，加强秦巴山区的珍稀、濒危植物资源及其抢救保护措施，对保护生态环境及生物多样性具有十分重要的意义。

3. 秦巴山区对相邻地区的生态环境起着调节与保护作用

秦巴山区与西北黄土高原及荒漠化、半荒漠化地区为邻，使得该区域成为西北沙尘暴和荒漠化向东南扩张的过境区，也是阻止西北沙尘暴与荒漠南下东移的重要隔离区。另外，其北部是西安、洛阳二氧化硫控制区，西南部是重庆、宜昌酸雨控制区，它是两区之间的隔离带，阻止两个控制区连片。

因此，保护秦巴山区生态环境，可以阻止西北沙尘暴和荒漠向东南扩张，阻止二氧化硫控制区和酸雨控制区连片。良好的生态环境能够调节局地气候，秦巴山区就是我国中央腹地的气候调节器，对于其西北地区的生态恢复可起到推动作用。因此，保护该区域生态环境对保护华中及东南经济发达地区的环境，对于西北地区的生态恢复具有调节与保护作用。①

（二）秦巴山区生态环境保护面临的现实挑战

2019年1月，生态环境部、发展改革委联合印发《长江保护修复攻坚战行动计划》（以下简称《行动计划》），提出统筹山水林田湖草系统治理，确保长江生态功能逐步恢复，环境质量持续改善。由秦岭、大巴山两大山系组成的秦巴山区作为长江上游重要支流嘉陵江和汉江的源头，其生态环境保护关乎《行动计划》的实施成效，关乎长江上游生态屏障安全。

秦巴山区是我国重点生态功能区及长江上游流域生态屏障的关键区域，也曾是我国重要的集中连片特殊困难地区，深度贫困人口占比高、贫困程度深，目前该地区面貌改善显著，已基本消除绝对贫困，但相对贫困、相对落后、相对差距将长期存在。在秦巴山区区域解决相对贫困问题诉求强烈、经济发展内生动力强劲的情况下，秦巴山区生态环境保护正面临一系列严峻的挑战。

1. 生态屏障建设目标导向片面化

从生态屏障建设的学科内涵上来讲，生态屏障建设的目的可以归结为维系自然生态系统结构的完整性，保障物流、能流、信息流的通畅传导，以及实现生态系统服务功能供需耦合优化。但在生态屏障建设过程中，人们往往存在对于屏障建设认知不到位、片面化的情况。比如人们通常把造林面积作为生态屏障建设成效的重要评价指标，但生态学研究显示，不合理的造林行为对区域生物多样性、水源涵养功能等存在一定的负面影响。因此，造林面积增多带来的供给、固碳功能增强，并不能等同于区域水源涵养、水质净化等功能的增强。

① 孙志浩，王友安，畅军庆，王勇．秦巴山区在生态环境保护中的战略地位［J］．环境科学与技术，2001（S1）：60－61．

除造林面积指标外，生态系统景观类型多样性、生物多样性、异质性、生态系统服务之间的权衡等也应是生态屏障建设的重要考量内容。屏障建设目标定位的模糊，往往会导致在具体政策实施过程中出现“一刀切”现象，从而一味强调造林、还草面积，却忽视了生态系统结构的完整性和功能的稳定性。

2. 生态屏障建设主体呈现碎片化

主导秦巴山区生态环境保护的管理模式是属地管理，即按照行政区划管理单元来开展屏障建设和管理工作。封闭、分割的属地管理模式与秦巴山区、嘉陵江及汉江流域的生态系统整体性协作运转之间存在较大冲突和矛盾。出于不同的价值取向及资源禀赋，碎片化的行政治理单元容易形成生态环境保护的条块分割，也容易滋生各类生态破坏行为，导致逐渐形成以县域等行政单元为主的秦巴山区生态分割和蚕食恶果。

从政府职权的划分、管辖权限的界定及边界的确定等政府职能划分层面来说，属地管理是合理且必要的，但在面临生态环境保护共性问题的区域单元来说，区域内行政管理单元、管理部门间缺少协调，对于跨部门、跨区域、跨利益主体的区域共性问题，以及由此派生出来的冲突事件、环境破坏事件解决能力严重不足，秦巴山区的生态系统整体特性及生态屏障功能被行政区划人为分割。

3. 生态环境保护中的生态系统功能割裂

在全国生态环境十年变化（2000~2010年）调查评估报告中，秦巴山区生态系统服务功能被评价为“非常高”。作为一个独特的山地生态系统，秦巴山区结构的整体性及完整性对于其功能的正常运转至关重要。但一系列严峻的生态环境问题，如由房地产、工业园区等无序开发导致的秦巴山区土地利用结构变化、景观破坏、流域面源污染、流域水质下降等现象在近年来尤为突出。

从潜在的生态安全格局的视角来看，节点流域、节点森林的破坏可能会导致秦巴山区关键生态战略点、生态廊道的破坏，直接或间接造成生物迁徙廊道阻滞、生物多样性丧失、水源涵养功能下降及影响秦巴山区生态系统服务供需流的正常传导。

（三）秦巴山区长江上游生态环境保护优化策略

尊重自然规律，坚持生态环境保护的科学化、合理化。在秦巴山区生态环境保护过程中，应强化科学手段的引入，加强对区域生态环境保护历史、现状、动态的科学认知和把握，明确生态环境保护的目标导向。以森林覆盖率的考核标准为例，为避免在生态环境保护中目标考核的“一刀切”，使得生态环境保护工作更具操作性和科学性，应在尊重自然规律的基础上，充分吸收生态学、地理学、环境科学等学科理论知识，构建一套科学、合理的生态环境保护考评体系。

1. 破解碎片化难题，发挥生态系统整体协同优势

生态环境保护不仅仅关乎一地一域，而且是一项需要通盘考量的系统工程。要打破原有的行政藩篱是当务之急，在此基础上优化生态环境保护实施结构、管理节点，明确建设主体权责，形成建设合力，实现生态环境保护的价值整合。从而在统一的建设战略思想指导下，实施一盘棋建设、一张图规划、一步步推进的秦巴山区生态环境保护方案。

2. 整体着眼，强化生态安全格局构建

生态安全格局的构建，关乎区域生态过程的正常演进，以及区域物质流、能量流、信息流的畅通传导。房地产、工业园区等无序开发活动导致的秦巴山区严峻的生态安全形势，识别和优化秦巴山区潜在的生态系统安全格局，对于秦巴山区具有非常重要的现实意义。在实际工作中，应充分意识到生态安全格局在秦巴山区生态环境保护中的重要地位，整体着眼，通过合理的技术手段，精准识别秦巴山区生态环境保护格局中的关键廊道、关键斑块，优化安全格局布局，并使其制度化、规范化。

3. 化解人地矛盾，探索多元化、市场化生态补偿体系

生态保护与经济发展从来都不是一对矛盾体。“绿水青山就是金山银山”，良好的生态环境是全人类的共同财富，如何实现绿水青山与金山银山间的价值转换是摆在秦巴山区面前的一道现实难题。

秦巴山区的生态环境保护应立足于区域协同发展，对区域国土空间、生态空间进行合理布局，依法用法、严格执法，从而实现生态效益、经济效益

融合的最优化，在生态环境保护过程中实现秦巴山区的乡村振兴，以及区域社会、经济、自然生态系统的可持续、耦合演进。①

七、秦巴山区生态环境保护与协同治理实践可行性

（一）协同治理是秦巴山区生态价值实现的实践原则

秦巴山区生态价值的实现往往是在决策过程中人们对其他各种价值的衡量与比较的基础上做出的价值选择。如果不采取一定的生态环境保护措施或者对生态环境予以“补偿”，生态环境价值就表现为一种负价值，会程度不同地带来对生态环境的损害。当决策者或修建者认识到生态环境的重要意义和重视生态环境价值，并采取一定的生态环境保护措施，生态价值才能得到实现。生态价值的实现，表现在决策中更多地是一个价值冲突问题，很多情况下由于利益的驱动而忽视生态价值，因此，在秦巴山区生态环境保护与协同治理的实践中，应遵循以下几项原则。

1. 生态价值“必须”原则

所谓生态价值“必须”原则，是指在一项决策中，必须考虑到生态价值，至少不能有生态负价值的产生。“必须”原则的实现，一是要靠提高决策者的思想认识，充分认识生态价值的重大意义，自觉地实现生态价值。二是要靠制度约束。在制度方面，必须加强秦巴山区生态环境保护立法的制定、宣传与实施，从法律上确保生态价值的实现。目前在秦巴山区生态环境保护立法还不够健全的情况下，生态决策在“必须”上一定要提出具体的要求。

2. 生态“补偿”原则

所谓生态补偿，主要是指在价值冲突的情况下，为确保生态价值的实现，

① 唐中林，文传浩．秦巴山区生态屏障建设认知误区怎破除？[N]．中国环境报，2019-02-19（2）．

由政府和受益者利益主体对生态环境损害部分进行物质或者经济补偿，以开展生态的重建。一是对生态损害部分必须给予补偿；二是补偿的物质或资金主要用于生态的重建。秦巴山区生态补偿是一个复杂的问题，其理论与许多实践问题需要研究，例如补偿的责任主体是谁、谁来补偿、如何补偿、补偿的标准如何确定、补偿的资金如何用于生态的保护与重新建设等，这些都需要认真研究，但补偿的原则必须确定。

行政决策，很多情况下是提供公共产品，其补偿行为更是一个复杂的问题，行政生态决策中的秦巴山区生态补偿机制应该是这样一种制度：其一，秦巴山区生态属公共产品，保护生态环境的责任理应归属于公共部门。其二，秦巴山区生态保护为社会提供的生态效益具有外部性，需要通过一定的政策手段实行生态保护外部性的内部化，让秦巴山区生态保护成果的受益者支付相应的费用。其三，秦巴山区生态补偿的背后反映的人与人的利益关系，建立利益相关者责任机制，才能真正体现“谁受益谁付费”的原则；其四，秦巴山区生态补偿标准需要科学量化。

3. 生态“知识化”原则

秦巴山区生态问题不仅是一个认识问题，更重要的是一个科学的问题。一项决策对生态的影响，有些可以表现为显性化，但更多的是表现为隐性化、潜在性。因此在秦巴山区生态行政决策中，一定要遵循科学规律，努力进行科学决策。这样就要求决策者必须具备一定的生态科学知识。没有生态知识化，就不可能真正认识到决策行为中的生态价值，没有对这些价值的认识，就不可能形成真正生态化的决策。因此秦巴山区生态决策者一定要更多地学习和掌握生态学知识，同时要借鉴决策项目所涉及的有关地域范围内民间所蕴藏的大量的涉及生态价值的知识体系，例如地域内人与自然关系的知识；地域内人们合理使用与利用自然资源的知识；地域内有关动植物的民俗生态知识以及关于生态环境禁忌知识等。

4. 人民群众“参与决策”原则

由于秦巴山区生态环境直接关系决策项目所涉及地域内人民群众的生态利益，因此，生态决策必须有人民群众的直接或间接参与，要建立秦巴山区区域内人民群众“参与生态决策”机制，让人民群众能够直接提出他们的建议和要求，人民群众不仅要拥有知情权，而且有建议权。要重视区域内人民群众对于决策的持久支持作用。要有区域内人民群众对于决策的参与监督和生态利益分享。

（二）协同治理是秦巴山区生态环境保护的有效方式

跨域生态环境保护与协同治理的根本通过多元主体之间的平等沟通、协商合作，打破行政区划的地理分割和刚性限制，超越政府和市场的简单划分，是政府、企业、社会、公众等多元主体参与的伙伴关系的建立和协作治理的实现。协同治理是一种治理模式的创新，是解决秦巴山区生态环境问题、实现区域可持续发展的有效方式。

1. 协同治理能够发挥协调各方、平衡价值的功能

秦巴山区生态环境问题具有跨域性，治理工作显得较为复杂和棘手，其主要原因在于其涉及诸多利益相关者和多种价值偏好。首先，从生态环境系统的角度看，秦巴山区生态环境问题的利益相关者涉及生态环境消费者、生态环境破坏者、生态环境受害者、生态环境保护者等，这些利益相关者相互混杂，形成纵横交错的利益关系网络。其次，从政治社会系统的角度看，秦巴山区生态环境问题涉及政府部门、企业和公众等利益相关者，并由此产生了跨域地方政府间的利益关系、跨域政府部门与企业的利益关系、不同区域政府部门与公众的利益关系以及跨域企业与公众的利益关系等错综复杂的利益关系网络。利益相关者之间往往存在多种价值偏好，这些价值偏好的选择偏差往往成为秦巴山区生态环境治理的掣肘难题。不同地方政府存在对经济利益和环境利益的不同偏好选择与价值排序，有的地方政府倾向于追求经济利益最大化，不惜以牺牲环境利益为代价，甚至倾向于将政策调控范围模糊化，将难以界定的其他环境问题的治理成本转嫁给他方，导致跨区域污染屡见不鲜。即使在区域整体环境利益趋同的情况下，各行政区划内的个体环境利益追求也存在差异，有的地方政府在价值判断和行为选择方面，往往从本辖区的局部利益和眼前利益出发，导致跨域生态环境治理失灵。而协同治理面对的往往是多种目标共存甚至目标间存在冲突的情况，能够达成共同目标的同时发挥价值平衡的功用，有助于缓解秦巴山区生态环境问题治理中利益

博弈和目标冲突的矛盾，原因在于协同治理构建了前置性的决策协商机制，具有开放性和包容性特征。协同治理提供了多元主体合作共治的平台与机制，允许利益相关者参与决策、表达诉求，包容不同的价值偏好和利益目标，以妥协理性弱化权力控制，使各利益群体在反复协商对话中做出适度让步、达成和解。

2. 协同治理能够促成生态保护利益相关者之间的共同理解

由于各利益相关者在文化观念、价值取向、利益诉求、行动模式等方面存在普遍而深刻的差异、分歧与冲突，使得他们对跨域生态环境问题缺乏一致性的共同认知。就秦巴山区生态环境问题，各利益相关者在整体利益与个体利益的抉择、经济利益与环境利益的取舍、眼前利益与长远利益的考量、环境消费与环境保护的平衡等方面存在不同考量和认知，以致对秦巴山区生态环境的问题界定和解决方案无法达成共识，进而造成环境责任缺失、片面追求经济绩效、过度消费环境资源，其后果就是秦巴山区生态环境问题治理进程迟滞。而协同治理提供了利益相关者对话、协商的路径与通道。利益相关者通过调查、整合与架构等活动，在讨论、交流中形成对生态环境问题的共同认知和对解决方案的一致性意见，有助于促进利益相关者之间的共同理解。从集体行动的角度看，共同理解是秦巴山区生态环境协同治理的思想观念前提，正如美国组织社会学家理查德·斯科特所指出的“共同理解是使行为者顺从制度的基础”，共同理解的塑造意味着利益相关者对生态环境问题的界定和解决方案的认同，这无疑为解决秦巴山区生态环境问题的集体行动奠定了基础。

3. 协同治理为生态环境问题的解决奠定了组织基础

秦巴山区生态环境问题需要区域间地方政府、企业组织和社会公众通过有效合作才能解决，而合作关系在相互信任的基础上才能得以建立。信任是一种态度，即相信某人的行为或周围的秩序符合自己的期望，它在人类交往行为中发挥着不可替代的重要作用。在一定程度上，信任是交互行为的润滑剂，也是集体行动的黏合剂。在秦巴山区生态环境问题治理中，信任是不可或缺的社会资本。信任可以降低交易成本，维护利益相关者之间稳定的伙伴关系。如果秦巴山区生态环境系统中的地方政府、企业和公众能够形成信任程度较高的社会关系，各方在生态环境问题治理进程中按照承诺行事、不会以损害他者环境利益和公共环境利益来谋取个体私利，这无疑有助于提高治理效率，增进公共环境利益。对于秦巴山区生态环境治理而言，协同治理可以通过构建信任关系以塑造利益相关者的内部合法性。一方面，内部合法性的建立很大程度上提升了行动者网络的稳定性，为秦巴山区生态环境问题的解决奠定了组织基础；另一方面，内部合法性的建设还意味着秦巴山区生态环境系统中的政府部门、企业组织和社会公众是能够相互依赖的，他们之间能够有效协调利益、广泛凝聚共识，这为利益相关者提供了参与集体行动的内在激励，使之更加愿意参与跨域生态环境问题的治理行动。

（三）协同治理是秦巴山区生态环境保护的必然选择

1. 秉承协同治理观念是秦巴山区生态环境保护的内在驱动力

观念引导行动，人们所持的价值观念会对行为产生巨大影响。一是多方利益相关者秉承跨域生态环境协同治理的观念，并以此作为调节利益冲突的价值标准，是实现秦巴山区生态环境协同治理的内在驱动。二是要培育利益相关者的公共精神。公共精神是现代公民超越个人狭隘眼界和功利目的，关注公共事务和促进公共利益的思想境界和行为态度；是促进社会公众突破本位立场、关注公共问题、生产公共价值的思想基础。只有在思想观念层面形成共识，秦巴山区治理主体在生态环境治理中的行动才能步调一致。同时，要构建多元主体参与治理的责任意识。增强社会公众参与生态环境治理的价值观念和责任意识，可以为跨域生态环境协同治理奠定思想基础，有助于提升秦巴山区环境保护和协同治理的积极性。

融合社会资本，达成协同治理共识。社会资本是指社会组织的特征，诸如信任、规范以及网络，它们能够通过促进合作来提高社会的效率。信任在跨域生态环境协同治理中是一种更加灵活的治理手段，能够增加互惠，减少交易成本。规范是对行为的约束，有助于促使跨域生态环境利益相关者在各方面有章可循、有规可依，使他们在不损害别人环境利益的前提下追求自己的利益。地方政府和社会公众如果能构建起良好的社会关系网络，对于秦巴山区生态环境协同治理有正向影响，良好的关系网络意味着二者沟通顺畅、参与度高和信任水平高。这种良好的关系网络有助于提高达成秦巴山区协同治理生态环境的一致行动。

2. 完善协同治理法律体系是秦巴山区生态环境保护的依据

跨域生态环境协同治理的构建需要完备的法律体系。一方面，通过完备的法律体系提供利益协调的依据。某种程度上讲，环境问题的实质就是利益问题，但此前的相关规定不够明确。在纵向层面，没有处理好经济利益与环境利益的关系，在发展过程中倾向于强调经济利益而忽视环境利益。在横向层面，没有妥善处理地方政府之间的利益关系，导致区域间缺少沟通协调，阻碍了环境治理进程。为此，需要通过完善秦巴山区生态环境保护与协同治理法律体系，以法律形式明确经济利益与环境利益的衡量界限，同时平衡区域间的环境利益关系，维护区域间生态公平。另一方面，通过完备的法律体系约束协同治理的行动规范。完备的法律体系可以减少环境治理的交易成本，形成具有约束力的协同机制。在涉及跨域生态环境治理问题上，《环境保护法》第二十条只规定了“国家建立跨行政区域的重点区域、流域环境污染和生态破坏联合防治协调机制”，并没有涉及区域层面、地方层面的跨域治理。地方政府如何构建协调机制、如何确定责任分担、如何进行利益分配等关键问题没有明确规定。为此，需要从两个方面入手：一是制定秦巴山区生态环境保护与协同治理的法律法规，明确地方政府、跨域协调机构在生态环境协同治理中的主体地位，赋予其法律地位和管理权限，保障其参与跨域生态环境治理的合法性和执法权；二是对地方政府在秦巴山区生态环境保护与协同治理中的权力行使、责任担当、考核评估、激励措施等内容进行精细化、可操作化的规定，以法律形式明确治理主体的协同规范。

3. 规范化的协同治理运行机制是秦巴山区生态环境保护的保障

规范化的生态环境保护与协同治理运行机制有助于提高秦巴山区生态环境问题的治理效率和协同力度。例如，在京津冀大气污染治理中，就已进行了跨域性协调机构的组建和探索。实践证明，建立健全规范的运行机制是跨域生态环境协同治理的重要保障。因此，秦巴山区生态环境协同治理的实施需要构建跨域性的运行机制。具体来看，在区域层面，成立秦巴山区生态环境协同治理领导小组，负责秦巴山区生态环境治理的决策制定；同时成立秦巴山区生态环境协同治理协调小组（或委员会），贯彻落实领导小组的决策，及时通报工作进展、强化区际交流，充分发挥措施联动、信息共享和统筹协调的作用。地方层面，成立秦巴山区生态环境协同治理工作组，一方面负责秦巴山区区域间生态环境协同治理的协调与沟通工作，另一方面负责辖区内生态环境治理的监督与评价工作。此外，可成立由专业人士和高校专家组成的咨询委员会，负责生态环境治理方案的论证和咨询；也可以成立由社会组织、媒体从业者以及社会公众组成的监督委员会，负责秦巴山区生态环境协同治理的监督工作。

第四章　秦巴山区生态环境协同治理与可持续发展理念

世界银行在《2020 年的中国》研究报告中写道："在过去的 20 年中，中国经济的快速增长、城市化和工业化，使中国加入了世界上空气污染和水污染最严重的国家之列。环境污染给社会和经济发展带来巨大代价。"

一、经济发展不同阶段对生态环境保护的认识

在经济社会发展的不同阶段，人们对生态环境保护的认识不同，对其意义、地位认识也不同。经济发展可以分为生存阶段、发展阶段和享受阶段。

在生存阶段，特别是工业化初期，由于生产力水平相对低下，特别是科技水平低、技术设备水平低，污染问题不仅受观念的影响，同时也受到技术设备水平和投资能力的制约，污染问题不仅不受重视，而且也难以解决。所以，在该阶段，污染与人们为解决生存问题的工业化及传统生活方式紧密联系在一起，环境污染会被多数人接受，制造污染成为一个社会普遍认可的、不自觉的或自觉的行为。

进入发展阶段以后，人们对生态问题、环境污染问题开始重视。在这一阶段，不仅是由于人们对生态的意义、地位和重要性有了新的认识，同时，解决污染的技术手段、设备水平也在相应提升，人们的投资能力，包括治理污染和制造减少污染排放的生产设备的投资能力都在提高。在这一阶段，环境污染不仅制约着发展，同时也威胁人类的生存。因为在该阶段，不仅污染存在着长期积累的效应，而且人们生存条件与标准提高，促使人们更加重视生态文明对于发展的意义。

在享受阶段，生态文明自身既是享受的条件，又是享受的要素。在该阶段，生态文明的文化意义、社会意义及现实意义会高于物质文明，生态文明的建设成为全社会的自觉行为。

生态是人们生产和生活的环境要素，在不同的阶段，生态的含义有所差异，特别是在生存与发展阶段，企业为维持生态而付出的成本具有企业的外部性和内部性差异。企业自身技术水平的提升和治理污染的成本属于企业内部成本；企业将污染排向社会后治理的成本属于社会成本。在此状况下，维护生态文明必须依赖社会制度的建设。没有社会制度的建设，在市场机制作用下，仅靠社会道德的力量不可能解决问题。对处于发展中的我国而言，矛盾更加突出。这种矛盾的突出性表现在两个相悖的制度层面：一方面，政府注重生态文明建设与污染治理，在微观层面对企业的污染提出了制度性的约束，这对生态文明建设具有积极意义；另一方面，在宏观社会层面，GDP 的政绩考核与税收、财政在行政区域范围内的统计与分析，政府又会降低对企业污染的硬性约束和惩治，这对生态文明的建设起到负面的作用。当前生态文明建设必须对上述两个制度层面同时推进才能起到显著效果。

在现代化建设的新时期，应充分认识我国生态环境形势的严峻性和复杂性，充分认识加强生态环境保护工作的重要性和紧迫性，将环境保护摆在更加重要的战略位置，以对国家、对民族、对子孙后代高度负责的精神，切实做好生态环境保护工作，推动经济社会全面协调可持续发展。

二、生态文明建设与经济发展方式转变

（一）树立正确的经济发展观

发展观决定生态观，发展观和生态观决定发展方式。改革开放以来，多奉行“以经济为中心”的发展观，全国上下埋头于经济发展，环境保护重蹈西方国家先污染后治理的老路也就在所难免。

党的十八大以来，党中央更加注重解决经济社会与人口资源环境的矛盾，以中共中央、国务院发布《关于加快推进生态文明建设的意见》和《生态文

明体制改革总体方案》为标志，更加明确了新形势下我国生态文明建设的目标、任务和主攻方向。而要完成这一重大战略部署，首要任务就是破除 GDP 的紧箍咒，树立科学的符合生态文明建设总体要求的发展理念，通过绿色发展建立人与自然、人与人的和谐关系，建立资源节约型、环境友好型“两型社会”，倡导绿色生产方式和绿色生活方式，创造良好的生态系统，实现人类经济社会的永续发展。

实现上述发展理念应首先实现发展方式的转变。新的发展方式的目标和核心内容，就是深化供给侧结构性改革，加快建立健全新旧功能转换机制和体制，促进产业转型升级。

生态文明建设背景下转变经济发展方式，需要贯穿绿色和可持续发展理念。一是加快培育形成新的增长动力，通过去产能加快改造传统产业，实现传统产业的智能化、绿色化和高端化。二是努力营造良好的宏观环境，加快“放管服”，消除转型升级的各种制度性障碍，促进要素资源向新技术、新业态流动。三是推动创新体系协同化，激发全社会“双创”活力。通过培育形成一批行业性技术创新平台，进一步拓宽新旧动能转换空间。四是建立科学的考核机制，推广引入绿色 GDP 核算，试点推广生态资源价值核算，为生态文明建设打下坚实基础。五是通过产业政策的调整，大力发展绿色产业，推广绿色生产方式，推动节约型企业的发展和建设。

（二）担负生态文明建设的责任

党的十八大以来，以习近平同志为核心的党中央深刻回答了为什么建设生态文明、建设什么样的生态文明、怎样建设生态文明的重大理论和实践问题，提出了一系列新理念新思想新战略，形成了习近平生态文明思想，是新时代推进生态文明建设的根本遵循。

1. 以绿色发展为导向

绿色是生命的象征、大自然的底色，更代表了美好生活的希望、人民群众的期盼。中国历经多年经济高速增长，成为世界第二大经济体，创造了一个又一个“中国奇迹”，但也积累了一系列深层次矛盾和问题，比较突出的就是资源环境承载力逼近极限，高投入、高消耗、高污染的传统发展方式已不可持续。实践证明，单纯依靠刺激政策和政府对经济大规模直接干预的增长，只治标、不治本，而建立在大量资源消耗、环境污染基础上的增长更难以持久，不但使我国能源、资源不堪重负，而且造成大范围雾霾、水体污染、土壤重金属超标等突出环境问题。可以说，实现全面建成小康社会的战略目标，最大瓶颈制约是资源环境。作为事关我国发展全局的五大发展理念之一，绿色发展理念是以人与自然和谐为价值取向，以绿色低碳循环为主要原则，以生态文明建设为基本抓手，体现了我党对经济社会发展规律认识的深化，将指引更好实现人民富裕、国家富强、中国美丽、人与自然和谐，实现中华民族永续发展。

2. 运用辩证思维实现双赢

加强生态文明建设、推动绿色发展，是实现高质量发展的题中之义。保护生态环境和推动经济增长是辩证统一的关系，经济发展决不能以破坏生态为代价，因为生态本身就是经济，保护生态就是发展生产力。党的十八大以来，我国污染治理力度之大、制度出台频度之密、监管执法尺度之严、环境质量改善速度之快，都是前所未有的。越来越多的地方把生态环境保护作为推动高质量发展的新动能，我国生态文明建设的红利不断释放，绿水青山美丽画卷越铺越广，金山银山发展之路越走越宽。实践证明，只有建立在生态文明基础上的经济发展，才更有利于实现人与自然、经济与社会的协调发展。坚持生态优先、绿色发展，锲而不舍，久久为功，就一定能把绿水青山变成金山银山，走出一条中国特色的生态文明建设之路。

3. 推动构建人类命运共同体

自然是人类生存的基本条件，人类在同自然的互动中实现自身的发展。坚持绿色低碳、建设一个清洁美丽的世界，是构建人类命运共同体的一个重要方面。形成绿色发展方式和生活方式，也与人类命运共同体理念致力构筑的尊崇自然、绿色发展的生态体系具有内在逻辑的一致性。习近平同志提出的“自然是生命之母”“建设生态文明关乎人类未来”“建设绿色家园是人类的共同梦想”等重要论断，深刻表明了良好的生态环境是人类文明发展的持久力量。但是，各地经济发展状况和地理位置各不相同，环境问题也各有其特点，美好的生存环境不可能仅仅靠某个地区，而是要靠全人类联合起来，才能共同创造出来，保护环境是人人不可推卸的责任。

4. 强化监督惩戒机制

保护生态环境必须依靠制度、依靠法治。只有实行最严格的制度、最严密的法治，才能为生态文明建设提供可靠保障。保护生态环境，要注重“关口前移”，要充分发挥执纪监督作用，做到及时发现、及时整改、立整立改。目前是全面建成小康社会和“十四五”规划开局之年，又面临着统筹推进疫情防控和经济社会发展的艰巨任务，妥善处理好经济社会发展与生态文明建设的关系尤为重要。为此，就要从健全体制机制和加大监督惩戒力度两方面着手打好“组合拳”，建立健全促进生态文明建设的考评机制，在政绩考评、干部选拔任用、企业生产建设等方面，把生态环境放在评价体系的突出位置，对破坏自然生态的行为严处重罚，把生态文明建设成效作为贯穿始终的重要衡量依据。深入推进环保督察，发挥纪检监察部门的职能作用，建立纪委监委对生态文明建设的考评体系，对生态环境的执纪监督要常态化、制度化，并以制度的形式固定下来。把生态环境与国家、社会、个人的各项发展联系起来。健全监督举报、破坏生态环境相关诉讼机制，鼓励人民群众参与到生态建设监督治理体系中，畅通参与渠道，形成全社会共同推进环境治理的良好格局。①

（三）努力打造生态型政府

政府的主导作用，在于将生态理念贯穿于规划、决策、督查审批制度和文化宣传等执政全过程、全方位，其基本指导思想就是将政府的基本活动均纳入遵循自然生态规律，促进自然生态平衡，建立人与自然、人与人的和谐关系，从而最终完成打造生态型政府的目标。要实现这个目标，发挥领导干部的带头示范作用至关重要。

1. 领导干部应带头树立生态效益理念

树理念，强意识，领导干部应带头树立生态效益理念，强化生态责任意识，当好环境保护的先行者和生态文明建设的责任担当者。一切从生态文明

① 王冬美．推进新时代生态文明建设的根本遵循［N］．经济日报，2020－05－13（11）．

建设大局着眼，加强相关生态知识学习，以身作则，倡导绿色生产方式和生活方式，加强对公众生态意识的培育和引导。

2. 转变政府生态职能方式

正确处理主导、强制与服务的关系，实现主导与服务相结合。总结研究政府在绿色发展和环境保护方面的传统角色作用，政府往往通过制定相关规章制度来约束和督促企业保护环境、节约资源。政府的作用多体现在监督检查和事后处罚的运作中，这与建设新时代中国特色生态文明的迫切性是不相匹配的。这就要求政府从以约束为主的次要角色走向前台，发挥政府的主导作用，从生态文明建设的规划、战略、行动方案制定，到各种重大行动计划的实施落实，都要起到主导和引领作用。与此同时，必须坚持“以市场为核心，以企业为主体”的生态文明建设方针，实现管制向服务的转变，为企业开展绿色生产、履行环境生态责任提供服务，保证政府在生态文明建设中不缺位、不越位。

3. 建立生态文明建设各部门统一协调机制

生态型政府的一个重要标志，就是政府应有共同的生态文明建设理念和目标，政出一门，部门合作。这个合作应是全过程全方位的，没有条件，不留死角，统一于事前、事中和事后。过去认为环境保护主要是保护一个部门的观念自然已不合时宜，要从产业政策、用地规划审批、环评等各个环节，从保护生态安全的大局，各部门应本着高标准严要求把关。事中统一协调主要体现于工程项目建设中的纠偏检查，发现问题，联合执法，落实责任，尽快纠正，不留后患。事后表现于项目完成后的环境审计、质量标准等方面检查，发现问题，绝不从小团体和个人利益出发护短包庇。

三、秦巴山区生态环境保护与协同治理理念

秦巴山区西起青藏高原东缘，东至华北平原西南部，跨甘肃、四川、陕西、重庆、河南、湖北五省一市，其主体位于陕西南部地区。该区域地处我国地理中心，是中国南北过渡带，长江黄河两大流域分水岭，南北方的中央

气候调节器，也是我国中部地区唯一规模性洁净水源地。该区域是中国生物多样性热点地区之一，是中国最重要的特有物种分布区，区域内分布有金丝猴、朱鹮、大熊猫、羚牛等100多种国家级保护动物和珍稀植物，也是中国唯一或最重要的大尺度生态廊道，其对维护中国生物多样性和特有性具有重要意义。该区域水资源丰富，丹江、汉江、嘉陵江以及汉江最大支流堵河等均发源于此，是我国南水北调中线工程的水源地，被誉为我国的“中央水库”。

秦巴山区协同治理的愿景极具价值性，是理念和信念的聚合，是思维观念的情感表达，也是组织治理架构优化的根本。引领秦巴山区未来建设的具体价值理念可以概括为合作的态度、协调的意识、共赢的观念、善治的精神和绿色的情怀。

（一）以合作态度凝成秦巴山区协同治理的内在驱动力

合作不仅能修正个人的预期和偏好，使参与者期望组织中其他人的合作行为，也能修正单个组织的预期和偏好，形成对其他组织产生合作行为的期望。在协同治理实践中，合作的态度决定着合作的行为。在协同治理理念引领下，各治理主体摆脱了对立和冲突，共同的使命把各方引导到追求互动合作的发展轨道上。在合作治理的框架下，共同体中任何一方的付出不再是不计成本的，而是会得到来自整体内协同组织的利益补偿和激励回馈，这就使得治理主体为了共同愿景而形成积极的合作态度。合作的出发点是力图改变“经济人”的有限理性和以自我利益为中心的传统治理格局，克服“搭便车”心理和“机会主义”行为，清除地方利益最大化的惯性思维，通过区域内多元主体之间真诚的合作，搁置争议，增进信任，发展彼此之间的文化认同，用共同的使命凝聚合作共识，升华思想感情，进而把合作的态度和愿望演变为共同行动的内驱力，这种拧成一股绳的内驱力会成为秦巴山区协同治理的引擎和重要推动力量。

（二）以协同意识营造秦巴山区协同治理的氛围

如果说政府关系的纵向体系接近于一种命令服从的等级结构，那么横向政府间关系则可以被设想为一种受竞争和协调动力支配的对等权力的分割体系。强化协调意识需要治理主体根植于系统规划和整体布局的考量，综合运用多种途径和手段修正并妥善地处理各种关系，依托协调手段使跨区域、跨部门的竞争行为向合作行为转化。通过途径协调解决个人偏好与集体行动冲突问题，运用协调方式解决合作风险的承担和合作剩余的配置问题，进而把不同主体的子目标统一到为实现系统共同目标而努力的行动中。这一协调过程是化解冲突、统一认识、达成共识的过程，协调成功的前提是组织或部门管理者朝着共同目标而努力。求同存异、顾全大局、齐心协力等意识成为决策者的主要心理特征。区域合作组织要善于调节、平衡和统一不同部门、不同行政主体、不同个体之间的关系，善于调和利益相关者的利益，努力在矛盾冲突中挖掘“调和”“折中”的价值，克服部门利益至上、本位主义、地方保护主义现象，营造相互支持、相互协作、相互信任、相互理解的氛围，进而形成发展的动力和合力。

（三）以共赢观念秉承秦巴山区协同治理的理念

区域内利益相关者之间的共赢建立在相互信任的基础上。当代西方著名的社会理论家安东尼·吉登斯（Anthony Giddens）将信任界定为“对一个人或一个系统之依赖性所持有的信心，在一系列给定的后果或事件中，这种信心表达了对诚实或他人爱的信念，或者对抽象原则技术性知识的正确性信念”。共赢是指合作主体在完成集体行动或共担任务的过程中彼此信任，精诚合作，互惠互利，相得益彰，最终达成双赢或多赢的理想结果。共赢主要体现在理念上求同存异，使命上同心同德、行动上步调一致。这种价值观的形成，注重合作主体在信念上达成共识，在道路选择上协调一致，在实际行动中齐心协力，通过治理主体信任合作机制的强化，减少利益相关者间的合作成本，遏制机会主义行为。这是秦巴山区发展过程中突破自我中心主义藩篱、克服自身利益最大化窠臼所必须秉承的发展理念。

（四）以善治理论达成秦巴山区协同治理的价值诉求

在治理实践中，合作与竞争、开放与封闭、责任与效率之间的冲突催生了善治理论，善治理论的提出是基于现实中治理失效的现实而提出并发展起来的。善治是一种治理境界，是治理的价值追求，是政府治理能力所致力达到的境界。善治既是社会运行和民生福祉的晴雨表，也是良性互动发展和民心向背的风向标。它注重社会的合意性，倡导民主价值，这种治理的过程，是多元主体良性互动、确立良好伙伴关系的过程，是政府持续回应公民需求的过程，也是政府之间、政府与市场和社会之间合作关系的调适过程。善治过程应该结合以下要素：对改革更具创造性而非技术性的理解，对制度和程序的变化展开更多对话，对公共领域（国家和公民社会）如何巩固加以更多关切，促使经济政策和制度改革趋向一体，关注影响治理的国家和国际因素。在整合各种积极要素后形成的善治理念引导下，治理主体在求同存异、化解矛盾冲突、调适各种关系基础上精诚合作、协同共生，树立集体行动的目标、形成共同的愿景规划、达成一体化的发展战略，这是秦巴山区在协同治理过程中必然的价值诉求。

四、以“保护为先”的秦巴山区绿色发展理念

秦巴山区是我国自然资源最丰富、生态环境最脆弱、脱贫任务最艰巨的地区之一，正处在转型发展、建成小康的关键时期；绿色发展是推动西部地区经济发展转型、全面建成小康的重点所向和难点所在。秦巴山区担负建设生态文明和建成小康社会的艰巨任务，须妥善处理经济发展同生态建设的关系，兼顾人口脱贫、资源节约、环境保护等多重目标，亟须找到一条新的、可持续的山区发展道路。

“绿水青山就是金山银山”（“两山论”）是习近平同志提出的保护与发展双赢的科学论断，阐明了生态建设与发展富民的辩证统一关系，为秦巴山区建设生态小康确立了思维范式、绿色转型发展提供了理论支撑。绿色发展是实现秦巴山区经济、政治、文化良好发展的必由之路，是践行“两山论”的本质要求。秦巴山区绿色发展，要走资源节约、环境友好的发展之路。秦巴山区的区域环境受到传统粗放的发展方式的威胁，人口素质普遍较低，人才技术保障弱，绿色发展的价值观在该区域尚未普遍形成。将绿色的理念纳入秦巴山区协同治理的总体布局，要建立完善的绿色制度，促使社会公众认

识到山区的绿色生态价值。具体围绕绿色发展指标体系、生态补偿交易机制、绿色奖惩激励机制等内容，构建绿色发展的制度保障体系。

（一）传承秦巴山区绿色发展理念

绿色是生态环境特有的颜色，代表自然、和谐、健康，寄寓着生命和希望。绿色协同治理体系效果的实现需要各主体职责和功能的相互补充，但相互补充不是各主体优势的简单相加，而是有机结合。治理主体都应通过倡导绿色政治、绿色行政以及绿色治理的理念，促使社会形成一个开放的生态环境治理氛围。促进各主体治理理念的改进是保证各主体优势有机结合的前提条件，这就需要建立有效的引导机制，让各主体认识到生态环境治理需要协作的复合型主体，要积极鼓励并引导各主体在履行自己主要职责的同时，也主动履行绿色行政、绿色生产、绿色消费、绿色参与、绿色宣传和绿色智慧等所倡导的其他要求。生态挑战是秦巴山区面临的首要问题，“重在保护，要在治理”理念是秦巴山区协同治理的题中应有之义。绿色发展理念着眼于区域内人与环境和谐共生、经济与生态协同共荣，行政单元和部门之间合作共赢。这是秦巴山区未来发展的正确方向、可行路径和思想导引。绿色发展情怀的注入既注重时间维度上的纵向协调，也强调同一时空上各个主体和单元的横向协调，把绿色治理理念纳入顶层设计的总体布局，在路径和愿景的有机统一中实现可持续发展，是秦巴山区协同治理与发展中需要一以贯之的。

（二）构建秦巴山区绿色发展指标体系

绿色发展要确保山区发展不破坏自然环境，需建立秦巴山区绿色发展指标考核体系，保障绿色制度有效实施。分析秦巴山区环境破坏的特征及原因，评测现行环境保护相关制度的实施成效，构建适合该区域的绿色发展指标体系，监测经济增长绿化度、资源环境承载力和政府政策支持等。同时，完善工作考核机制，例如，生态文明建设评价指标体系、人民生活质量评价指标体系、开发项目资金投入回报程度的评价标准等。最后，基于所构建的绿色发展指标体系，进一步突出生态文明指标，研究建立山区绿色政绩考核机制，针对不同城乡类型，实施差异化考核。

（三）完善秦巴山区生态补偿交易机制

生态补偿机制是欠发达山区保护环境、绿色发展的重要途径，从自然、投入和潜在价值三个方面，综合核算山区环境价值，研究建立纵向与横向相结合的山区生态补偿机制。秦巴山区生态补偿，应以持久保护和持续利用生态系统为目的，考虑生态服务所有利益相关者，综合运用公共政策和市场手段的制度安排，应选择政府主导与市场付费相结合的生态补偿模式。开展资源开发的税费改革和试点工作，推进生态补偿政策的精细化和精准化，建立资源开发类生态补偿专项基金。通过相应交易机制的建立，如碳排放交易机制、排污权交易机制等，从制度层面推动秦巴山区的绿色发展。

（四）建立健全秦巴山区绿色奖惩与激励机制

引入激励机制，保障秦巴山区绿色发展稳步推进。加强环境监管，防范环境风险，强化污染物减排和治理。例如，建立“两线两单”水资源安全保障框架，即划定水资源量开发阈限和水环境容量可用阈限两条红线，拟定保障水资源安全底线的水资源综合管理的责任清单和水资源开发利用活动的负面清单。通过针对性的奖惩，加强对秦巴山区域内主要干流的保护。落实奖惩机制还有赖于执法监督的完善，行政检查的幅度与频度均需加强，执法水平的提高、力度的加强。经济激励制度也应与经济发展水平匹配，创新财政补贴、税收减免、价格等经济政策，以更好地扶持发展，激励优势企业及行业改革创新。

（五）建立健全秦巴山区绿色发展的协同推进机制

为避免区域规划同质性突出、行政壁垒破碎化发展等问题，秦巴山区应积极探索成立区域协调机构，协商解决政府、企业、公众在践行“软路径”中的重点任务、协调机制及合作模式等问题。可借鉴“长江经济带”“京津冀协同发展”的政策和经验，加强跨区域合作机制的顶层设计，在深化财税体制改革、构建利益共享机制，协调功能定位、优化产业分工，协同推进重大项目、文化融合、生态环境保护一体化等领域取得突破，推动区域经济协调发展。秦巴山区绿色循环发展，需从组织建设和制度设计两方面建立多元协同推进机制，在互利共赢、优势互补的基础上，促进区域协调发展。

1. 成立区域协调机构，统筹秦巴绿色发展

成立由各省发改委牵头、相关部门参与的秦巴山区生态保护与绿色发展协调机构，研究制定秦巴山区绿色发展总体规划，建立由产业、资源、乡村振兴等专项政策构成的政策体系，推动跨部门联合落实，实现区域高质量、整体性发展。特别要推动乡村振兴政策落实，从直接补偿转向地区综合开发，从传统农业政策转向经济、农业、教育、卫生等多样化政策，从单纯的政府主导型转向动员多方社会力量、加强国内国际合作。例如，在深化旅游业协调发展方面，建立秦巴山旅游发展管委会，促进多个城市间旅游信息传递，推进秦巴战略重组和旅游资源融合。

2. 建立合作制度体系，保障区域协调发展

以高校、科研院所为依托，建立秦巴山区绿色发展研究院，研究有关秦巴山区建设的具有重大理论性、全局性、前瞻性的问题，顶层设计区域协调合作机制、区域错位发展机制、考核机制和保障制度，推动秦巴山区整体协调发展。制定产业绿色发展政策，鼓励有条件地区建设循环产业园区，打造天然气、生物医药、绿色食品加工等优势产业集群，发挥战略支撑和综合带动作用。因地制宜优先安排大型企业、重大项目和新兴产业入驻秦巴山区，建设“输血—强身—造血”的产业振兴示范区，拉动经济绿色增长，推动高质量乡村振兴，建成山川秀美、经济繁荣、社会进步、民族团结、人民富裕的新秦巴。

（六）提高秦巴山区生态文明意识和社会责任意识

1. 倡导绿色文明教育

相比国外比较健全的绿色文明教育体制，我国的绿色文明教育现状较为落后。首先，缺乏制度的整体规划和人才的培养计划，在绿色文明教育社会责任的承担上，政府、企业和社会团体组织等的缺位造成绿色文明教育参与主体单一。其次，在学校层面上，绿色文明教育缺乏相关学科的支持，学科间的渗透和融合几乎为零。最后，对于绿色文明学科本身而言，课堂教学模式重点放在基本概念理论上，缺乏具体实践层面的操作。

（1）统筹规划，科学部署。进行教育制度的整体规划，将绿色文明教育纳入国民教育体系，确定绿色文明教育的人才培养计划，加大资金投入，支持学校做好绿色文明教育的示范和引领；发挥企业和社会团体的作用，连接学校与企业、社会之间课堂教学与实践，拓宽参与和体验的渠道，将绿色文明教育与社会、生活相结合。

（2）发挥学校教育的主要作用。加强绿色文明教育在各学科中的渗透和融合，按照学生教育阶段和层级的不同来安排课程教育和实践，有计划、有步骤、分层次地对学生进行生态文明教育。有条件的地区还可以编制具有地方特色的生态文明教科书，并把绿色文明教育的参与程度和质量加入学校的考核和评价体系中。

（3）重视家庭教育的重要作用。父母是孩子的第一任老师，父母生态责任意识的缺乏或生态环境知识的欠缺将无法对孩子进行良好的绿色文明教育。因此，父母首先应当改变错误的教育观念，减少孩子生活习惯和生活上的过度消费和浪费。其次是父母必须提高自身的生态责任意识，学习绿色文明相关知识，言传身教、知行结合，承担起对子女进行绿色文明教育的重任。

2. 倡导绿色生活方式

绿色生活方式是以绿色为核心，引导民众树立节约、朴素、环保、健康的生活观念，在充分享受绿色发展带来的舒适和便利的同时，自觉履行应尽的环保义务，从而促进资源节约型、环境友好型社会的建设，促进可持续发展。

绿色生活方式最主要的内容就是绿色消费。绿色消费以资源节约和环境保护为特征，是一种适度有节制的、可持续性的消费行为及过程。非理性消费行为的不断累积将导致资源浪费和环境污染，同时对企业生产方式的选择产生错误的导向。而绿色环保的消费观念与消费模式将通过倒逼机制促使企业采取绿色的生产方式，生产符合消费者需求的绿色产品，从而实现绿色生产与绿色消费的互动结合。绿色消费有三个层面的含义：其一是转变消费观念，量入为出，适度消费；避免盲从，理性消费；其二是倡导绿色产品、能源的有效使用；其三是注重对垃圾的分类处理和物资的循环利用。

自觉践行绿色生活方式是形成全社会绿色生活方式的关键环节。公民要积极响应政府的宣传和倡导，转变陈旧消费观念和消费模式，形成绿色消费观念和消费模式，积极践行绿色生活方式，自觉提高生态文明意识和社会责任意识，积极投身生态文明建设，为促进建设资源节约型、环境友好型社会贡献力量。

五、秦巴山区生态环境保护与协同治理的区域共同体

党的十九大报告中将“坚持人与自然和谐共生”和“坚持推动构建人类命运共同体”列入新时代坚持和发展中国特色社会主义的基本方略，用发展的马克思主义生态观观照世界未来，形成关于人类社会发展的新理念。习近平同志在2018年全国生态环境保护大会上，再次强调生态环境问题，指出生态环境是关系党的使命宗旨的重大政治问题，也是关系民生的重大社会问题。

人与自然的生命共同体是构建人类命运共同体的坚实基础。习近平同志指出，“人与自然是生命共同体，人类必须敬畏自然、尊重自然、顺应自然、保护自然”“人与自然和谐共生”“山水林田湖草是生命共同体”,[①] 要求像保护眼睛一样保护生态环境，像对待生命一样对待生态环境，统筹兼顾、整体施策、多措并举，全方位、全地域、全过程开展生态文明建设。人与自然的相互关系表明人与自然从根本上说是生命共同体。人与自然的生命共同体建设是建设美丽中国、实现中华民族伟大复兴中国梦的重要内容。

（一）秦巴山脉区域生态安全格局

生态安全是可持续发展的基本保障，区域生态安全格局是保障区域生态安全和人类福祉的关键环节。党的十九大将生态文明建设提升为“千年大计”，提出要实施重要生态系统保护和修复重大工程，优化生态安全屏障体系，构建生态廊道和生物多样性保护网络，提升生态系统质量和稳定性。合理构建生态安全格局是维护区域生态系统稳定，改善生态系统服务能力，协

① 出自2017年10月18日习近平在中国共产党第十九次全国代表大会上的报告。

调发展与生态环境保护的关系，促进资源合理配置，保障区域生态安全的重要手段。

秦巴山脉地区内有54个国家级自然保护区，除了南阳恐龙蛋化石群国家级自然保护区、青龙山恐龙蛋化石群国家级自然保护区两处地质类自然保护区外，90%以上的保护区都被纳入生态安全格局中，包含地质遗迹、内陆湿地、森林生态、野生动植物等保护类型，主要保护对象涉及水资源、湿地生态系统、山地森林生态系统及特有珍稀物种，如大熊猫、朱鹮、川金丝猴、羚牛、豹、华南虎、金钱豹、白鹳、黑鹳、林麝、豹、云豹、扭角羚、金雕、黑熊、鬣羚、血雉、金鸡、红腹角雉、黄喉貂、秃鹫、大灵猫、大鲵、栱桐、银杏、伯乐树、珙桐红豆杉、南方红豆杉、独叶草、华山新麦草等。与生态源地识别所采用的物种多样性、水源涵养重要性、生态敏感性等目标高度契合，说明生态安全格局的构建结果较为可靠。

生态安全格局主体集中在研究区内的主要山脉（秦岭、伏牛山、大巴山、岷山、米仓山）以及河谷区域，对秦巴山脉地区的生态安全起到了重要的保障和支撑作用，重要生态源地和生态廊道是未来发展过程中需要重点保护和进行生态建设的区域。基于生态系统服务功能重要性构建的秦巴山脉地区生态安全格局，是基于生态系统服务现状提出的区域空间生态规划策略，是识别生态保护底线，划定生态红线的基础和重要支撑，可为秦巴山区国家公园规划布局，区域生态保护规划和生态文明建设提供重要依据；有助于秦巴山区各省市在规划发展中充分考虑区域重要生态空间，以提高区域公共性生态产品供给为目标，进行行政单元内的生态空间建设和修复，建立省市间生态补偿机制。①

（二）构建生态环境保护与协同治理区域共同体的可行性

2018年11月18日，中共中央、国务院颁布了《关于建立更加有效的区域协调发展新机制的意见》（以下简称《意见》），《意见》指出："实施区域协调发展战略是新时代国家重大战略之一，是贯彻新发展理念、建设现代化

① 宋婷，李岱青，张林波等．秦巴山脉区域生态系统服务重要性评价及生态安全格局构建［J］．中国工程科学，2020（1）：64－72．

经济体系的重要组成部分。”

我国区域发展差距依然较大，区域分化现象逐渐显现，无序开发与恶性竞争仍然存在，区域发展不平衡不充分问题依然比较突出，区域发展机制还不完善，难以适应新时代实施区域协调发展战略需要。为全面落实区域协调发展战略各项任务，促进区域协调发展向更高水平和更高质量迈进，需建立更加有效的区域协调发展新机制。要建立区域战略统筹机制，健全市场一体化发展机制，深化区域合作机制，优化区域互助机制，健全区际利益补偿机制，完善基本公共服务均等化机制，创新区域政策调控机制，健全区域发展保障机制，切实加强组织实施。

《意见》针对“深化区域合作机制”提出：一是推动区域合作互动。深化京津冀地区、长江经济带、粤港澳大湾区等合作，提升合作层次和水平。积极发展各类社会中介组织，有序发展区域性行业协会商会，鼓励企业组建跨地区跨行业产业、技术、创新、人才等合作平台。加强城市群内部城市间的紧密合作，推动城市间产业分工、基础设施、公共服务、环境治理、对外开放、改革创新等协调联动，加快构建大中小城市和小城镇协调发展的城镇化格局。积极探索建立城市群协调治理模式，鼓励成立多种形式的城市联盟。二是促进流域上下游合作发展。加快推进长江经济带、珠江—西江经济带、淮河生态经济带、汉江生态经济带等重点流域经济带上下游间合作发展。建立健全上下游毗邻省市规划对接机制，协调解决地区间合作发展重大问题。完善流域内相关省市政府协商合作机制，构建流域基础设施体系，严格流域环境准入标准，加强流域生态环境共建共治，推进流域产业有序转移和优化升级，推动上下游地区协调发展。三是加强省际交界地区合作。支持晋陕豫黄河金三角、粤桂、湘赣、川渝等省际交界地区合作发展，探索建立统一规划、统一管理、合作共建、利益共享的合作新机制。加强省际交界地区城市间交流合作，建立健全跨省城市政府间联席会议制度，完善省际会商机制。

（三）深化秦巴山区区域生态环境保护协同行动

大力推进秦巴山区生态文明建设，打好污染防治攻坚战的大背景下，深化秦巴山区区域生态环境保护协同行动，构建生态环境保护共同体，实现生态环境保护工作一体化，是亟待加强的一项重点工作。

秦巴山区生态安全格局由 6 大重要生态源地、12 条关键带状生态廊道和 26 处踏脚石廊道组成，生态源地主要围绕岷山、秦岭、伏牛山、豫西南山地、米仓山和大巴山展开分布，其生态用地比例高、生态环境质量良好，连接生态源地的带状廊道呈树状辐射分布，生物廊道保障了东西方向上物种生态环境的完整性，河流廊道实现全区域南北方向上生态过程的连贯性和生态功能的延续性。要推动秦巴山区更高质量一体化发展，应在打好污染防治攻坚战的大背景下，加大生态环境保护力度，深化秦巴山区区域生态环境保护协同行动，协调一致开展污染防治和生态环境保护，大力推进生态文明建设，高度重视构建秦巴山区生态环境保护共同体，实现生态环境保护工作一体化。

要积极探索秦巴山区在区域大气污染联防联控、水污染综合防治、跨区域污染应急处置、区域危废环境管理等方面建立一套良好的生态环境保护协商机制，为区域环境共治共建共享打下了坚实基础。在新时期，应围绕重点、难点问题，进一步完善区域生态环保合作机制，构建更加紧密的生态环境保护命运共同体、利益共同体和责任共同体，强化区域环境协同监管，共同努力改善区域生态环境，协力建设绿色美丽秦巴山区，为秦巴山区高质量一体化发展提供优良的生态环境支撑与保障。

1. 要抓住重点治好水、气

要把共保青山绿水作为秦巴山区区域生态环保一体化的重中之重。贯彻系统治理理念，建立跨行政区划上下游协同治理和水生态补偿机制，推动重点跨区域河流上下游联动治理落到实处。坚持“共抓大保护”，协同推进秦巴山区生态环境保护与修复，扎实推进江河湖水环境协同治理。要深入推进大气污染协同防治，推进大气环境监测数据共享，加强车辆、船舶等流动源污染防治的顶层设计，有效应对区域重污染天气，携手完成国家重大活动环境质量保障任务。

建立河长运行机制，统一协调水源保护。实施河长制的初衷，是发挥地方优势，由地方行政首长统一调度、协调保护区域的水资源环境。但作为大江、大河，水资源保护牵涉多个省区市，就需要由国家这个“大河长”来统一调度完成。建立健全环境保护体制，加强跨区域跨流域的生态保护。

2. 要打破政策制度的行政分割束缚

要把秦巴山区一体化发展上升为国家层面的战略高度，对顶层设计作出重大决策部署。在生态环境保护方面，也要树立“一体化”意识和“一盘棋”思想。在区域层面要加强污染源管理制度对接，统一规划、统一标准、统一执行，实现生态环境保护政策的一体化、一致化，实现行政执法与环境司法的统一，建立社会共治的区域生态环境治理体系，避免产业转移中的简单污染搬迁，逐步推动区域减排从行政主导向市场化、社会化多元共治转型。搭建生态环境信息资源共享交换平台，全面推进区域环境信息共享，包括空气质量监测数据和水环境监测数据的共享。

3. 建立跨区域的治理协调机制

现实中的环境污染治理有许多是一个地区难以独立完成的，比如大气污染、水污染等。由于中国现行的财政体制是分灶吃饭，许多事权只能“各扫自家门前雪，难顾他人瓦上霜”。这就要求对关系国计民生和惠及全体国人的重大工程实行统一协调，以提高效率。当然，各自独立完成计划任务，仍是统一协调的重要组成部分，比如节能减排责任制，首先应以省区市为单位，各负其责，率先完成。这里的统一协调应主要体现在政策、技术、标准、提供服务等方面，但对于节能减排、去产能调结构，还应树立全国一盘棋的大局意识，牵涉产业产能转型等跨区域事项的，就需要由国家有关部门统一规划部署。

4. 要充分发挥区域特色优势

要发挥秦巴山区区域的优势，加大投入，开展生态环境保护跨区域、跨流域、跨学科重点问题研究、生态环境共性关键技术攻关。发挥秦巴山区区域生态环境联合研究中心作用，加强联合环境科研。应着力推进多个专项科研，尽早为大气、河流、森林、土壤等协同治理提供有效技术支撑。完善区域环保联合执法互督互学长效机制，针对区域共性环境问题，开展相关互督互学研讨。加强交流合作，同步推进依法严管，重点对夏秋季挥发性有机物管控、秋冬季治污攻坚开展专项执法检查。充分开展环保信用评价合作，统一构建环保信用评价系统、统一企业环保信用评价标准、统一在“信用秦巴山区”平台发布评价结果，为推动五省一市行政、社会、行业、市场等部门单位对环保失信企业开展联合惩戒提供信息化支撑。

六、秦巴山区生态环境保护与协同治理的责任体系

（一）建立秦巴山区领导干部生态环境问责制

1. 设定秦巴山区全区域统一生态保护红线

秦巴山区生态环境保护面临着严峻形势，生态环境保护力度逐年加大，但环境污染仍在持续，资源约束压力和生态恶化没有得到有效缓解，生态系统退化依然严重。从维护国家生态安全大局出发，国家环境保护部于2012开始研究制定并出台，旨在引导经济产业布局、人口聚集分布与资源环境承载能力相适应的生态保护红线，分为生态功能障碍基线、环境质量安全底线、自然资源利用上线“三条红线”，以理顺保护与发展的关系，构建结构完整、系统功能完善稳定的生态安全格局。

2. 统一坚守落实生态保护红线

落实生态保护红线，需要跨区域上下共同坚守，统一行动，树立红线划定各级均不得突破的全局意识。各地方政府应正确处理保护与利用的关系，做到生态系统管理与生态红线保护的有机结合。结合地区实际规划，统筹考虑和兼顾自然生态系统的完整性，实现与主体功能区、自然生态保护区、重大基础设施建设、城乡建设、园林风景区建设规划的有机衔接，划定生态保护红线，实现生态红线保护的精细管理，加大生态补偿力度，出台生态保护配套政策。

3. 建立领导干部生态保护责任追究制

建立领导干部生态保护责任追究制，落实生态保护红线的重要制度保障。2015年出台的《党政领导干部生态环境损害责任追究办法（试行）》规定：实行生态环境损害责任终身追究制，对违背科学发展要求，造成生态环境和资源严重破坏的责任人，不论是否已调离、提拔或者退休，都必须从严追责。

建立领导干部生态问责制，应注意抓好以下几个重点：一是各地因地制宜，细化职责，加快问责机制的整体设计，编制自然生态资源资产负债表，

摸清家底，对本区城的生态资源心中有数，不触红线。二是完善适应生态离任审计的追责机制，通过建立科学的指标体系，引入适用的绿色环境资源价值计算体系，科学评估和建立生态环境损害与责任者之间的关联，对相关破坏责任造成的损害程度和损失加以量化，做到问责有据，为精准问责提供依据。三是健全管理评价机制和发展优化机制。不断剖析案例，对相关问责个人的责任动机、责任影响等加以总结，不断优化问责管理程序。同时，奖惩分明，对保护生态红线做出贡献的领导决策者给予表彰奖励，从正面树立全社会保护生态环境的先进典型，以正风气。

（二）建设秦巴山区企业绿色社会责任管理体系

将绿色生态理念引入企业管理的全过程和各个环节，是企业履行绿色社会责任的基础和保障，这就需要在企业推广建立绿色社会责任管理体系。

1. 绿色管理体系的实质是企业落实绿色社会责任相关制度的集成和运行

企业绿色社会责任是企业社会责任最重要的核心内容，其内涵主要包括：企业在求得自身发展实现企业利润最大化的同时，应当走可持续的循环经济路子，合理利用自然资源，减少对生态环境的破坏和对环境的污染，真正履行与生态环境有关的社会责任。由此可以推断，建立企业绿色社会责任管理体系，就是在企业推行以绿色设计、清洁生产、绿色包装、绿色物流、绿色产品回收、废弃物排放等节约型绿色生产方式、绿色营销模式，以及绿色成本预算、绿色风险防范、绿色财政、绿色文化建设、绿色人力资源管理、绿色绩效评价体系的绿色管理制度。

2. “三绿工程”是企业绿色管理体系的主要目标

构建企业绿色管理体系的目标，可以概括为“三绿工程”。一是将理念变“绿”，就是在生产经营管理的全过程贯穿绿色发展理念，所有的规章制度都要体现于绿色发展中。二是将人变“绿”，这就要求用绿色发展理念统率人力资源管理，通过学习培训，更新知识，树立绿色理念。三是将产品变“绿”，通过向社会和消费者提供绿色产品，树立企业的绿色形象，提高绿色竞争力，同时将产品绿化，真正实现资源的有效利用和生态环境的有效保护。通过以上“三绿工程”的实施，最终实现绿色生态型企业的建设目标。

3. 实现企业绿色管理的主要途径

一是建立健全企业的环境生态管理制度，强化自身的生态绿色理念；二是加快科技创新和研发，实现新旧动能转换，完善企业优化升级；三是建立绿色风险防范机制，强化法律意识，尤其是贯彻落实《环境保护法》等一系列法律法规，确保企业生产经营活动符合法律要求；四是探讨企业发展绿色生产方式、绿色营销和绿色理财的模式和路径，最终建立起有企业自身特色、适应企业可持续发展的绿色管理体系。

（三）建立和完善秦巴山区多元化责任体系

1. 建立和完善公众参与制度

环保事业的最初推动力量来自公众，没有公众参与就没有真正意义上的环境保护。公众参与是推动环境保护工作发展的重要动力，是增强环境决策合法性和正当性的需要，是协调不同利益主体之间的关系、预防环境纠纷的有效手段，是完善政府决策科学化的重要手段，也是社会民主的充分体现。公众参与机制的良性运转，有赖于公众环境意识和权利意识的自发自觉形成、社会团体的健康发展以及相关权利保障机制的建立。公众环境意识的觉醒是公众参与机制发挥作用的直接推动力。随着公众环境意识、法律意识和维权意识的提高，人们逐步认识到建设生态文明、保护生存环境，关系每个公民自身的生存和子孙后代的利益，保护生态环境人人有责、人人有权。因此，要提高生态文明建设的公众参与度，完善环境影响评价的公众参与，规范和完善环境污染听证制度，使公众能够通过适当的机会、手段和途径参与环境法律监督。每位公民都有资格和权利拿起法律武器保护自然资源和环境，实现全民参与资源和环境保护的制度。

建立和完善公众参与制度，保证环境政策得到有效实施，推进生态文明进程。随着西部大开发的深入推进，西部地区对环境质量的要求必然会发生很大变化，越来越多的生态环境问题涉及政府政策与其他利益主体、利益集团等之间的协调问题。地方政府在制定政策过程中需要广泛听取各方面的意见，通过建立完善的公众参与机制，吸纳公众参与决策，认真听取公众意见，主动接受公众建议，自觉接受公众监督，在决策中形成全社会成员的共同意志和行动，才能确保环境决策的科学性、公开性和透明度，有利于环境政策目标的实现。

2. 发挥社会组织在生态文明建设中的作用

社会组织是独立于政府、企业的第三方，是为满足某种社会需要而成立的，在一定程度上代表社会各阶层和利益群体诉求的非营利组织。社会组织在生态文明建设中的作用主要体现在四个方面。第一是参与政府决策。社会组织来源社会公众，代表了群众一定的利益诉求，并且环保和法律等领域的专业人士多角度和专业性的价值判断和选择可以为政府提出建设性的意见和建议。第二是监督。社会组织第三方的属性使其可以以中立的态度对政府依法履行环保职责和企业承担环保责任的行为进行监督，从而弥补社会公众监督的漏洞和不足。第三是诉讼。即社会组织可以以更大的人力、物力、财力资源，代表公众对环境违法行为进行诉讼，维护环境公共权益，保护公民的合法权益。第四是提供环保公共服务。如中国治理荒漠化基金会致力于中国荒漠化土地的治理和恢复，公共环境研究中心长期关注我国的水污染和大气污染问题等。

发挥社会组织在生态文明建设中作用的途径，一是加强自身建设，拓宽筹资渠道，公开资金使用信息，建立规范化的内部管理机制体制，严厉打击滥用善款、徇私舞弊等腐败行为，并建立严格的惩罚机制；二是政府须加快转变观念，积极引导和支持社会组织的发展，建立平等、开放、自由的沟通机制和交流平台，同时公开环境信息，接受社会组织的监督。

（四）建立健全秦巴山区公民履行生态文明责任的保障制度

生态文明建设需要一系列制度来保障公民的环境人权，维护公民合法的环境权益。

1. 建立健全听证制度

听证制度是指召集有关专家和社会公众，对某一项与生态环境密切相关的规划或政策进行深入论证的制度。建立健全听证制度能够有效保障公民的知情权和参与权，提高公民参与生态文明建设的积极性和主动性，培育多元主体参与生态文明建设。其次，能够有效地规范公众参与生态文明决策的程序和方式，提高生态文明参与的组织水平。同时集思广益，有利于实现政府科学、民主的决策。

2. 完善监督机制，畅通监督渠道

生态文明建设中的监督机制主要包括四个方面：一是自上而下的政府监督，二是自下而上的社会公众和媒体的监督，三是第三方社会组织的监督，四是行业组织监督或内部监督。其中，要注意畅通公民监督渠道，通过电话、报刊、网络等平台为公民提供反馈建议的平台，维护公民合法的环境权益。另外，要坚持正面引导和依法管理相结合，充分发挥媒体在生态文明建设中的监督作用。

3. 完善公益诉讼制度

近年来，社会组织和公众积极参与并行使公益权利，形成了治理生态环境、提升生态文明法治建设、保障绿色发展的合力。完善环境公益诉讼制度，应当注意以下三个方面：第一，建立健全相关法律法规，确定社会公众和个人参与诉讼的合法性，明确环境公益诉讼的主体范围。第二，给予社会公众及社会组织资金、技术及信息支持，明确诉讼费用缴纳标准并建立激励机制，弥补社会公众参与诉讼的付出并鼓励更多的人维护公共环境权益，扭转环境公益诉讼中诉讼主体的弱势局面。第三，出台环境鉴定标准，为环境公益诉讼提供标准参照，保证公益诉讼有序开展，扎实开展环境保护工作，促进生态文明建设。

（五）促进秦巴山区三大责任主体协调机制创新

三大责任主体，即政府、企业、社会组织和公众，在生态文明建设中的责任体系建设各有侧重和主攻方向，但他们之间不可能彼此孤立，唯有通过机制创新实现不同责任体系间的协调配合，才能真正实现生态文明建设的宏伟目标。

1. 以绿色生态发展理念作为三大责任主体协调机制的重要基石

牢固树立绿色发展理念是不同责任体系间协调配合的重要原则和行动纲领。一是政府主要通过制定绿色产业政策，引导企业实现产能转型，逐步在全国建成绿色产业体系；通过制定法律法规，监督企业实现绿色生产方式的建立；通过财税政策宏观调控，引导投资主体实现绿色投资，引导各级银行实现绿色金融体系的建立健全。二是企业在国家绿色产业政策指导下，完成生产方式的绿色转变，获得更多的财税金融支持，为社会提供优质绿色产品和服务，实现企业的可持续发展。三是社会组织和公众以绿色理念为指导，倡导绿色生活方式、绿色消费观，在不断提升自身生态文明素质的同时，通过监督政府和企业的绿色行为，获得源源不断的生态产品和生态服务，实现最大的生态福祉。如此，通过三大责任主体协调配合，改变秦巴山区生态环境治理体系一直采用政府为主体主导的生态环境治理模式，尽快实现从“一维”环境治理模式到“三维”环境治理模式的转变，形成生态文明建设的多元化治理主体。

2. 搭建生态文明建设信息共享平台

一是建立生态文明建设政策服务公示专栏。将人才、投融资、法律等各方面为生态文明建设提供支撑和服务的政策信息公开，既可以保障企业、社会组织和公众在参与过程中有章可循、有法可依，又可以征求全社会的意见建议，进一步完善生态文明建设相关的政策法律法规。二是建立生态文明建设信息披露专栏。从法律法规、指标标准、政策决策、行政许可与审批等方面，对政府和企业两个责任主体进行生态环境信息披露，特别是企业环境法规执行情况、环境治理和污染处理现状、循环利用情况、投入的资金状况等公开公示，有助于提高企业改善污染排放的主动性，强化企业履行绿色社会责任制，加强社会公众的有效监督。三是建立生态文明建设监督诉讼专栏。以专栏为依托，畅通公民监督渠道，维护公民合法的环境权益，同时坚持正面引导和依法治理相结合，积极发挥政府、社会公众、媒体、社会组织以及行业组织在生态文明建设中的监督作用。四是建立生态环境保护与治理数据库。数据库应涵盖国内外生态环境治理的基本经验和主要模式，包括城市生态文明建设的各项可公开资料，生态文明建设项目的基本情况、具体措施、创新性设计以及是否有参考对象和依据等。对于生态环境破坏严重、修复治理难度大的项目进行特别关注，追踪记录其在保护治理过程中的每一步行动以及行动所带来的影响，为生态环境保护与治理提供新思路，共享生态文明建设成果。

3. 建立生态文明联席会议制度

一是创新各级生态文明办的运行机制，吸收政府、企业、社会组织和公众等多方力量参与，共同对生态文明建设各项任务的推进进行督查，形成全社会共同推进生态文明建设的良好氛围。二是以生态文明办为依托，建立区域性生态文明建设联席会议，邀请生态文明建设领域具有代表性的专家学者以及具有权威性的社会组织和公众一同参与，及时传达和解读政府对绿色经济转型的相关扶持政策和优惠措施，反馈相关信息，了解企业家思想状态和企业绿色生产开展中的困难，建立不同责任主体的沟通渠道。三是通过联席会议制度有效保障公民对生态文明建设的知情权和参与权，规范社会组织和公众参与生态文明决策的程序和方式，提高公民参与生态文明建设的积极性和主动性。[①]

七、秦巴山区区域生态环境保护与协同治理的战略规划

秦巴山区地理位置重要，生态功能突出，要切实增强政治责任感，把秦巴山区生态保护和高质量发展这一国家重大战略落实好，在秦巴山区生态保护和高质量发展中起到引领示范作用。

（一）构建秦巴山区府际（政府间）协同治理机制

首先，要构建以秦巴山区为中心的协同治理机构，打破跨区域行政地域之间各自为战的局面，打破职能部门条块分割管理格局，聚集和协调流域内各省区。设置机构办公室，负责处理该机构的日常事务；该机构可以下设若干专门委员会，负责专门的治理事务，协调纵向和横向政府部门，整合秦巴山区政府的治理能力，提高治理效能。其次，要完善秦巴山区治理的管理制度。一方面，要健全和落实各级政府在秦巴山区生态保护和高质量发展中的

① 曹洪军，李昕．中国生态文明建设的责任体系构建［J］．暨南学报（哲学社会科学版），2020（7）：116－132．

责任体系，明确各级政府和各职能部门的主要职责，理顺横向和纵向部门之间的关系；另一方面，要完善各级政府和官员的考核制度，将秦巴山区生态保护和高质量发展相关的绩效指标纳入政绩考核体系，为流域协同治理提供制度激励。再次，要完善秦巴山区生态保护和高质量发展的法律制度，从秦巴山区的整体性出发统筹考虑，坚持问题导向，结合流域特点，建立健全秦巴山区治理的法律法规，严格执法。最后，要建立秦巴山区协调合作机制，统筹考虑流域上下游关系、东中西关系、干支流关系、左右岸关系，统一部署和规划生态环境保护和经济社会发展，统一协调生态保护、资源开发和项目建设。

（二）健全秦巴山区协同治理的相关制度

首先，要建立健全公众参与秦巴山区治理的相关制度，保障社会组织和力量参与治理的权利，详细规定参与治理的程序、方法和途径，同时要让社会大众知晓政策方向，领会政策意图，切实保障社会力量能真正参与治理的决策和实施，增强治理政策的科学化和民主化。其次，要建立和完善秦巴山区治理的信息公开发布机制，建立和整合相应的信息交流平台，让社会能多途径、便捷、高效地获取流域治理的公开信息，保障民众享有监督的权利。再次，要加强宣传和舆论引导力度，增强民众对促进秦巴山区生态保护和高质量发展的责任和参与意识，营造浓厚良好的社会氛围。最后，区域内企业既要增强环保意识，又要加快改进生产技术进行绿色、环保、无公害生产，同时形成相应的企业联盟，进行相互监督，共同促进高质量发展。此外，要加快培育环保组织等社会组织，充分发挥这些非营利性公益组织的力量。更为关键的是，要理顺、明确各社会主体间的责任边界，建构高效的协调合作机制，建立秦巴山区的多元主体治理格局，形成社会协同共治局面，打造流域治理共同体。

（三）增强秦巴山区生态保护与高质量发展的协同性

在秦巴山区治理过程中，要坚持绿水青山就是金山银山，要因地制宜、分类施策，共同抓好生态保护，共同促进高质量发展，增强秦巴山区生态保护与高质量发展的协同性，做到既要金山银山，又要绿水青山。

要共同抓好大保护，从秦巴山区全局视角出发，充分考虑各地区生态环境的差异性，进行分区、分类治理。结合秦巴山区各区县发展战略地位和区位特征，将区域分为发展严控区、发展提升区、发展优化区和发展疏解区，分类实施功能管控。发展严控区生态价值大、生态敏感性高，适合城市开发建设用地较少，交通基础设施较差，人口分散，用地呈现破碎化状态，应维持区域现状，严控生态红线，逐步实行生态移民；发展提升区生态敏感性和生态价值有所降低，在保护生态的前提下，鼓励经济发展，适当提高第二产业和第三产业比重，吸收部分生态移民，适当增加城市建设用地；发展优化区经济发展较好、交通设施良好、生态承载力较高，应降低工业生产和居住生活的污染物排放量，逐步将支柱产业从第二产业调整过渡为第三产业，避免城市建设用地的过度扩展；发展疏解区处于城市核心区影响范围内，人口基数大、经济发展水平高，城市建设水平超过地方生态承载水平，应适当疏解人口，降低城市建设开发量，发展绿色产业，修复生态环境。

（四）加强秦巴山区高质量发展顶层设计

要推进秦巴山区生态保护和高质量发展，必须加强顶层设计，尽快制定协同推进秦巴山区生态保护和高质量发展的整体战略规划，为秦巴山区生态保护和高质量发展擘画蓝图、制定路线图，提供方向指引和行动指南。

1. 秦巴山区生态保护和高质量发展思路

秦巴山区生态治理涉及饮水、灌溉、防洪抗旱、土地规划、污染防治以及发展规划等诸多方面，在制定和实施秦巴山区生态保护和高质量发展的战略规划过程中，一方面，要树立秦巴山区区域“一盘棋”发展思想，以可持续发展为出发点，尊重流域生态保护和发展规律，注重保护和发展的协同性、整体性、系统性；另一方面，要根据流域内各省区的自然资源禀赋、经济发展条件、社会人口状况等特征，因地制宜地进行合理的功能定位，同时要加强各地区间的协调合作，通过共商共建共享，形成左右岸协调、东中西互济、上中下游联动的生态保护和高质量发展格局。此外，要统筹秦巴山区区域治理各个方面，消除治理的缝隙和盲区，补足治理的短板，强化治理的弱项，开创秦巴山区生态保护和高质量发展的新局面。通过与各省市的多式联动体系建设，推动秦巴山区各省市开展绿色飞地园区合作，将产业布局、生态扶贫与环境整治紧密结合起来。

2. 秦巴山区生态保护和高质量发展的具体举措

践行“绿水青山就是金山银山”理念，着力抓好生态保护、生态修复、生态重建、生态服务、生态富民和生态安全等工作，构筑秦巴山区绿色生态屏障。

一是要紧抓水沙关系调节。推进坡耕地综合整治、高原塬面保护、病险淤地坝除险加固等国家水土保持重点工程的实施。全面启动防护林提质增效工程，补齐全区域绿色断裂线，在风沙区、水土流失区和秦岭与大巴山脉坡脚地带等地段实现绿色全覆盖，巩固和扩大退耕还林（草）成果。在主要河流的交汇处划定湿地保护区，完善湿地保护网络体系，增强河湖、湿地的水源涵养、水土保持等生态功能。

二是以陕西“关中水系规划”为统领，以生态恢复“八水绕长安”工程及生态示范河湖建设为中心，围绕汉江综合治理及河湖湿地建设两个中心，强化江河湖泊水生态环境治理。

三是以“蓝天净土”为目标，紧抓治污降霾联防联控，建立秦巴山区大气污染联防联控工作方案；强化土壤污染修复，重点解决农村生产生活以及工业污染等方面的问题，全面实现秦巴山区生态环境治理体系和治理能力的进一步完善和提升。

四是积极呼吁《秦巴山区保护法案》的出台，在法律层面协调统筹秦巴山区省际合作的关系和矛盾。要实现秦巴山区生态环境治理主体之间有效、充分协同，必须将秦巴山区生态环境协同治理纳入法治化轨道。需要从秦巴山区生态系统的整体性出发，统筹考虑流域上下游、左右岸协同发展。

五是在污染防治方面，根据《中华人民共和国长江保护法》《中华人民共和国水污染防治法》等法律法规关于生态污染防治的内容设计，统筹水资源、大气、土壤、生态等要素，提出更为细化、针对性更强的要求，包括推进坡耕地综合整治、高原塬面保护等水土保持等，重要支流的产业准入与淘汰要求、总量控制、污水处理、畜禽养殖污染防治等，秦巴山区大气联防联控等。

六是在流域综合治理制度方面，按流域设置环境监管和行政执法机构试点，依据“责任共担、信息共享、联防联治、群策群力”的原则实施统一规划、统一标准、统一环评、统一监测、统一执法，建立秦巴山区及时有效的防控综合治理制度，加强流域生态环境协同治理的司法保障，避免行政干预司法或地方司法保护主义现象。①

（五）立足陕西，激发秦巴山区联动效应

秦巴山区陕西段是秦巴山区之“芯”，是秦巴山区治水的主战场，肩负秦巴山区自然生态治理修复的关键使命。“秦巴山区生态保护和高质量发展”这一国家重大战略的提出，为陕西实现追赶超越，走出生态优先、绿色发展之路提供了重大的历史机遇。陕西迫切需要着眼于生态文明建设全局，重新定位与秦巴山区的关系，提升对秦巴山区的影响力，才能进一步发挥陕西力量，展现陕西担当。

1. 打造秦巴山区生态治理共同体

将陕西建设成为区域协同的协调者、要素协同的扩散源和目标协同的引领者。确保秦巴山区长期治理的重点是“完善水沙调控机制，解决九龙治水、分头管理问题”，保护秦巴山区要“上下游、干支流、左右岸统筹谋划，共同抓好大保护，协同推进大治理”。因此，要立足陕西、跳出陕西，主动对接国家相关部门和其他省区，抢占先发优势，激发联动效应。

2. 要号召秦巴山区六省联合建立生态治理协调机构

共同组织制定秦巴山区区域生态治理总体规划与实施办法，开创生态保护和高质量发展新局面。要通过跨区域的制度性合作机制，从顶层设计上促进秦巴山区规划的统一及落实，充分整合山水林田湖草资源生命共同体，优化国土空间开发格局，形成由不同生态廊道、不同生态板块、不同生态功能耦合而成的多层生态网络体系。

将区域环境政策、制度、规范以及环保技术创新等纳入治理进程，建成网络化生态合作治理平台。探索秦巴山区各省市环境协同治理的利益协调机

① 顾菁．打造黄河流域之“芯”［EB/OL］．https：//www.ishaanxi.com/c/2020/0708/1739433.shtml，2020－07－08．

制和合作协商制度，协调不同地区在秦巴山区生态治理合作过程中监督、评估、预警、考核、问责、纠错体系等方面的合作机制，合力构建以地方政府为主导的多元共治新格局。

3. 积极探索生态文明体制改革

将陕西建设为秦巴山区生态文明体制机制创新的策源地、排头兵和推动者。以制度协同服务为抓手，引领秦巴山区生态环境治理体制机制创新。鼓励污染第三方治理，完善生态补偿制度，积极推进环境共治共享，强调在秦巴山区治理中行政手段、市场手段、社会化手段等方面的制度协同。充分发挥环境税收、绿色信贷、绿色债券、排污权交易、自愿减排等制度的作用，加强制度间的优势互补。系统性推进绿色信贷体系建设，提升绿色金融服务能力，助推经济建设与资源环境的协调发展。以市场化方式建立“秦巴山区生态治理基金”，通过发行专项债券、引入 PPP 项目等方式引导社会资本参与生态保护与治理的投资运营。跨地区联合实施引河灌溉及调蓄、沿河生态廊道、河道和滩区安全综合提升、滩区开发利用等重大项目建设。针对各类治理成果制订长期跟踪监测和长效评估计划，根据治理工程投入的大小实行以奖代补，提高社会资本参与生态保护的积极性。将流域水资源开发利用规划、省际边界河道水利规划、河道岸线利用规划、省际重点水事矛盾敏感地区水利规划、采砂规划的编制，统一为流域国土空间规划，实现“多规合一”，确保秦巴山区生态环境保护工作协同进行。

4. 加强科技服务对接与科技资源共享

将陕西打造成秦巴山区生态治理中科技创新的龙头与综合要素服务平台。以一体化思维建设秦巴山区生态共同体，提升陕西在环保科技、环境管理、环境监测等领域的技术创新水平与辐射带动作用。

5. 实现生态环境空间精细化管控全覆盖

运用卫星定位、物联网等高科技手段，联合建设秦巴山区全域分布式环境生态数据监测传感终端，完善遥感遥测监控、重点区域视频监控和执法巡查监控，形成多要素、多介质动态监控和全覆盖、高精度、反应迅速的立体化监控网络，实现生态环境空间精细化管控全覆盖。依托信息技术资源和创新，打造大型科研、检测设备仪器、中试基地为一体的秦巴山区生态资源多要素大数据监测平台，动态反映流域环境质量、水文、污染源清单、水域岸线管理运行等方面情况，实现流域管理部门之间信息资源共享互通，形成秦巴山区生态治理网络体系。

6. 建立健全绿色技术创新评估和激励机制

建立健全绿色技术创新评估和激励机制，对绿色技术应用实行奖励和支持，扩大绿色科技的应用范围，加强与秦巴山区各省市的技术交流与合作，深入推进该区域绿色产业体系，形成分工有序、布局合理的秦巴山区绿色产业空间格局。立足杨凌上合农业基地、农业高新技术产业示范区等农业创新基地，以核心技术助力生态农业创新模式，推动秦巴区域生态农业道路快速发展，打造绿色安全和谐的清洁田野和环境整洁优美的现代化新农村。

秦巴山脉地处我国地理中心位置，在我国国土空间格局中具有特殊的区位战略价值。坚持“保护为先”的秦巴山区绿色发展理念，深入践行“绿水青山就是金山银山”的核心思想，从秦巴山脉的内外互动和协作支撑着手，构建秦巴山区府际协同治理机制，深化秦巴山区区域生态环境保护协同行动，推进生态保护、区域协同治理、传统产业转型等重点领域协调发展，探索秦巴山区的人与自然和谐发展的创新模式。

第五章　秦巴山区生态环境保护与协同治理法律机制

保护生态环境是推进生态文明建设的关键和基础。生态文明建设直接关系人民的福祉安康、关乎民族全面发展的当前和未来，是全面建成小康社会的不可回避、不可或缺的长远大计。生态环境问题正被越来越多的国家、组织和公众高度关注，在我国也已成为全社会关注的焦点问题之一，成为影响经济社会科学发展的重要因素之一。面对资源约束趋紧、环境污染严重、生态系统退化的严峻形势，必须树立尊重自然、顺应自然、保护自然的生态文明理念，把生态文明建设放在突出地位。世界各地生态环境恶化速度远大于治理改善的速度，生态安全已经与水、土地安全一起构成了引发社会稳定的联动诱因，经济发展与环境变化之间的风险关系越来越密切。当前，我国生态环境状况是局部有所改善、总体尚未遏制、形势依然严峻、压力继续加大，特别是重大污染事故时有发生，生态环境压力较大，生态环境与资源问题较突出，恢复生态环境较困难。

2019 年，全国各级人民法院受理各类环境资源刑事一审案件 39957 件，审结 36733 件，判处罪犯 114633 人，收结案数同比 2018 年分别上升 50.9%、43.4%。受理各类环境资源民事一审案件 202671 件、行政一审案件 47588 件，同比分别上升 5.6%、12.7%。检察机关提起的环境刑事附带民事公益诉讼案件在检察机关提起的环境公益诉讼中占比持续攀升。[①] 因此，保护生态环境，推进生态文明建设，法治建设是基础和保证。构建生态环境法治机制，提升生态环境保护的法治能力，坚持健全依法保护生态环境的组织协调机构，强化领导科学发展的能力；强化生态环境保护的法治措施，提升贯彻

① 资料来源：2020 年 5 月 8 日下午，最高人民法院新闻发布会发布的《中国环境资源审判（2019）》（白皮书）。

落实国家主体功能区规划的执行力；依法健全生态环境保护的评价体系，强化科学发展的保障措施；依法健全生态文明建设体制，解决好影响环境保护的关键性问题；完善公众参与环境保护的公益诉讼制度，提升环保的司法救济能力，确保生态环境保护司法的公平与正义。

一、生态环境保护与协同治理法治化现状与问题

（一）生态环境保护与协同治理法治化现状

1. 中国特色生态环境保护法律体系基本形成

经过四十年余发展，以《环境保护法》为基本法，涵盖自然资源保护法和污染防治法两大领域，中国特色社会主义生态环境保护法律体系已经形成。环境保护基本法从1979年的《环境保护法（试行）》到1989年的《环境保护法》再到2014年修订的《环境保护法》，在立法理念、法律体系结构、法律原则制度等各方面都渐趋完善；自然资源保护单行法已经覆盖土地、水、矿产资源、森林、草原、野生动植物、渔业、水土保持、防沙治沙等主要领域；污染防治单行法也已经在大气、水、土壤污染、噪声污染、固体废物污染、放射性污染等污染防治领域构建成型。这些法律法规成为推动我国生态文明建设，实现经济社会可持续发展的制度基础。

2. 生态优先成为环境法治化的重要指导思想

一方面，可持续发展成为生态环境保护与治理的法治建设指导思想。“促进经济社会可持续发展”已经写入环境保护基本法和单行法，成为环境法律调控的重要目标。在环境保护与经济发展的具体协调上，实现了由“使生态环境保护工作同经济建设和社会发展相协调”，到“使经济社会发展与环境保护相协调”的转变，清晰体现出生态优先原则，表明将从生态环境保护视角审视和保障经济社会发展质量的立场。绿色发展、生态文明建设、生命共同体等理念成为新时期环境法治建设的指导思想。另一方面，风险防控理念和注重对生态环境本身的保护逐渐成为环境法治的重要理念。2014年

《环境保护法》修订后，从内容上看，设置了环境规划、生态红线、监测预警等制度，逐步完善了环境影响评价制度，将环境保护的重心从结果治理、质量管控，提升到风险防控上，更注重事前预防和环境风险防范；立法目的从“保护人体健康”转换为“保护公众健康”、刑事领域从“重大环境污染事故罪”到“污染环境罪”转变等，体现了环境保护从过去注重对人身、财产的保障理念转为对环境本身的保护。

3. 明确环境保护法基本原则与主要制度

环境保护法确立了坚持保护优先、预防为主、综合治理、公众参与、损害担责的基本原则，特别是保护优先原则在环境保护法修订中得以明确规定，有利于扭转以往重经济发展轻环境保护，将 GDP 作为政绩唯一考核标准，只注重发展速度而不顾发展质量的弊端，从根本上遏制了中国环境问题恶化的趋势。在主要制度方面，基本上形成了约束和激励并举的生态文明制度体系。如环境保护目标责任制和考核评价制度、现场检查制度、征收排污费制度、排污许可管理制度、环境信息公开制度、环境公益诉讼制度和生态保护补偿制度等，初步建立了比较完整的生态文明制度体系，使生态文明建设进入法治化、制度化轨道，并建立起强有力的法制保障。

4. 环境监督管理体制逐步健全

我国环境监督管理机构从无到有，从不独立到独立，监管体制逐步健全。环境保护主管部门作为统管部门的地位不断提升。1982 年，国务院环境保护领导小组并入城乡建设环境保护部，成为其常设机构。1984 年，环境保护委员会和国家环境保护局成立。1988 年，环境保护局成为国务院直属机关。1998 年，国家环境保护局吸收了环境保护委员会职能升格为国家环境保护总局。2008 年 3 月，国家环保总局升格为环境保护部，成为国务院组成部门。2018 年 3 月 17 日，第十三届全国人民代表大会第一次会议批准国务院机构改革方案，组建生态环境部。2018 年 8 月，由中办、国办印发的“生态环境部‘三定’方案”进一步加强机构编制能力，推动各项职责落实。

5. 环境标准体系已经成型

环境标准也是我国环境法律体系中的重要组成部分。经过四十年余发展，我国“二级五类”环境标准体系已经形成。从层级上看，分为国家级和地方级标准，从类别看分为环境质量标准、污染物排放（控制）标准、环境监测类标准、环境管理规范类标准和环境基础类标准。从1979年《工业企业设计卫生标准》《生活饮用水卫生标准》颁布，到1983年《环境保护标准管理办法》制定实施，再到2018年《建设用地土壤污染风险管控标准（试行）》出台，我国环境标准体系逐步完善。根据2017年5月环境保护部的数据，截至2017年，我国累计发布国家环保标准2038项。

（二）2019年度人民法院环境资源典型案例

2020年5月8日下午，最高人民法院召开新闻发布会，发布《中国环境资源审判（2019）》（白皮书）、《中国环境司法发展报告（2019）》（绿皮书）、《2019年度人民法院环境资源典型案例》。[①] 本次发布会全面展示2019年人民法院环境资源审判工作情况，这是在最高人民法院在接续发布中国环境资源审判白皮书基础上，首次发布年度典型案例。本次发布的40个案例，具有鲜明的环境资源司法保护特色，基本涵盖了环境污染防治、生态保护、资源开发利用、气候变化应对和环境治理与服务等五大类型案件，集中体现了环境资源案件的基本特点。

（1）案件类型日趋多样性，除了涉大气、水、土壤、海洋环境污染案件，侵害珍贵濒危动植物及其栖息地的破坏生态案件，以及涉土地、矿产、林木、草原资源开发利用等常见案件类型外，还包括侵害公众景观权益、侵害传统村落案件以及节能服务合同纠纷等新类型案件。

（2）保护范围渐呈广泛性，不仅涵括大气、水、土壤、矿产、野生动植物和人文遗迹等环境资源要素，还覆盖海洋、森林、湿地、滩涂、草原、国家公园、自然保护区等生态系统要素。

（3）审判程序凸显复合性，案件涉及私益诉讼和公益诉讼、刑事诉讼和民事公益诉讼、公益诉讼和生态环境损害赔偿诉讼、磋商协议和司法确认等多种诉讼类型以及刑事、民事、行政三大责任方式之间的协调和衔接。

（4）诉讼价值显现主导性，各类环境资源案件点多面广、利益多元，但

---

① 孙航．以最严格制度最严密法治保护生态环境——最高法发布环境资源审判白皮书、环境司法发展报告及年度环境资源典型案例［OL/EB］．https：//www. chinacourt. org/article/detail/2020/05/id/5195810. shtml，2020－05－08．

都是围绕“生态环境保护和资源可持续利用”这一核心价值追求逐一展开。

在相关公益诉讼案例中，人民法院充分发挥司法智慧，立足不同环境要素的修复需求，探索适用限期履行、劳务代偿、增殖放流、技改抵扣、替代性修复等多种生态环境修复责任承担方式以及代履行等执行方式，促进生态环境及时有效恢复。

依法严惩污染环境、破坏生态等犯罪行为，对于隐蔽排污、多次排污、伪造篡改监测数据排污等犯罪行为，依法从重处罚。对涉野生动物保护、走私“洋垃圾”等犯罪行为，不仅惩治直接贩卖、走私者，更要打源头、追幕后，依法追究提供者、购买者的刑事责任，取缔非法交易链条。在行政案件中，对拆除、闲置或者不正常运行防治污染设施等违反环境保护法律法规的行为，支持行政机关依法从严查处。在民事案件中，对于超范围探矿、违法在自然保护区内开发利用自然资源等行为，依职权认定无效，防止自然资源损坏，强化生态环境保护，鼓励企业主动承担起环境保护主体责任和社会责任，推动形成绿色生产方式。①

（三）生态环境保护与协同治理法治化进程中的问题

1. 在立法中环境保护新理念融入还不够深入

例如，对环境权的保护虽然在一些单行法或者相关的民事和刑事立法方面有所体现，但在国家根本大法——《宪法》还只是在序言和正文中对生态文明建设作出宣示性阐述和原则性规定，没有明确将环境权作为公民的一项基本权利加以规定。由于宪法依据的缺失，下位立法关于环境权的阐释和规定“无论从逻辑上、内容上，还是法律体系的衔接和协调上看，不仅有缺憾，而且有悖法治原则”。理念是立法的灵魂，可以为立法提供指导思想和指引。因此，绿色发展、生态文明建设、“生态共同体”等理念不仅需要在立法中得到宣示，还需要将这些理念贯彻到具体的制度设计中。

2. 环境保护法体系架构还不够完善

一是在宏观体系架构上，一部真正意义的综合性环境保护基本法尚未形

---

① 最高人民法院 . 2019 年度人民法院环境资源典型案例［EB/OL］. https：//baijiahao. baidu. com/s？ id = 1666134890953479148&wfr = spider&for = pc，2020 – 05 – 08.

成。现行《环境保护法》由全国人大常委会修订通过，在地位和效力上发挥环境保护基本法的作用仍有提升空间。二是在微观体系架构上，还存在一定的法律空缺。例如，虽然2014年《环境保护法》将自然遗迹与人文遗迹列为15个环境要素，凸显了国家对自然遗迹与人文遗迹保护管理的重视，但我国的自然遗迹与人文遗迹保护目前还只存在于地方层面立法中，缺乏全国性自然遗迹与人文遗迹保护立法。

3. 环境保护体制中统管与分管没有明确规定

环境保护监督管理体制上，1989年《环境保护法》确立了统管与分管相结合的体制。2014年修订后的《环境保护法》在环境保护监督管理体制方面没有较大突破，仍规定为统管与分管相结合。如何统管、如何分管没有明确规定，导致“九龙治水”、各部门相互扯皮和推诿；统管部门与分管部门执法地位平等带来了执法难度。按单要素管理和按行政区划管理都会导致管理的“碎片化”，不利于对整体环境的保护，无法有效解决跨区域环境纠纷和地方保护主义，也与“一体化治理理念”不相适应。①

二、加强生态环境法治建设是生态环境保护支撑

生态环境问题的解决，取决于三个方面。一是转变观念，尤其是政府和领导干部应当转变观念。所谓转变观念，即是转变对事物的定向或传统的思维模式。首先要转变对物质世界和自然资源的认识，彻底改变过去那种“取之不尽、用之不竭”的自然资源观，树立只有一个地球、地球资源有限的自然资源观，尊重自然规律，尊重自然、顺应自然、呵护自然，真正把自然作为人类的朋友而不是人类的征服对象。其次要转变对经济发展和经济增长规律的认识，摆脱高污染、高能耗、高投入、低产出的增长模式，走实现清洁生产、发展循环经济的绿色发展之路。同时要转变对社会需求的认识，要认

① 李爱年，周圣佑．我国环境保护法的发展：改革开放40年回顾与展望［J］．环境保护，2018（20）：26－30.

识到人民群众不仅有物质文化需要，还有对适宜的生态环境的需要。此外还要转变对政府职能和政绩观的认识，从追求传统 GDP 到追求绿色 GDP，将环境保护作为政府的基本和重要职能，纳入政府政绩考核体系。二是充分利用现代环境保护科学技术。环境保护的实现需要最新的环保科学技术作为保障，科学技术的进化与选择是人类摆脱科技负效应的前提。只有通过生态科技的开发，实现清洁生产、发展循环经济，做到或努力做到生产过程中污染物质的最小排放甚至零排放，实现资源的最低消耗和最大利用，并积极采用革命性的技术进步来覆盖增长的环境保护成本。三是加强生态环境法治建设，用法律手段规制人们的环境行为，规范环境保护活动。不同的文明形态需要不同的法律制度作为支撑。美国社会法学家罗斯科·庞德（Roscoe Pound）指出，对过去，法是文明的产物；对现在，法是维持文明的工具；对将来，法是增进文明的工具。在人类向生态文明时代迈进的今天，生态文明作为以环境保护为主要内容的文明形态，将对环境法治产生深刻影响。反过来，环境法治又是生态文明的法律确认过程。面对日益严峻的环境危机，加强环境法治建设是利用法治推动环境保护的必然安排。当前，要把生态环境保护落到实处，必须要有具体的、可行的、定型化的生态环境保护与协同治理法律体制机制作为保障。

（一）以“生态中心”思想指导立法

用“生态中心”取代“经济中心”，意味着整个社会生产都要与生态和谐相适应。① 社会生产可以分为人类自身的生产和物质资料的生产两部分。这两部分的生产均需实现生态化的转向，使人得其所、物尽其用，人口与经济可持续均衡发展。一方面，要与自然生态相适应，就必须对人口的过度增长加以限制，用法律措施调节人口规模，防止过量的人口对自然环境的巨大压力，以实现良性循环。另一方面，要与自然生态相适应，就必须对物质生产的过度增长加以限制，使经济发展在和谐有序、生态良好的轨道上运行，并通过经济的发展和科技的进步提高人们对生态的反馈和修复能力。以“生态中心”理念将人口生产与物质生产统一到生态文明的建设与发展上来，是

① 刘爱军. 以生态文明理念为指导完善我国的环境立法［J］. 法制与社会，2007（6）：1-2.

人类社会全面生态化的前提与基础，也正是环境立法的目标与发展方向。同时，为保证“生态中心”理念深入人心，环境立法的另一项重要任务就是要尽快制订和实施《环境教育法》，用制度化的手段向公民宣传生态文明意识和价值观念。根据“生态中心”的要求，各部门法不论是立法目的还是立法原则的确立，乃至立法内容的设置均应体现“生态中心”的精神，倡导人与生态相适应、经济与生态相适应，强调和突出建立健全清洁生产、源头削减、环境影响评价等一系列制度。对“环境保护同经济社会发展相协调原则”进行调整，使之更符合生态文明的要求；将“污染者治理原则”改为“污染者负担原则”，体现污染者个体责任的扩大和保护公共环境利益的要求。另外，还要借鉴西方国家一些行之有效的法律原则并在环境法中进行确认，如“各领域污染综合控制原则、跨区域污染控制原则”等。

（二）更新环境法立法理念

立法理念直接影响着立法活动和具体法律制度的设计，任何一项法律创制活动都必然受到一定立法理念的影响。立法理念是对法律的本质及其发展规律的宏观、整体性把握。对于环境法治建设而言，只有配合时代发展，将先进的指导思想融入立法理念之中，才能提高环境法律的正当性和有效性。

在建设生态文明的新背景下，环境法立法理念的更新应体现在两个方面：立法目标模式的更新和立法法体模式的更新。

1. 立法目标模式的更新

立法的目标模式表现为相关立法的宗旨、任务和目的。建设生态文明，必须重新审视环境法乃至整个法律体系的价值排序问题。没有立法的价值取向，也就没有法的思想依托，并最终导致立法目的的丧失。环境立法目标模式的更新体现在两个方面：第一，树立生态基础制约观念，将维护生态安全作为环境立法的基础性价值观。生态文明建设必须在自然法则许可的范围内，遵循生态规律进行。生态文明在“五位一体”建设中的地位是基础性、保底性的。立法者应当认识到生态承载力的有限性，牢记生态安全底线，环境立法应做到将生态规律作为立法的准则和检验立法的标准，“以生态安全保障经济社会发展”。第二，树立整体生态利益观念，通过环境与资源的综合治理实现多元利益的共同增进。生态系统具有要素和功能之间的关联性和整体性，强调物物相关和多样性共生。生态文明建设需要综合考虑政治、经济、社会和文化的需求与价值，将生态文明融入已有的文明建设中，让多元文明在互动中共生、共存、共进。立法者应当摒弃一元目标模式，突破法律部门界限，实现环境立法与整个立法体系的有机融合，以环境保护优化经济社会发展。

2. 立法法体模式的更新

立法的法体模式是指在既定的立法体制下创制的各种法律形态。环境立法法体模式的更新体现在三个方面：一是"基本法"立法模式向政策型、规划型立法转变。环境保护基本法是相对于环境保护单行法而言的，是指在一国环境保护法律体系内地位最高、作用最大、起牵头作用的法律，包含国家环境政策、目标、基本原则和基本制度在内的综合性环境保护法律。环境保护"基本法"的立法模式应当向政策型、规划型的立法转变，真正发挥"基本法"宣示国家基本环境政策，统一环境法基本目标、理念和原则的作用。二是以自然要素、环境问题作为导向进行专项立法。从生态环境的整体性和关联性来看，环境立法应遵循自然要素的客观规律，以各类环境问题为导向，突破条块限制，有针对性地实现专项立法。三是其他部门法立法的"生态化"。对自然环境的保护不仅需要制定专门的自然保护法律法规，而且还需要一切其他有关的法律也从各自的角度对生态保护做出规定，使生态学原理和生态保护要求渗透到各有关法律中。

（三）实行最严格的环境保护法律制度

当前是经济社会发展的重要机遇期，也是资源环境矛盾的凸显期，如果不能处理好环境与发展的关系，国家环境安全将受到威胁。只有实行最严格的制度、最严密的法治，才能为生态文明建设提供可靠保障。因此，必须实行最严格的环境保护制度，即要实行最严格的源头保护制度、损害赔偿制度、责任追究制度，完善环境治理和生态修复制度，用最严格的环境保护法律制度来加强生态环境与资源保护。

1. "最严格的环境保护法律制度"的基本内涵

所谓"最严格"，是相对于以往的环境保护法律制度而言的。"最严格的环境保护法律制度”的基本内涵：为应对环境污染与生态破坏的严峻形势，在资源利用，污染产生、转移和扩散，以及生态环境治理过程中，以自然规律为基础，坚持环保优先的原则，在一定的经济社会条件下，严格制定标准，严格保证执行，严格追究责任，最大限度地实现污染持续下降、自然资源利用率持续上升、生态环境持续改善。

2. “环保优先”是最严格的环境保护法律制度的基本原则

最严格的环境保护法律制度是针对我国当前经济社会发展对环境产生严重破坏、环境问题已经威胁到人民群众的基本生存和发展的现状而提出来的。在环境危机凸显的今天，环保优先是环境保护法律制度应当坚持的基本原则。坚持环保优先的原则并不是要求一切经济社会活动都为环保让步，以经济停滞甚至经济后退换取环境保护，而是强调守住生态安全的基础性价值，明确生态红线，在发生突破生态红线的情形之时实行环境保护一票否决。最严格的环境保护法律制度中“最严格”的标准，应当在充分尊重生态规律的基础上，综合考虑地区经济、社会发展水平等因素。另外，最严格的环境保护法律制度应当是有效的制度，既然是“最严格”，就要求严格制定、严格监督、严格执行，建立一整套运行机制，并将“最严格”的标准贯穿其中，在各个环节保障制度的运行。

3. 最严格的环境保护法律制度是由一系列制度群组成

最严格的环境保护法律制度不是指某一项单独的环境保护法律制度，而是由一系列环境保护法律制度组成的制度群。因此，最严格的环境保护法律制度在运行过程中需要按照一定的需求进行分解和落实。从制度的设计上看，最严格的环境保护法律制度应当包括最严格的污染治理制度、最严格的环境质量目标制度、最严格的环境经济政策、最严格的政府目标考核制度、最严格的准入和退出制度、最严格的环境损害责任制度等。具体而言，包括环保优先制度、政府环保目标考核制度、战略环评制度、总量控制制度、区域限批制度、环境税制度、环境污染损害赔偿责任保险制度、生态补偿制度等。

（四）在执行层面考虑主体的相对性

在立法内容上将最严格的环境保护法律制度进行固定仅仅是第一步，最严格环境保护法律制度运行成功的关键在于执行。最严格的环境保护法律制度在立法标准上加大了环境保护力度，也从一定程度上增加了对主体行为的规范程度。因此，如何保证制度的实施是值得思考的重大问题。环境违法行为的主体既可能是政府和公职人员，也可能是企业，还可能是公民个人或集体，针对不同主体执行环境保护法律制度时不能“一刀切”，要考虑主体的相对性，顾全法律的目的和不同主体的需求。

针对实施行政行为的政府主体，要执行最严格的监督与考核机制。监督与考核机制主要针对当前环境行政执法不到位的状况，要配套出台政府环境保护目标考核制度，建立将环境保护纳入重要指标甚至基础性指标的政绩评价标准，健全环境质量技术监控体系，最终实现将环境保护法律制度融入生态文明建设的综合决策机制中，实现政府决策的绿色化和生态化。

针对实施生产行为的企业主体，则要考虑到生产主体在市场经济中的逐利性，在管制的基础上加强引导，实行“底线原则”与“顶线原则”并重。最严格的环境保护法律制度相当于为生产行为设定一个底线（横着的标尺），底线之下是法律不允许的，而底线之上则凭借企业的社会自觉，这是最严格的环境保护法律制度的基本思路。但是，如果仅仅依靠底线原则，作为市场经济主体的生产者难免会在逐利性的驱动下跨越法律红线，法律制度只管限制，不顾发展，“立而不行”，这也违背了立法的初衷。因此，在“底线原则”的基础上，还应配合“顶线原则”（竖着的标尺），即通过包括经济刺激制度在内的多元机制引导生产者在底线之上继续向上，让生产者的市场行为与环保行为互利互惠、相互促进，形成持久的良性循环。而对公民主体而言，应当考虑到当前全社会的生态意识比较薄弱，对公民行为的引导应当以普法宣传、公众教育为主。

（五）严格追究环境法律责任

最严格环境保护法律制度运行的保障在于严格追究环境法律责任。追究环境法律责任的总体思路是严格化，在具体操作层面要求实现层次化和多样化。环境法律责任追究的严格化体现在：第一，严格追究环境行政管理失职人员的环境法律责任。第二，加大对企业环境违法行为的行政处罚力度。具体而言：对企业实行处罚的同时，对企业负责人或主要责任人进行处罚；提高处罚力度，特别是提高罚款数额；创新处罚方式，对持续违法行为要将按日计罚作为执行处罚手段。第三，加大打击环境违法犯罪的力度。近年来，环境污染事件时有发生，最终以“污染环境罪”被追究刑事法律责任的案件却少之又少，究其原因，首先是污染环境罪在实践中取证难、认定难，使得案件在侦查阶段就障碍重重；其次，环境行政违法行为与环境犯罪行为衔接不当，行政制裁与刑事制裁没有对接，影响了刑法打击环境犯罪的效果。最高人民法院、最高人民检察院在2013年6月18日公布的《关于办理环境污染刑事案件适用法律若干问题的解释》中，细化了《刑法》的有关规定，明确了具体操作标准，反映了环境刑事法律责任追究严格化的思路。在今后的立法中，还应加强行政制裁与刑事制裁的对接，使不同层级的法律在违法情节、入罪门槛、处罚方式等方面形成一个严密的循序渐进的体系。此外，环境法律责任的追究除了从行政执法机关和司法机关的角度进行加强之外，还应发动公众全方位的社会监督力量，开放公众进入环境司法的程序。实现环境司法专门化，以专门审判机构、专业审判人员、专项审判规则鼓励环境诉讼，是通过司法手段有效监督环境违法行为、追究环境法律责任的必由之路。

三、生态环境保护与协同治理法治化建设思路

长期的生态环境治理实践证明，以单一部门为主体的执法模式难以根治生态污染，协同执法已经成为生态环境治理的必由之路。生态环境治理中的协同执法是一种多部门协同的环境行政治理机制，能够解决传统生态环境治理行政执法碎片化、片面化的缺陷，全面提升环境治理效率。

（一）协同执法是生态环境保护与协同治理的客观需求

从环境治理执法的客体角度来看，生态环境存在难以有效分割的基本特征，必须对其实施协同执法。在传统生态环境执法模式当中，生态污染问题会被人为地分割成为不同的区域，分割的标准往往是生态资源的内部特征或区域分布。例如，我国现行的《环境保护法》将生态污染问题划分为大气污

染、水体污染、金属污染等几个不同类别，同时明确了不同污染问题的具体治理部门。此外，生态环境治理职能划分也遵循属地原则，跨区域执法难以有效实现。由此可见，传统环境执法模式存在片面化、碎片化特征，难以根治生态污染。

协同执法打造了一个超越地理区域划分、生态污染形态的生态治理模式，更符合生态污染治理的客观规律。从环境执法的内容角度来看，环境执法所涉及的内容繁杂，必须建立在协同执法的基础上才能打造规范化的生态执法模式。在我国现行生态环境执法体系中，按照执法机构的具体职能可以将生态环境执法的具体内容分为环境污染举报与信访信息受理、污染现场调查取证、污染治理、行政处罚等多项内容，而环境污染执法仅依赖于环保部门根本难以有效实现。

从环境执法的治理程序来看，不同执法内容之间存在着普遍的衔接性。协同执法模式要求各职能部门必须重塑执法流程，并明确各自的执法权责，避免责任推诿与执法博弈，全面提升生态环境执法有效性。

从环境执法的主体角度来看，环保部门在行政执法中的地位有待提高，治理效率还不理想，必须引导其他主体参与到生态环境执法进程中。行政执法是我国环境执法的主要方式，但我国现行环境行政管理机关在执法权限、执法资源配置与执法地位等方面都存在着一定的不足，且缺乏充足的司法支撑，这就导致环境行政执法过程在社会资源调配、关系协调等多方面的效率难以得到进一步提升，同时差异化执法、人情式执法等不规范现象也较为突出。协同执法能够集合多方面力量协调生态环境执法所涉及的法定权利与义务以及各种错综复杂的社会关系，从而巩固生态环境行政执法主体的地位。

（二）完善生态环境保护与治理协同执法的配套法律法规

1. 明确生态环境治理协同执法的合法性

实际上，我国现行法律体系只在一些与生态环境相关的单行性法律法规和地方行政规章中认可生态环保协同执法的合理性，这些法律法规的法律层级相对较低，难以有效促进协同执法的普遍性推广，同时也将协同执法置于“部分合法”的尴尬境遇。为此，必须对《环境保护法》等高层级的环境保护专项法律法规进行修订，对协同执法作出详细规定，从宏观层面促进协同执法在生态环境治理中的有效落实。一方面，可以通过立法修订、补充具体实施细则等方式对《环境保护法》的第 10 条进行修订，确保与生态环境治理相关的行政主体依法享有协同执法权，同时还要对第 20 条进行修订，明确协同执法的具体疆界，避免协同执法成为治理职能推诿的避风港。另一方面，要以国家立法计划与人大修订为契机，在生态环境治理相关的单行法中增加与协同执法相关的内容，从而使协同执法能够适用于不同环保领域。

2. 正确处理司法机关在生态环境治理协同执法中的具体地位

根据我国《宪法》《国务院组织法》等法律法规，我国行政执法权力归属于行政机关主体，除此以外的其他一切机关不能享有执法权，只有依法享有行政管理权力的单位与机构才能在法律规定的范围之内实施行政执法行为。由此可见，司法机关并不在行政执法范围之列，没有参与生态环境协同执法的权力，否则必然导致司法公正性原则遭到破坏。然而，缺乏了司法的有效支撑，环境行政执法在公信力、专业性等方面都有所欠缺，执法软弱性问题将再次凸显出来。因此，应实现生态环境执法与司法之间的有效衔接，在具体法律法规中明确法院、检察院不具备环境行政执法主体权力，严禁司法机关介入行政单位环境执法监督等行为；同时，将司法机关与行政执法机关之间在信息共享、证据搜集等方面的合作行为排除在协同执法之外，避免对协同执法造成误导。

（三）打造“大环保”的协同执法格局

1. 建立多层次协同执法机制

建立政府为主导、环保部门为主体、多部门协同参与的多层次协同执法机制。生态环境治理协同执法涉及的主体众多，社会关系错综复杂，必须打造协同执法机制，走规范化、标准化协同执法之路。要坚持统一领导的基本原则，避免环境行政资源的浪费，确保生态环境治理的统一性与权威性。建立贯穿多个行政层级的协同执法机制，满足跨区域协同执法需求，如建立中央政府不同部门、中央政府与地方政府、地方政府之间、地方政府不同职能部门之间的协同执法模式，当环境污染超越了本层级的执法权限之后则应在上一层级政府的领导下实施协同执法。在这种多层次的执法模式下制定权责清单，确保执法规范程度与效率，协同执法的效益将得以全面释放。

2. 构建协同执法信息化共享平台

构建务实合作的协同执法平台，提升协同执法效能。以信息化技术为手段，建设以生态环境治理为主题、满足各执法主体执法需求的信息化资源共享平台；允许各执法主体通过电子政务方式开展执法工作，实现真正的协同执法；引导各主体将具体执法过程同步到平台，在提升执法结果可靠性的同时确保执法程序合理合法，提升协同执法服务满意度。

3. 组建生态污染事件协同执法工作组

组建生态污染事件协同执法工作组，将生态污染负面效应控制在最低范围之内。对于已经发生的污染事件应全面追踪污染源，找到具体责任人，不但追究其法律责任，并要求其立即实施生态补偿、直接参与到生态治理中；还应重点关注区域内可能产生严重环境污染问题的企业与单位，做好环境污染治理防控工作。

（四）提升生态环境治理协同执法效力

优化生态环境协同执法考核机制设计，规范联合执法实施路径。以绩效考核重构为契机，激发各行政职能部门在协同执法中的主动性，推动协同执法在生态环境治理中的持续开展。一方面，要制定生态环境执法目标责任考核体系，将各地区、各部门在协同执法中所承担的具体职能及其发挥情况纳入地区与部门年度绩效考核中，同时提升其在整体考核体系中的权重，确保各部门能够按时提供保质保量的行政执法服务。另一方面，要实现绩效考核与激励机制的有效对接，激发行政机关参与协同执法的热情。

严格落实生态环境协同执法监督，确保协同执法得以有效落实。要对生态环境治理协同执法实施全方位的监督，维护生态环境的和谐稳定。各级地方政府要主动承担起生态环境治理行政监督的重要职能，建立多元化协同执法监督机制，通过抽查、暗访等多种渠道深入协同执法一线，实现对生态环境治理行政协同执法的系统监管。应加大社会宣传力度，提升社会公众认知水平，号召广大人民群众积极参与生态环境治理联合执法监管。①

① 王喜军．生态环境治理亟需打出联合执法重拳［J］．人民论坛，2020（11）：92－93．

四、“十四五”期间生态环境保护与协同治理法治化建设规划

“十四五”时期即2021～2025年，既是中国经济社会发展第十四个五年规划期，又是污染防治攻坚战取得阶段性胜利、继续推进美丽中国建设的关键时期。“十四五”期间，要坚持绿色发展理念，自觉把经济社会发展同生态文明建设统筹起来，努力实现环境效益、经济效益和社会效益多赢。进一步发挥生态环境保护的倒逼作用，加快推动经济结构转型升级、新旧动能接续转换，协同推进经济高质量发展和生态环境高水平保护，在高质量发展中实现高水平保护，在高水平保护中促进高质量发展。

（一）生态环境保护当前所处阶段和时期

1. 生态环境质量提升的爬坡期

随着中国经济迈入高质量发展阶段，经济结构、能源结构将持续改善，生态环境将继续向好发展，但生态环境保护事业仍然任重道远。当相对容易解决的生态环境问题已经得到普遍改善，要进一步将生态环境质量从“及格”提升到“良”乃至“优”，环境治理和生态建设的难度将不断增加，所需付出的边际成本也会越发高昂，“十四五”时期将进入生态环境质量提升的爬坡期。

2. 环境深入治理与生态修复并重时期

“十三五”时期我国环境治理取得了明显进步，基本解决了“欠新账”的问题，但环境治理依然滞后于经济社会发展大局，特别是生态产品供给严重不足的问题十分突出。“十四五”时期应着力解决生态环境存量问题，在推进环境深入治理的同时，加强生态修复工作，做到“两手抓”，尽快填补生态环境领域积累了几十年的“欠账”，争取经过5～10年的努力，使生态环境保护进程基本符合经济社会发展大局，不再是建设美丽中国和实现社会主义现代化强国目标的短板。

3. 生态环境保护与经济社会发展协同推进期

生态环境问题归根到底是发展方式的问题。随着绿色发展理念的深入人心，要牢固树立“保护生态环境就是保护生产力、改善生态环境就是发展生产力”的理念，切实把绿色发展理念融入经济社会发展各方面，全方位、全地域、全过程开展生态环境保护，推进形成绿色生产和生活方式。

4. 经济社会发展和生态环境保护的阶段性和区域性分异并存期

各地区所处的经济社会发展阶段和自身生态环境本底特征存在较大差异，加之区域、流域和行业环保重视程度和推进力度分化等问题，造成我国各地区、各领域所面临的生态环境保护形势存在较大差异，不同地区、不同领域处于生态环境保护的不同阶段，所表现出的生态环境面临的主要、次要矛盾，以及矛盾的主要、次要方面各不相同。比如，部分城市仍然未摆脱细颗粒物污染的困扰，另外部分城市细颗粒物问题已经得到基本解决，却又面临臭氧污染等问题。再如，电力、钢铁行业的超低排放改造逐步见效，但交通、农业和居民生活的污染问题又逐渐凸显。

“十四五”期间，要围绕美丽中国建设战略节点，谋划未来五年乃至更长一段时期生态文明建设和生态环境保护的战略布局、目标指标、重点任务和保障措施。要加快制修订国家环境法律与地方环境法规，鼓励地市推进地方环境立法。稳步推进重点行业、重点污染物、重点区域流域排放标准的制修订，组织开展污染防治技术标准、清洁生产审核技术标准和污染物检测技术标准等制修订工作，不断完善地方标准体系，加强环境标准实施评估。

（二）启动生态环境保护与协同治理法律机制

保护生态环境是党中央、国务院从战略全局出发作出的重大战略决策，是一项功在当代、泽被子孙、造福人类的德政。保护生态环境是一项跨地区、跨部门、跨行业，需要统筹规划、协同推进的系统性工程。

1. 始终坚持把保护生态环境作为建设生态文明的战略举措

把加快生态环境保护区建设作为促进区域协调发展的重要抓手，把改善保护区的民生作为全面建成小康社会的重要任务，以保护和培育生态环境资源为核心，完善政策措施，加大投入力度，创新工作体制机制，加快建立布局合理、结构稳定、功能强大的生态系统，为经济社会可持续发展提供牢固的生态环境资源基础和稳定的绿色屏障。

2. 启动跨行政区域、跨行业、跨领域的生态环境保护与协同治理法律机制

坚持在对重大事项进行统一部署、综合决策的同时，必须同步启动跨行政区域、跨行业、跨领域的生态环境保护与协同治理法律机制，有效整合各地各方面的执法力量，统筹协调各部门、各地区之间的统一行动；实行生态环境保护与开发利用综合决策制度，定期研究解决发展中的重大问题，重点抓好健全法治的工作，并且坚持依法促进政策保障、体制机制优化、专业人才队伍建设、重大工程的规划与实施、关键性技术的研究与普及运用等工作。为此，必须切实加强对生态环境保护工作的领导，进一步健全领导机制，健全协调机构，强化依法行政的能力，努力形成分级管理、部门协调、上下联动、良性互动的推进机制；强化统筹协调能力，重视加强跟踪调度和中期评估工作，及时发现问题、解决问题。

3. 保护生态环境和发展绿色、循环、低碳经济相适应

在法治理念、立法、司法和法律监督等方面，必须始终坚持保护生态环境和发展绿色、循环、低碳经济相适应。法治建设要紧紧围绕从源头上扭转生态环境恶化趋势，调整产业结构、转变生产和生活方式，形成节约资源和保护环境的科学发展格局，强化生态系统的主体地位，依据节能减排和科学发展的总体思路与战略目标来推进。制度措施上，应坚持节约资源和保护环境的基本国策不动摇，重视通过市场经济基础性调节的“无形之手”与宏观政策调控的“有形之手”两者功能整合，构建共同加快经济结构战略性调整、深化产业体制改革、促进新能源和可再生能源产业的快速发展，保证低碳经济实现持续、稳定、健康发展的制度保障体系。[①]

（三）深入推进生态环境保护与协同治理综合行政执法改革

生态环境保护执法机构设置和体制保障不够健全、权力制约和监督机制不够完善、职责交叉和权责脱节、基层执法队伍职责与能力不匹配等突出问

① 顾华详．我国生态环境保护与治理的法治机制研究［J］．湖南财政经济学院学报，2012（6）：5－16.

题亟待解决。深化生态环境保护综合行政执法改革，就是要整合污染防治和生态保护执法职责和队伍，统一实行生态环境保护执法，合理配置执法力量，消除体制机制弊端。

1. 完善和发展最严格生态环境法治制度

一是坚持厉行法治，严格规范公正文明执法，实行最严格的生态环境保护制度，坚决制止和惩处破坏生态环境行为；二是完善执法程序，严格执法责任，加强执法监督，突出依法行政、依法执法，推进机构、职能、权限、程序、责任的法定化，把全部执法活动纳入法治轨道；三是要适应“放管服”改革要求，加强源头治理、过程管控、末端问责，优化改进执法方式，严格禁止“一刀切”，做到监管有标准、执法有依据、履职讲公平、渎职必追究；四是以人民为中心，体现人民意志、百姓意愿，切实解决群众关心的生态环境问题，为全面推进依法治国、加快建设法治政府奠定坚实基础。

2. 推进国家生态环境治理体系和治理能力现代化

一是独立进行环境监管和行政执法，落实省以下环保机构监测监察执法垂直管理制度，整合组建生态环境保护综合执法队伍；二是生态环境保护执法是实施生态环境保护法律法规、依法管理生态环境保护事务的主要途径和重要方式，令在必信，法在必行；三是深入贯彻落实习近平生态文明思想，适应我国发展新的历史方位，顺应新事业的发展需要，增能力，提效能，让制度成为刚性的约束和不可触碰的高压线；四是科学设置机构、优化职能、协同权责、加强监管、高效运行，构建政府为主导、企业为主体、社会组织和公众共同参与的生态环境治理体系，实现生态环境治理能力现代化。①

五、秦巴山区生态环境保护与协同治理法律模式

为了促进秦巴山区经济和社会进一步发展，促进环境质量整体改善，必

① 李干杰．深入推进生态环境保护综合行政执法改革 为打好污染防治攻坚战保驾护航［N］．人民日报，2019－03－20（14版）．

须通过生态环境保护区域协同的措施，从更大的范围优化自然资源配置，统筹环境保护工作，即从治理上优化生态环境保护与发展的空间。秦巴山区生态环境保护区域协同既是对现行分割式发展模式的突破，也是生产生活模式的新发展，更是秦巴山区多地实现可持续发展的出路。秦巴山区生态环境保护区域协同和共治，须在法治的框架和国家治理体系建设的指导下进行，最大限度地协调各方的行动，获取最大的共同利益。

根据政府权力的参与度，可以将区域法律协调模式分为公法模式和私法模式。因生态环境保护的外部性，在秦巴山区跨区域生态环境保护模式构建中，主要以公法为基础，强调区域法治协调规则或区域合作规则，激励成员遵守规则和接受规则的约束，通过秦巴山区多省市之间签订政府合作协议和相关制度变革来完善秦巴山区跨区域生态环境保护与协同治理机制。秦巴山区各地具有相似的历史和文化背景，这是实现公法模式的历史文化基础，而公共管理碎片化又是跨区域生态环境保护与协同治理的最大障碍，是私法模式无法有效解决的难题。因此，通过订立行政协议、共同立法等公法机制才是解决跨区域生态环境治理的有效途径。

（一）以公法为主，实施协调立法模式

从世界各国的经验来看，生态环境保护与治理的主体是政府。跨区域生态环境治理制度设计完善与否直接决定了跨区域生态环境治理绩效。因此，在秦巴山区跨区域生态环境治理中，首要的任务是制度设计与制度创新，通过消除不协调的治理制度和创设新的治理制度，构建起秦巴山区跨区域生态环境协同治理的制度环境。

从法律制度看，在短期内，推动秦巴山区进行共同立法的条件并不具备。虽然共同立法能带来管治的相对稳定性，但共同立法耗时非常长，涉及多方面的制度变革，操作难度大。因此，短期内解决秦巴山区跨区域生态环境保护与协同治理的法治问题不是共同立法，而是协调立法。协调立法的前提是秦巴山区多省市签订协调立法的行政协议，这是确保秦巴山区法律协调的前置性制度安排。同时，虽然秦巴山区短期内无法进行共同立法，但是针对整个秦岭生态环境保护设立一部环境法律还是可行的，这既可以与协调立法并行展开，也可以在协调立法之后进行。无论是协调立法，还是针对秦岭环境

立法，这都属于公法范畴。通过政府的这种公法行为，实现秦巴山区跨区域生态环境保护与协同治理目标。

从行政制度看，在短期内，就秦巴山区建立统一的行政机构的条件也不具备。它不仅耗时长，成本也大。它不仅涉及秦巴山区行政制度安排，更涉及整个中国的行政制度安排，不是最优选择。因此，行政制度的安排主要以非常设机构的制度安排为主，通过建立非常设的秦巴山区跨区域生态环境协同治理委员会来监督秦巴山区跨区域生态环境治理。非常设制度安排需要秦巴山区多省市之间签订相关的行政协议，认可该非常设机构及其协调管理行为。

因此，从行政制度与法制制度创设的先后看，需先有秦巴山区间签订行政协议，再创设相关的协调制度。我国跨区域协同治理实践证明，如果先创设行政制度，不创设法律制度，或创设的法律制度不完善，那么，创设后的行政制度在跨区域水污染防治中所起的作用将大打折扣。如我国七大流域管理委员会在流域水污染治理中作用甚微就说明了这一点。因此，没有法律授权和法律保障的行政制度，其权威性是不够的。没有法律明确规定其权威的行政机构也是不能有效发挥其应有作用。因此，在秦巴山区多省市之间先签订跨区域协调的行政协议，再创设行政协调和法律协调制度。

（二）环境治理主体权责内容的变化

在我国，政府作为环境治理的核心主体，主导并推动着环境治理的所有环节。“绿水青山就是金山银山”不仅是对环境价值的定位，更是对政府未来工作方向的引领。中央政府将生态环境建设作为“五位一体”总体布局的重要组成部分，表明我国已将环境治理作为衡量国家发展建设的核心指标。政府作为生态环境协同治理的核心主体，主导着整个社会的环境治理绩效水平。

生态环境保护作为国家可持续发展战略的重要议题，几乎成为历年可持续发展战略的主题词，可持续发展战略能够反映国家宏观视角下一段时间内政府在环境领域公共价值的选择。改革生态环境保护管理体制是政府环境保护工作的重要内容，可总结为五个方面的价值与六项具体工作，作为我国政府环境工作的指引，如表 5 - 1 所示。

表 5 - 1　　我国政府生态环境保护管理体制改革的举措及其价值认定

分类	序号	具体内容
环境体制改革举措	1	建立统一监管所有污染物排放的环境保护管理制度，独立进行环境监管和行政执法
	2	建立陆海统筹的生态系统保护修复和污染防治区域联动机制
	3	健全国有林区经营管理体制，推进集体林权制度改革
	4	完善环境信息公布制度，健全举报制度
	5	完善污染物排放许可制，实行企事业单位污染物排放总量控制制度
	6	实行生态环境损害赔偿和责任追究制度
政府对环境体制改革价值的认定	1	推进生态文明建设的迫切需要
	2	促进经济转型升级的重要抓手
	3	加快低碳发展的重要支撑
	4	解决损害群众健康的突出环境问题的有力举措
	5	转变政府职能的必然要求

法律制度是公共治理理论落地的具体约束，我国公共行政的发展包括环境治理发展，必然要经历与法律制度相互适应的阶段，才能最终达到在法律约束下开展治理活动的常态。模式选择与公法规则之于公域之治，犹如一枚硬币的两面，直接推动着由开放的公共管理与广泛的公共参与整合而成的公共治理模式的普遍兴起，这代表着通过分散权力来集中民意的公域之治的发展趋势，我国法律的具体规定体现了国家对于采取何种方式进行公共事务管理的基本认识，其变化趋势反映了国家对于未来发展的基本判断。我国涉及环境保护的法律共计三十余部，包括《宪法》对环境保护相关内容的规定、《中华人民共和国环境保护法》对环境保护综合情况的规定以及其他环境保护的单行法。新《环境保护法》在主体权责方面的内容相对之前有了明显的变化，如表 5 - 2 所示。修订后的《环境保护法》对我国环境治理的发展提供了制度环境的保证，相关政府部门列出了未来工作的重点，是我国环境问题由管理向治理迈进的标志。①

① 保海旭，包国宪．我国政府环境治理价值选择研究［J］．上海行政学院学报，2019（3）：13 - 24.

表 5-2　新《环境保护法》中关于环境治理主体权责内容的变化

主体类型	具体内容
社会主体	一切单位和个人都有保护环境的义务；将公众参与明确列为法律内容并且着重突出了全民参与环境治理的理念；明确了知情权、参与权和监督权；符合条件的社会组织可提起环保公益诉讼
企业主体	提高环境违法成本，违法排污企业将被实行查封扣押、按日罚款并不封顶、行政拘留、记入诚信档案等手段；环境影响评价明确了知情权、参与权和监督权；规定了重点排污单位信息公开的具体内容；未进行环境评价的项目不得开工；重点排污总量控制
政府主体	政府部门方面：县级以上人民政府应当将环境保护纳入国民经济和社会发展规划；地方各级人民政府应当对本行政区域内的环境质量负责；应依法公开环境信息、完善公众参与程序，为公民、法人和其他组织参与和监督环境保护提供便利；跨行政区域污染联合防治协调机制
	政府领导人方面："8 种行为"领导人应辞职；造成严重环境后果，地方各级人民政府、县级以上人民政府环境保护主管部门和其他负有环境保护监督管理职责部门的主要负责人应当引咎辞职

（三）中央政府深度介入是必然选择

无论是法律制度的安排，还是行政制度的安排，均需要中央政府的大力支持和推动。虽然秦巴山区跨区域生态环境治理是秦巴山区多省市间的事，但是，在我国中央政府权力相对集中的政治背景下，中央政府深度介入是必然选择。

在我国生态环境治理体制中，实行的是双重领导体制。在行政序列上，地方行政管理部门既受中央相关部委（生态环境部）的领导，又受地方行政当局的领导。在这种背景下，离开中央政府谈地方政府间的协调是不可能的事情。为此，在行政制度设计上，既有国家层面的生态环境治理委员会来协调中央各部委生态环境治理活动，又有地方层面的秦巴山区生态环境治理委员会来协调秦巴山区多省市的生态环境治理活动，同时保证国家生态环境治理委员会对秦巴山区生态环境治理委员会的领导，既强调了横向协调，也有利于垂直协调。

中央政府深度介入秦巴山区跨区域生态环境治理有利于发挥中央政府的权威，并能为秦巴山区争取更多的行政资源，保障协调取得预期效果。在实现秦岭生态环境治理统一立法方面，更少不了中央政府的推动与参与。没有中央政府的首肯及协调，仅凭秦巴山区多省市来推动跨城生态环境治理统一立法是不可能的。因此，无论是从行政制度的改革，还是从法制制度的改革，都需要中央政府的深度介入与推动。无论是事前的批准，事中的参与，还是事后的监督等都离不开中央政府的推动与努力。

当然，中央政府的深度介入可能会在一定程度上影响到秦巴山区地方政府的积极性，并进而会损害到相关地方政府的利益。这也是不可避免的。因为中央政府的深度介入，必然会带来更宽广、更宏观的行政思路，它既着眼于地方利益，又不仅限于地方利益，也会影响到地方政府利益的实现。但是，没有中央政府的深度介入，仅凭地方政府间的协调也难以充分保障各谈判主体的利益。谈判者越众，谈判参与者的利益越难得到保障，越需要宏观行政视野，这是中央政府在秦巴山区跨区域生态环境治理中必然出现深度介入的逻辑背景。

（四）充分发挥地方政府参与的主动性和积极性

在强调中央政府深度介入秦巴山区法律制度改革和行政制度改革来推动秦巴山区跨区域生态环境治理时，秦巴山区多省市积极性的充分发挥是协同治理的基础。没有他们的参与，就不可能有秦巴山区多省市的协调，协调之事还得靠地方政府自己来完成。中央政府的深度介入，也是提供尽可能多的行政资源以示支持，从中央政府的权威角度推动地方政府的谈判与协调，并有效监督它们履行行政协议的情况，必要时能够协调或仲裁它们之间出现的纠纷等，但这些实际上都属于外因。推动秦巴山区跨区域生态环境治理法律协调模式的内因是秦巴山区多省市都渴望经济社会能够在可持续的基础上发展这样一种良好的愿望。

自愿与平等是秦巴山区跨区域生态环境治理法律协调模式的基础。无论是法律制度的改革，还是行政制度的改革，如果它们自身不愿意，就无从谈起。充分尊重秦巴山区每一个行政主体的利益又是自愿与平等的最好诠释。在自愿与平等基础上能高效达成各方能接受的行政协议，在行政协议指引下能有力推进法律协调和行政协调，而协调的结果又对秦巴山区每一个行政主体构成约束。即使出现纠纷，也能在互谅互让的基础上达到妥协，从而真正推进秦巴山区跨区域生态环境治理。

充分发挥地方政府的积极性，一方面也可能会加剧中央政府与地方政府间的冲突，加剧地方政府之间的冲突，地方保护主义会抬头；另一方面会抑制中央政府深度介入秦巴山区跨区域生态环境治理法律协调的力度等。总之，有效处理好中央政府与地方政府的关系，在与中央政府良好的沟通背景下，中央政府与秦巴山区跨区域生态环境治理所进行的行政协调法律协调能取得较好的结果。

六、秦巴山区生态环境保护与协同治理法律体系

我国理论上、逻辑上的环境立法体系已经建立，环境立法进入以问题为导向的现实法制建设阶段。由于秦巴山区协同治理的起因和首要出发点是生态环境保护，因此有必要结合实际和特殊需求，制订《秦巴山区区域协同生态环境保护条例》（以下简称《条例》），条例的结构包括立法目的、基本原则、适用范围、基本政策、管理体制、生态建设、信息监测与共享、统一应急、保障措施、法律责任等。条例的内容应当和现有法律法规相互衔接和支撑。为了保障《条例》的有效实施，可由国务院有关部门和秦巴山区多地政府联合制定相应的实施办法，如《秦巴山区大气污染防治办法》《秦巴山区流域污染联动防治办法》《秦巴山区区域协同土壤污染防治办法》等。其中，《秦巴山区大气污染防治办法》应与已经出台的《大气污染防治行动计划》和《秦巴山区落实大气污染防治行动计划实施细则》进行衔接；《秦巴山区流域污染联动防治办法》的制订须结合全面实施的《水污染防治行动计划》；《秦巴山区土壤污染防治办法》应融合正在制订的《土壤污染防治行动计划》。秦巴山区中的双方或者多方，可以根据情况签订有约束力的区域环境保护协议。此外，有关部门应进行法律清理，审查部门规章、地方性法规、政策规范、红头文件的可行性和效力，破除妨碍环境保护工作的规章壁垒，

建立健全统一的环境法律制度和机制，从而实现生态环境保护法律协调机制的科学化和系统化。

（一）建立健全统一的环境法律制度和机制

1. 统一的环境规划

环境问题本身固有的区域性特点决定了必须实施统一的区域环境规划，制定区域环境规划的过程不但是一个形成科学方案的过程，还是一个涉及各方利益平衡和博弈的过程，秦巴山区环境规划单纯依靠区域协调难度很大，需要有强有力的组织保障。可在人民政府领导下，成立一个秦巴山区区域协同委员会作为一体化的领导和协调机构。委员会会同相关人民政府，根据区域经济社会发展和环境承载能力，制定统一的区域环境规划，明确资源节约环境保护目标，优化区域内经济布局，统筹交通管理，提出重点环保任务和措施。在进行秦巴山区区域协同环境规划时，多地应当以问题为导向，寻求解决的方法，设计采取的措施，切忌“同床异梦”，区域协同要更多地体现科学性和公平性。

2. 统一的环境标准

统一的环境标准是环境保护区域协同治理的必要前提，新修订的《环境保护法》授权省级地方可以制定严于国家标准的地方污染物排放标准和环境质量标准，这为秦巴山区区域统一环境标准提供了可能。首先是统一污染物排放标准的问题。如果污染物排放标准不统一，会出现“我保护，你污染”的尴尬局面，这既不符合区域责任公平的要求，也将造成监管的困难。因此，为了促进各地协同治理严峻污染问题，在收严的基础上统一多地的污染物排放标准势在必行。其次是统一环境质量标准的问题。要求秦巴山区多地制定更高要求的环境质量标准，建议由生态环境部门根据实际情况制定严于国家标准的秦巴山区区域环境质量标准。

3. 统一的区域总量控制

为了整体改善环境质量，应当实施区域总量控制制度。总量控制包括水量的总量控制（工业）、区域煤炭使用的总量控制、污染物排放总量控制。要统筹考虑整个秦巴山区环境容量，再进行多地排污指标的分配。通过总量控制制度，可以倒逼节约用水，倒逼企业使用清洁能源，开展节能减排行动，倒逼排污权交易市场开展交易。

4. 统一的环评

统一的环评包括统一的政策环评与统一的规划环评。《环境保护法》第14条规定“国务院有关部门和省、自治区、直辖市人民政府组织制定经济、技术政策，应当充分考虑对环境的影响，听取有关方面和专家的意见”。此条虽未将政策环评的内容明确写入，但却为其打开了大门，赋予具体实施和深化的空间。政策环评是政策制定和实施的有机组成部分，推进秦巴山区环境保护区域协同必将出台诸多与环境相关联的政策，应当领会并贯彻《环境保护法》的精神，在政策制定时，预先制定出多个政策方案，再预测、比对可选方案对区域内的社会、经济和环境影响，最后进行优选或者否决。统一规划环评实质内涵为环评会商制度。编制机关在编制区域内可能对环境造成污染和破坏的规划时，应当同时进行环境影响评价，并与区域内有关部门进行会商，将会商意见以及采纳情况作为规划环境影响评价文件审查和规划审批的重要依据。

5. 统一的预警应急

预警和应急是完整的污染防治体系中的重要环节，秦巴山区应当建立协同的重污染预警会商（建立在监测数据基础上）和应急响应机制，通过加强领导和配套设施，实行区域内的统一预警、实施联动应急响应并强化应急责任追究。首先要搭建区域内的信息共享平台，共享监测和预警的信息。其次还应建立包括网络在内的多种信息发布平台，用于发布预测和预警信息。在预测到即将发生区域重污染时，区域内各相关部门要积极会商、统一启动应急预案、联合应对重污染事件。

6. 统一的生态补偿

秦巴山区生态环境协同治理，权利要公平义务要均衡，应针对不同的区域和行业实行共同但有区别的责任原则，污染重的地区和行业要承担更大的责任，承担更重的节能减排义务；部分治污措施应协同化。此外，还应当建立生态补偿制度，即在责任分配的基础上，创建生态补偿与经济帮扶机制。经济条件比较发达的地区在其以往的发展中，无疑消耗了大量的资源、排放了大量的污染，对周边生态产生了或多或少的影响，所以经济发达地区应该给予欠发达地区支持。值得注意的是，生态补偿不能异变为单纯的资金划拨，措施的采取应注重互惠。

（二）建立促进秦巴山区环境保护区域协同的共治体系

在国家治理体系建设和治理能力现代化的背景中，“共治”是管理公共事务的有效手段，它的结构是多元、自主、分工合作且互为补充的，公民、法人以及其他社会组织在其中都发挥着重要的作用。环境保护是典型的公共事务，应当采取各方共治措施予以管理和保障，建立各方共治机制是应有之义。基于目前我国社会组织发展还不健全的现状，可以考虑让政府主导发起，公民和各类机构在不同领域、从不同程度逐步参与秦巴山区生态环境保护与共治工作。各类主体广泛参与，积极互动，有利于克服单一部门权力扩张、视野狭窄的弊端，能够统筹利益相关方的权责平衡，最大限度地发挥监督、制约及共赢的力量。

1. 环境保护产业的一体化

环境保护不单要作为一个重要的市场门槛和目的来限制工业发展，还应当积极采取措施推进环保的专业化和市场化。只有通过集中、集成和专业化的办法才能够有效地系统地解决我国普遍存在的区域性和流域性环境污染问题。此外，发达国家的实践证明环保产业对 GDP 的贡献潜力巨大，做强环保产业能促进经济的发展。因此，秦巴山区应当通过税收、贷款、考核奖励等激励措施，对现有的工业园区进行优化，大力推进水污染的集中处理以及大气污染和水污染的第三方专业化治理，统一环境标准，统一治理方法，统一环保验收，在降低企业治污成本的同时提高环保产业的产出，激发企业加强环境保护的积极性，实现环境保护和经济发展的双赢。

2. 信息公开一体化

环境信息公开是公众参与和监督环境保护的基础和前提，环境信息公开一体化主要涉及公开主体和公开内容两个方面。首先是公开主体。新修订的《环境保护法》规定的环境信息公开主体是县级以上人民政府环境保护主管部门以及其他负有环境保护监管职责的部门。由于环境信息牵涉诸多部门，区域内信息公开的主体之间必须做好协调工作，确保公开的信息正确和统一，否则会给社会带来困扰并影响政府的公信力。基于上述考虑，应当对区域内一些重要环境信息的发布主体进行限制，如重要信息由负责区域环境保护监督管理的机关予以统一发布。其次是公开内容。《政府信息公开条例》《环境保护法》《环境信息公开办法（试行）》都对信息公开内容的范围都做了规定，但这些规定并不排除其他的法律、法规、规章规定更广的公开信息范围。面对秦巴山区严峻的环境问题，多地可协商共同编制更宽的可公开信息清单和不可公开信息清单，保证可公开信息内容的统一。

3. 公众参与的一体化

环保事业是一项典型的公众事业，国内外的许多历史经验证明，发现和解决环境保护问题需要广泛的公众参与和社会支持。秦巴山区生态环境协同治理离不开强有力的领导体制，也离不开公众的参与和监督。公众监督对保证企业守法、促进地方政府履行监督责任非常重要。建议出台《秦巴山区公众参与环境保护条例》，用制度和机制保障和落实公众参与。此外，还应建立支持公益诉讼的机制，用公益诉讼来监督秦巴山区一体化中出现的环境违法行为。

4. 监管执法的一体化

一体化的监管执法需要一个跨区域的统一监管机构并在此基础上建立环境保护协同执法机制。在协同监管方面，应当在一个牵头机构的协调下，建立区域内环境保护及其相关部门的联席会议制度和协同执法机制。各行政区域还应建立统一的协同执法核查机制、统一的跨区域环境污染纠纷处理沟通和协调机制、统一的上访调查处理程序和协同调查机制。在协同执法方面，协同监管制度建立后，可以从以下几个方面加强区域协同执法。第一，建立区域环境管理信息共享网络平台，使得区域内各环境保护及其相关部门能够在网上实时发布、查询、通报、协查企业违法排污等信息。第二，统一区域执法标准和尺度。执法标准和尺度的不统一极易造成执法风险，区域内要协商并统一相关执法的规章制度和管理措施，形成一致的执法标准和尺度。第三，共同加强队伍建设。区域内的单位可以互相派人员进行短期学习和交流，在业务上取长补短，共同提高。第四，建立统一的交叉检查执法机制，多地交互检查，邀请人大代表、政协委员和非政府组织参加检查。[①]

七、秦巴山区生态环境保护与协同治理法律运行机制

秦巴山区生态环境协同治理的推进可谓机遇与挑战并存，希望和困难同在。法律协调运行机制的构建能够为生态环境协同治理提供强制性约束，是规范政府行为、协调相关利益的强力支撑。因此，应结合秦巴山区生态环境治理的驱动因素和区域协同的现实阻碍，探索构建相应的法律运行机制，谋求区域内生态环境保护的协同发展。

（一）建立秦巴山区生态环境协同治理规划的法律机制

秦巴山区生态环境协同治理关联度差和集中程度低，是秦巴山区生态环境协同治理推进受阻的重要成因。从问题成因出发，秦巴山区生态环境协同治理有效途径则是坚持规划先行，就秦巴山区生态环境协同治理应出台重点突出、目标明确的区域规划。通过区域协同规划和科学布局，形成区域内生态环境保护合理分布的格局和上下游联动的效应，实现生态环境保护的效益最大化。从根本上说，应加强秦巴山区生态环境协同治理规划的立法建设，在此基础上建立秦巴山区生态环境协同治理规划的法律机制，将有助于推动区域环保事业协同发展的关键要素法治化。

1. 制定秦巴山区生态环境协同治理法律法规

出台生态环境协同治理专门法律、行政法规、相关部门规章。具体操作层面，第一，秦巴山区多地人大及其常委会可就区域内生态环境协同治理进行常态化交流、磋商，力争形成一致意见，并由多地全国人大代表向全国人大常委会提出相应的区域协同立法建议。第二，在秦巴山区多地政府牵头下，多地环保部门、工信部门及其他相关部门就秦巴山区生态环境协同治理向国

---

① 常纪文，汤方晴．京津冀一体化发展的环境法治保障措施［J］．环境保护，2014（17）：26－29．

务院及相关部委建言献策，寻求出台相应的行政法规或者部门规章。第三，秦巴山区多地人大在整合现有生态环境治理的规范性法律文件的基础上，就生态环境的区域协同治理确立紧密型的立法办法，出台相应的秦巴山区生态环境区域协同地方性法规。

2. 理清秦巴山区生态环境区域协同治理的法制要素

为推进秦巴山区生态环境区域协同治理奠定基调、指明方向，区域协同立法可以为区域协同治理规划的制定、实施提供硬性约束，从法治层面保障一张蓝图绘到底，而立法的可操作性有赖于明确生态环境协同治理的关键要素，并对其进行相应的法治加工。一是明确秦巴山区生态环境协同治理的法治主体，即明确起草机关、审批机关、实施机关及各主体相应的法律责任；二是对当前秦巴山区各地生态环境治理方面的规范、政策进行总结整合，使之统一适用于秦巴山区全域；三是对区域内生态环境保护布局作出明确指引，对多地生态环境保护进行专项规划；四是由于生态环境协同治理涉及多地的发展改革部门、财政部门、环保部门等多部门，难免出现部分地市、一些部门不重视和不配合的现象，因此应当由多省市的相关部门指派专人负责协同治理事宜，并成立专门的、权威性的法制协调机构，确保协同治理工作的顺利进行。

（二）建立秦巴山区生态环境区域协同治理对接对标的法律机制

秦巴山区多地生态环境治理的基础不同，面临的压力和能够得到的支持差异较大。长期以来，秦巴山区多地各守“一亩三分地”，行政区划对生态环境保护的跨区域对接限制严重，制度层面统一规则和统一标准的缺失，导致无法形成互联互通的秦巴山区生态环境治理区域协调机制。鉴于此，应在区域整体思想的指导下，运用法治思维，搭建稳定、统一和衔接顺畅的秦巴山区生态环境治理区域对接对标法律机制，从区域整体视角重新配置秦巴山区生态环境保护与治理所需的资源，充分发挥多地各自的比较优势，实现多地生态环境治理的优势互补、资源共享。

1. 依法成立秦巴山区生态环境治理区域协同治理协会

生态环境治理区域协同治理协会是依法经登记注册成立，从事生态环境保护相关生产、服务、研发、管理等活动的非营利性社会团体，是生态环境保护与治理的协调、自律组织。考虑到秦巴山区生态环境治理协同推进的需要，可以先成立跨地方的区域环境治理协会，即秦巴山区生态环境治理区域协同治理协会（以下简称协会）。在协会的业务指导和监督管理机构方面，秦巴山区多地生态环境厅（局）、民政厅（局）都有权对其进行业务指导和监督管理，并由所在地民政厅（局）商量后择其一负责协会的登记注册事宜。此外，为保障协会的依法、有序运作，秦巴山区多地生态环境厅（局）、民政厅（局）应就协会与多地地方环境保护协会的关系、协会的业务范围、法律责任、会员管理、组织机构、资金运作等事宜出台统一的规范性法律文件，并就协会章程的制定进行充分指导和监督。

2. 建立秦巴山区生态环境治理对标的法律机制

秦巴山区生态环境治理相关标准的不一致会影响生态环境保护开展，也会导致无法对多地生态环境治理进行统一协调的监督和管理。因此，秦巴山区生态环境治理协同推进的前提是有统一的标准可供遵循，建立秦巴山区生态环境治理对标的法律机制是统一秦巴山区生态环境保护与治理的有效途径。该法律机制的建立和构成可从以下几方面着手：一是在秦巴山区多地开展的生态环境保护与治理对标活动；二是针对秦巴山区生态环境保护与治理对标活动制定行动方案等规范性文件；三是秦巴山区多地生态环境厅（局）就生态环境保护标准的确定、更新等建立一套完善的系统，并将对标活动成效与政府、企业考核、奖惩相挂钩，力争形成权责清晰、目标一致、行动有力和奖惩有据的生态环境保护对标法律机制。

（三）完善秦巴山区生态环境保护科技创新的法律机制

科技创新是推动生态环境保护持续发展的根本动力，科技创新成果转化是中国加速生态文明建设的重要动能。立足于秦巴山区生态环境保护的政策背景，应充分利用秦巴山区区域及周边核心城市的高校、科研单位集中的优势，通过科技创新支撑协同推进。具体到相应的法律机制搭建层面，秦巴山区多地当务之急应是在区域协同的基础上，就区域协同保护与发展科技创新颁布成文的指导意见，作为协同推进秦巴山区生态环境保护科技创新的规范性依据。

为从科技创新层面促进秦巴山区生态环境保护的协同推进，应统一颁布秦巴山区生态环境保护科技创新的指导意见，以明确秦巴山区生态环境保护科技创新的指导思想、基本原则、发展目标、关键领域及保障措施等，推动建立秦巴山区生态环境保护技术创新体系，并着重关注以下内容。

1. 依法建立健全秦巴山区生态环境保护科技创新的激励机制

目前，秦巴山区生态环境保护的主导技术原始创新比较少，可以考虑在秦巴山区多地地方财政层面建立统一的生态环境保护科技创新资金拨付及成果奖励机制，为生态环境协同技术创新提供经济支持。此外，扩展多元化的融资渠道，秦巴山区多地应通过激励银行发行绿色信贷、企业发行绿色债券、保险机构发行绿色保险等方式，有效带动社会资本积极参与生态环境保护的技术改造。

2. 建立秦巴山区生态环境保护科技创新合作机制

基于秦巴山区范围内核心城市具有高校、科研单位高度集中的优势，可以考虑由多地生态环保或者工信部门牵头，以环保科研项目运行或者环保科研课题探讨的形式组织高校、科研单位的环保科技专家进行相关交流，可由专家团体就秦巴山区生态环境保护科技发展现状、急迫需求、改进方向、技术方案等进行论证且出具相应的专家报告，作为秦巴山区生态环境保护科技创新的重要技术指导文件。

3. 针对秦巴山区生态环境保护建立科技保障机制

在秦巴山区生态环境保护与治理协同推进战略下，对生态环境保护科技创新方面进行重点扶持，保障其在新的地域有新的动力。秦巴山区多地应该达成共识，并联合出台具体的规范性法律文件，就生态环境保护科技保障工作进行统一、明确和易于操作的指导。

（四）创新环保产业投融资的法律机制

环保产业投融资是拉动市场需求的重要动力，秦巴山区多地应以环保产业投融资法律机制创新推动环保产业的持续发展，从制度层面为环保产业投融资提供稳定保障。

1. 以前瞻性引领秦巴山区环保产业投融资法律机制创新

投融资法律机制创新应紧跟国家战略政策的发展要求，贯彻党和国家的最新指示，深入环保产业内部，发现问题、了解需求，把握环保产业投资主体和融资主体的利益契合点，保证所出台的规范性文件不仅要起到解决问题的作用，更要起到避免问题的作用。

2. 以稳定性带动秦巴山区环保产业投融资法律机制创新

环保产业投融资法律机制创新要改变传统的主要依靠政府投资和银行贷款的局面，由政府主导投资转向由市场主导投资，依法规范市场主体的投资行为，保障企业和社会其他金融机构的投资权益，强化政府作为监管者的职能，拓宽资本市场的融资渠道，采取包括股票融资、债券融资以及融资租赁担保等多种方式，集中解决环保产业发展的资金短缺问题。出台稳定、长期发挥作用的规范性法律文件，以充分动员社会资本进入环保产业。在环保领域稳定推行 PPP 模式，扩大绿色信贷规模和绿色证券的规模，对高环境污染风险的行业强制推行绿色保险，设立环保产业基金，开辟环境产权交易市场，通过专项基金、政府奖励、财政补贴、税收优惠等多元化途径解决环保产业中的投融资问题。

（五）建立秦巴山区生态环境保护信息共享的法律机制

生态环境保护的发展在很大程度上依赖于信息共享的广度和深度，秦巴山区生态环境保护协同推进需要稳定、扎实的信息共享法律机制予以保障。秦巴山区多地应就生态环境保护信息共享展开充分的战略合作，出台相关规范性文件或者寻求多地立法机关支持，制定法规、规章，对生态环境保护信息统计、分析、公布、开发、推广等职能进行细化规定，并完善相应的责任机制，以此作为秦巴山区生态环境保护信息共享法律机制构建的法律依据。

1. 明确秦巴山区生态环境保护信息共享法律机制的职责分工

因为生态环境保护与发展对信息的要求不仅量大，更要求数据精准、更新及时，如果没有专门机构或单位予以负责，很可能会出现信息滞后、缺失等尴尬局面。秦巴山区多地的生态环境厅（局）作为本省（直辖市）生态环境制度建设及生态保护工作监督管理的主要部门，其内设机构及直属单位众多，有必要专门从中选择某几个机构或单位作为环保产业信息共享的相关工作归口部门。

2. 搭建多元化的秦巴山区生态环境保护信息共享平台

秦巴山区生态环境保护信息共享相关主体呈多样化特征，相应的信息共享平台自然需要进行多元化搭建。第一，建立秦巴山区生态环境保护信息共享工作例会和联席会议制度，通过地方立法的形式明确规定工作例会和联席会议的召集主体、召开周期、参与主体及工作内容。第二，推动建立包括秦巴山区多地生态环保部门、环保行业协会、环保企业、科研单位等在内的秦巴山区生态环境保护信息共享和交易平台，公开信息获取渠道，明确信息更新时限。第三，充分发挥“互联网 +”的优势，借助微博、微信等新兴媒介，建立“研发、生产、服务”三位一体的生态环境保护互联网信息共享机制。[①]

秦巴山区生态环境保护中存在的突出问题大多体制不健全、制度不严格、法治不严密、执行不到位、惩处不得力有关。保护生态环境必须依靠制度、依靠法治，要用最严格制度最严密法治保护生态环境。构建最严密的法律体制机制，通过完善立法、严格执法，真正做到从生态系统整体性出发，统筹考虑生产、生活和资源环境需求，综合运用工程、技术、生态措施，深化生态文明体制改革，改革生态环境保护管理体制，促进生态系统步入良性循环的轨道。

① 孟庆瑜，梁枫，张思茵．京津冀环保产业协同推进法律机制研究［J］．河北大学学报（哲学社会科学版），2019（2）：50－56.

第六章　秦巴山区生态环境保护与协同治理运行机制

在“治理群簇”的诸多治理形态中，协同治理理论对我国生态环境治理独具解释力，不仅源于理论与现实的双重呼唤，还与我国传统文化中潜在的协同合作理念密不可分。协同治理分析框架的提出，不仅是协同治理理论研究的总结与凝练，而且凭借其所显示的基本架构，可以用来回应治理需求与治理能力之间的诸多问题，从而成为协同治理理论成熟的标志。基于生态环境协同治理运行机制的研究，提出具有可操作性和针对性的对策，将为秦巴山区内相关政府、企业、公众的生态环境协同治理实践提供指导和参考性意见，提升各主体之间的协同度，从而提升秦巴山区环境治理的科学性、有效性和长效性，推进秦巴山区国家级生态经济区建设进程。对秦巴山区环境治理协同机制的研究，有利于推动乃至全国的生态环境治理，甚至可以推广至其他环境治理或公共治理中，发挥更大的应用价值。

一、构建秦巴山区环境协同治理运行机制的必要性分析

（一）环境协同治理运行机制的现实需求

各地行政区域之间的联系不断增强，跨区域公共事务的增多，使得传统政府部门的“属地治理”模式难以适应社会经济发展的新需求，从而导致跨区域公共事务的治理失灵。秦巴山区行政区划包括陕西汉中、安康、商洛，湖北襄樊、十堰、荆门、随州、神农架林区，四川达州、巴中，重庆万州以及河南南阳等地市，不同的行政区域在秦巴山区的基础设施建设、自然资源

管理以及环境污染等方面通常会采取不同的治理措施，久而久之，地方本位主义、区域间合作治理缺位，导致了秦巴山区环境协同治理的低效，以及经济发展的滞后。因此，完善秦巴山区环境协同治理运行机制是实现秦巴山区生态环境良性发展和区域经济社会高质量发展的有力保障。

1. 生态环境协同治理将优化秦巴山区的资源配置

首先，把秦巴山区各行政区域内的社会、经济等生产要素进行整合，再通过各行政区域间的协同合作对秦巴山区进行整体规划，统筹全局，在提升效率的同时，避免因盲目投资而导致的资源浪费，有利于协调地区经济发展与环境保护的关系，真正实现秦巴山区的全面、协调、可持续发展。其次，有利于优化产业结构，使各地的产业结构更加合理化。目前秦巴山区各地区产品结构的趋同度较高，易滋生地区间的恶性竞争，应在各区域实现产业差异化发展，开展产业协作和产业转移，形成相互配套、协同共享、合理分配的产业格局。最后，有利于政府治理能力的提升。随着经济社会的高速发展，地方政府的治理能力面临多重挑战，地方政府间的协同共治，实现优势互补，合作共赢，才能形成合力，创造更大的总体动能。

2. 创造美好生态环境迫切需要生态环境协同治理

总体而言，我国生态环境质量持续好转，出现了稳中向好趋势，但成效并不稳固，稍有松懈就有可能出现反复，犹如逆水行舟，不进则退。生态文明建设已经到了“关键期、攻坚期、窗口期”三个特殊“时期”。这三个特殊“时期”决定了我国生态环境建设会遇到一些非常规性关口，跨区域生态环境问题便是在这个大背景下出现的新问题、新情况。该问题影响范围更广、影响程度更深，影响人数更多。要解决好跨区域生态环境问题，就需要满足不同主体的需要：满足国际社会对于美好生态环境的需要，满足国内不同区域的地方政府、企业、民众等社会主体对美好生态环境的迫切需求。如果这个问题得不到妥善解决，就难以满足上述众多主体的迫切需要。这三个特殊“时期”也彰显了人民群众对于美好生活环境需求的迫切性，如果满足不了人民群众的迫切需要，很有可能会引发群体性事件，引发社会动荡，甚至威胁我党的执政合法性。

3. 生态环境问题所形成的复杂性迫切需要生态环境协同治理

从宏观层面来看，生态系统由经济、政治、社会、文化等各种子系统组成，不同子系统之间彼此处于普遍联系中。生态环境问题的形成并非单纯的生态系统问题，而是处在和其他子系统的相互作用中。例如，我国部分生态环境问题的产生其实是源于对自然资源的不合理利用，是经济发展方式粗放所导致的。从具体层面来看，自然环境本身也是一个庞杂的系统，包含着若干复杂的要素，其作用过程也是相当复杂的。任何其中一个要素遭到破坏，都可能会引起一系列复杂的效应，形成复杂的生态环境问题。在生态系统中，大气、水等要素的自然流动性使大气圈、水圈的循环具有全球尺度，不受制于行政区界限制，成为跨区域生态环境问题，甚至成为全球性生态环境问题。这不仅仅是生态问题，而且涉及经济、政治其他系统问题。因此，跨区域生态环境问题的形成具有复杂性。

（二）协同共治是生态型政府建构的逻辑基础

1. 体制外资源的涌现迫切需要生态环境协同治理

体制外资源的大量涌现是我国改革开放以后市场化改革带来的重大社会结构变迁，各种社会群体和组织都不同程度地介入了社会资源管理，分享了越来越分散化的社会发展成果。一方面，随着各种社会组织的快速成长发育，各主体“自主性”性格的日益增强，社会公众环保意识和公民意识的显著提升，为政府开展社会治理提供了十分丰富的体制外元素，为政府整合社会资源、创新治理模式提供了行为空间。另一方面，作为现实的参与力量，这些体制外元素对地方的公共生活与公众行为有着重要的影响力。各级政府要多关注和尊重社会各主体的利益，创新政府行为运行机制与管理模式，建立完善公共管理体制，将体制外资源统一纳入国家整体的治理体系，将传统治理机制与现代治理方式有机统一起来，共同服务于地方综合治理。

2. 碎片化政府治理迫切需要形成协同机制

碎片化政府治理是指政府横向、纵向间的不协同现象。这种政府横向、纵向的体制分割很容易使得地方政府对中央政府以及上级政府形成过强的依赖性，难以形成促进环境协同治理的制度安排。一是从成本—收益的角度来看，环境治理如若单纯依靠中央或上级政府，需要支付高额的治理成本，但是由于从中央或上级政府传递到地方政府，中间隔的层面太多，很容易因为信息交流不对称和信息传递失真而达不到预期效果，高成本无法实现高收益。二是各地方政府为了寻求地方区域界内的利益最大化或地方区域边界内的治理成本最小化，一方面在尽量防止本行政区域内环境治理成效的外溢，另一方面则企图由其他地方政府或其他治理主体承担本行政区域的治理成本，因而导致各地方政府普遍存在“搭便车”现象，地方政府的理性选择可能产生非理性的恶果。

3. 打造新型绿色政府迫切需要环境协同治理

在推进区域生态治理方面，政府作为协调人，应确立战略眼光，创新社会治理模式，整合政府体系内外资源，以解决人类共同面对的生态灾难与环境问题。转型升级是步入经济发展新常态以后区域经济持续健康发展的必然之路，绿色发展关键在于发展战略的定位与发展理念的变革，必须确立和强化绿色发展观，在实践中努力构建绿色行动体系，积极打造新型绿色政府。国内生态学者基于中国人的话语习惯，提出了“生态型政府”的概念。同“法治型政府”“学习型政府”等概念一样，“生态型政府”及其构建理论是将生态文明的理念延伸内化为政府角色转型之意，明确提示了在今天特定的社会背景下政府面临的角色定位及转型问题。

什么是“生态型政府”？即是以恢复与保护自然生态平衡为基本职能和根本目标，致力于追求实现人与自然协调和谐的政府组织。“生态型政府”需要创新的治理理念和治理手段，实现生态保护与治理的协调和谐。

一是所有参与主体的全面整合。生态治理的行政资源具有有限性，并且越来越具有艰巨性和复杂性，这是制约生态治理绩效的普遍性问题。在环境问题已成为严重影响社会和谐发展的现状下，企图通过政府习惯的垂直型行政手段，运用其自身掌握的体制内公共资源来应对日益严重生态危机已显得力不从心。因此，以系统性的眼光建立各种协商机制、合作机制，创新生态治理模式，将社会组织、市场主体、区域内公民统一纳入生态治理体系，寻求系统与体制外资源的有效耦合，开放性进行合作治理是各国政府摆脱生态治理“囚徒困境”，是寻求有效突围之必然选择。

二是政府内部各要素的有效合作。需要明确的是，这种合作必须是纵横交错的网格状互动合作模式。一方面，自然生态系统管理与经济社会系统管理的协调一致，就必须要突破原有生态行政部门的运行模式，实现政府行政管理与治理干预的“全程生态化”和“全域生态化”；另一方面，基于自然生态系统是无隙的、完整的、有机系统的这一特征，需要探索建构一种新的管理体制和运行机制，能够将政府部门内具有不同管理职能的单元有机整合起来，增强生态治理与生态建设的协同性和整体性。因此，立足中国国情，探索“生态型政府”构建的最优化机制，推进全方位、全地域、全过程生态环境保护与绿色发展的关键路径，具有现实价值和意义。在大力推进生态建设过程中，将跨区域资源整合、创新协同共治机制贯穿于生态文明建设的全过程。①

二、跨区域生态环境协同治理存在的困境

（一）跨区域生态环境协同治理领域不够宽泛

生态环境问题已经不限于一国之内，而是已经蔓延到全世界，变成一个世界性难题，因此需要各国之间展开合作。2012 年 11 月，习近平同志首次提出“人类命运共同体”，倡导和平发展共同发展，继而形成了一系列思想，将生态环境协同治理领域由国家拓展到国际合作领域。过去我国发展重心在于经济发展，这导致了我国经济实力迅速增强，却也出现了严重的生态环境问题，今后绝对不能再走“先污染后治理”的老路。习近平同志创造性地提出了“两山论”，将生态建设纳入经济、政治、文化、社会建设中，这反映了中国共产党对跨区域生态环境协同治理领域认识的增强。但是从跨区域生态治理的现实来看，多数国家跨区域生态环境协同治理范畴主要集中于国内协同层面，还没有上升到国际层面，应积极倡导国际化跨区域生态环境协同治理。

① 高抗．经济转型升级与地方治理模式创新——基于浙江长兴县的个案研究［M］．北京：学林出版社，2010．

（二）跨区域生态协同治理主体缺位

习近平同志指出要着力解决突出环境问题，坚持全民共治、源头防治，构建政府为主导、企业为主体、社会组织和公众共同参与的环境治理体系。[①]因此，应构建党委领导、政府主导、企业主体、公众参与的多元治理主体格局，但我国现有的跨区域生态环境协同治理主体缺位。

从政府层面看，政府在我国环境治理中一直发挥着主导作用。但是政府在参与环境治理的过程中，仍然存在一定问题。一是"政府失灵"。面对跨区域生态环境问题甚至全球性生态问题，治理难度大、成本大，单个区域政府没有足够资源和足够能力治理跨区域生态问题，在跨区域生态环境治理中，政府可能会出现失灵，必须联合不同区域、不同层级的政府展开合作。二是地方保护主义。因为跨区域生态环境问题在不同区域的严重程度不同，需要承担的责任不同，需要投入的成本不同。不同区域政府发展程度存在很大差异，出于自身利益的考虑，政府可能的态度和所采取的措施不同，生态环境得不到有效治理。

从企业层面看，企业既是社会产品的生产者，也是绝大多数污染物的制造者。如果企业能够实施积极行为，积极推动产业结构升级，生产科技型绿色产品，势必对改善生态环境质量发挥积极建设作用；如果企业不作为甚至实施消极行为，生产高耗能高污染的产品，就会加重环境污染、生态破坏。由于企业的逐利性，如果生态环境治理对企业缺乏有效的相关利益，单凭国家的号召和企业家的热情难以推动企业响应国家政策；同时，企业参与环境治理需要企业付出成本，如果企业从参与环境治理得到的利益收入低于成本投入，那么企业便不会积极主动参与环境治理，这就导致企业主体的缺位。

从公民层面看，随着公民意识的觉醒和提高，公民参与环境治理的比例和热情不断提高。但是，从参与意识来看，社会上仍然存在大量参与意识薄弱的公民群体；从参与能力上看，跨区域生态环境治理是一个复杂的问题，涉及多学科多领域，需要具备一定的参与能力和素质。大多数公民具备参与的热情但缺乏有效参与的能力，这就导致公民的缺位。

---

① 习近平指出，加快生态文明体制改革，建设美丽中国，http：//cpc. people. com. cn/19th/n1/2017/1018/c414305 - 29594512. html，2017 - 10 - 18.

（三）跨区域生态环境要素治理协同性不强

生态环境具有系统性、整体性、复杂性、关联性等重要特征。整体性作为系统的核心特征，决定了不能脱离生命共同体这个整体来治理单个要素，关联性、复杂性、系统性等特征决定了各要素之间是相互关联的。因此，生态环境保护与治理不能就单个要素而治理，需要在明确每个要素治理的特性基础上展开协同治理。但在现阶段而言，在一定区域内，各要素治理都是相对分离的，分离的要素治理不能实现有效长久的区域生态环境治理效果。

（四）跨区域生态环境过程治理协同性滞后

2018 年 5 月 18 日，习近平同志在全国生态环境保护大会上强调，山水林田湖草是生命共同体，要统筹兼顾、整体施策、多措并举，全方位、全地域、全过程开展生态文明建设。[①] 生态环境协同治理必须按过程治理，不能进行碎片化治理，要在全过程治理中必须对症下药，要充分考虑不同区域的差异，做好过程治理工作。而我国生态环境治理的一大问题便是缺乏这种生态环境治理的过程协同。我国不同区域的政府都将生态环境治理的重点放在本区域范围内，不同区域之间的协同机制缺失和合作缺乏，不同区域不能从过程角度系统分析生态环境产生的问题以及治理的重点，只能头痛医头、脚痛医脚，缺乏系统思维。因此生态环境不能得到一种整体意义上的协同治理。

（五）跨区域生态环境协同发展机制缺失

生态文明作为整体意义上的文明，其协同治理不仅需要国际国内的协同，还需要跨区域的一致行动、需要各要素的配合，也需要一定行政区域的政府、企业、社会公众的共同努力。但是实现这些主体的合作并不容易，需要建立健全一体化的跨区域生态协同发展机制。特别是在我国这种单一制国家内，实现从“分界而治”到“协同治理”，制度机制起着至关重要的作用，直接关系政策能否实施以及实施的效果。但是我国的垂直管理体制使得不同区域

---

① 习近平出席全国生态环境保护大会并发表重要讲话. http：//www.gov.cn/xinwen/2018 - 05/19/content_5292116.htm，2018 - 05 - 19.

之间的政府缺乏有效的沟通和互动，也缺乏能够协调各方利益的领导机构，因此不同区域之间难以主动展开合作共同设置协同领导机构和协同机制。缺乏健全的统分结合、整体联动的工作机制，这势必会极大影响治理成效。

三、秦巴山区生态环境协同治理运行机制的总体思路

（一）主体间合作共治的网络互动机制

网络化与良性互动是协同共治运行机制的重要特征。法国社会学家让·皮埃尔·戈丹认为，“治理，简单地说，就是网络化的公共行为，一种非预先设定的和常历常新的关于合作的关系实践，它与过去的行政等级架构和因循守旧的程序有很大不同。”协同共治是对传统官僚制的替代和发展，它辩证地否定了科层制下依据“命令—服从”逻辑所建立的自上而下的层级控制组织结构和权力运转体系，更强调平等合作的伙伴关系，要求将传统自上而下的垂直控制结构转变为上下结合的多元互动网络化参与结构。多元主体之间及其内部所建立的纵向权力分配系统与横向协作行动系统，形成正式与非正式多维协作关系的立体化范式。

1. 遵循“双向协调—平等合作”逻辑

协作的机制设置不是基于一个中心权威之上，因此不能由一个单一的组织目标来指导。这种设置中，管理者的首要活动是选择适当的参与者和资源，创造网络的运行环境，想方设法应付战略和运行的复杂性。在这个平等合作、互利共赢的网络治理结构中，内含了权力互动网络、信息共享网络、政策参与网络和组织结构网络等。为了充分发挥各个治理主体的优势进而实现整体性治理目标，政府依据新的环境下网络化结构治理的要求，应遵循“双向协调—平等合作”逻辑，改革权力集中管理体制，向市场主体和社会组织放权或分权，赋予其更多的公共事务治理权力，建构权力运行多维互动网络，客观上形成协同共治过程中某一主体对其他主体的支配力。良性互动是协同共治的关键组成部分，既是对协同治理网络关系结构的维护，又是协同效应实

现的动态机制和协同关系结构产生协同效应的桥梁。不同主体基于共识与目标进行对话、协商及沟通，在共同规则导向下进行知识、信息和资源交换，对复杂性的公共问题提出共同解决方案，有效突破原有条块分割各自为战的“主体困局”，积累社会资本，发展稳定性的可持续伙伴关系，优化网络关系结构。

2. 建构开放的整体系统和治理结构

我国生态环境治理仍然习惯于政府全面干预下的强制性管制，行政部门承担了过多环境责任，市场主体和社会主体处于被动参与状态，对政府具有较强的依赖性。出于各自利益的考虑及条块分割管理体制限制，政府部门、市场主体与社会组织各自内部和相互之间大多处于分散化状态，尚未建成稳定且相互依赖的治理结构或社会网络体系，生态环境决策与执行碎片化，削弱了生态文明建设效果。

生态环境协同共治实践在于适应其整体性和公共性的特点，建构开放的整体系统和治理结构，运用网络化互动突破碎片化环境管理的困境。应从生态文明建设的整体性高度对生态环境治理进行统筹规划，各级政府、企业、环境社会组织和公民等主体通过持续的对话、协调、谈判、妥协等方式，共享环境信息、专业知识和治理技术，相互依赖、相互影响、相互制约，在动态平衡的环境中获得共同收益。多元主体各自发挥其比较优势，打破环境治理中的“九龙治水”的局面，形成预防式治理机制，不仅有利于抑制市场资本对环境的侵蚀，防止或减少部门利益与市场资本结合对公民环境利益的侵害，缓解环境利益冲突，而且有助于社会主体广泛参与对政府环境权力运行、企业环境资源开发行为形成公共性的外部约束和压力机制。自上而下与自下而上相结合的网络化互动机制本身是实现公民环境参与权、知情权和监督权的重要逻辑路径。

（二）和谐共生的利益协调实践机制

利益格局始终是影响协同共治机制能否建立且有效运行的核心要素。在利益主体多元化、利益诉求多样化时代，不同主体有各自的利益追求及其行动选择，个体理性导致集体非理性所引发冲突将不可避免。如果缺乏对多元复杂利益关系进行合理协调的机制，以利益聚合为基础的网络关系结构便难以形成，集体行动也只能是空谈。集体行动理论的代表人物美国人曼瑟尔·奥尔森（Mancur Lloyd Olson）认为“除非一个集团中的人数很少，或者除非存在强制或其他某些特殊手段以使个人按照他们的共同利益行事，有理性的、寻求自我利益的个人不会采取行动以实现他们共同的或集团的利益。”虽然奥尔森的观点论证还存有待商榷的地方，但至少可以说明，公共利益与个体利益的共存或相兼容是促使个体间、组织间能够有效集作的重要起点。以美国道格拉斯·诺思（Douglass C. North）为代表的制度主义学者同样也提出，一套新的制度能否替代旧制度，取决于两者的成本收益分析，当新的制度安排在创新的预期收益大于成本时，才会发生制度变迁。因此，为了应对主体多元化所带来的非合作博弈的局面，必须在促成主体达成共识的基础上整合各种利益诉求，建构公平公正的利益协调机制，理顺利益关系，推动利益关系的制度化与规范化，才能确保主体网络关系的有序性并朝良性互动方向发展。

长期以来，社会利益结构的巨大变迁和环境资源开发的外部性等因素影响，不同主体环境利益分化与失衡趋势日趋凸显，传统的利益协调机制与方法未能适应治理环境的变化，因环境利益受损引发的矛盾冲突日趋激烈，需要立足生态环境恶化威胁到集体生存这一根本性共同利益基础上，建立以制度协调为中心的环境利益表达机制、共享机制、补偿机制和约束机制，减少或消除个体利益、局部利益和短期利益对协作互动的制约，提升整体生态福利。利益表达机制是整个协调机制运转的基础，畅通环境利益表达渠道，提升环境风险的认知水平，减少环境治理信息不对称，促进主体共同体意识形成。将环境冲突纳入体制内解决轨道，构建环境诉求反馈机制，有利于释放利益受损者的不满情绪，缓解主体间不信任或沟通不畅导致的非理性对抗行为。环境共享机制是通过生态文明建设对环境资源开发利益进行公平合理分配，增进利益的共容性，为集体协作行动形成内在激励，限制规避责任、“搭便车”和机会主义行为，维护主体结构的有序性和协作的有效性。环境利益补偿机制是公民环境利益救济的一种手段，也是彰显环境正义价值、实现环境公共产品外部性内部化的一种途径。按照“谁开发谁保护、谁受益谁补偿”的原则，建立政府引导、市场推进、社会参与的利益驱动机制，激发主体生态环境保护协同合作的动力。环境利益约束机制是综合运用经济、法律和行政等政策或制度手段影响、调节主体行为，对损害环境公共利益行为加以限制和责任追究。约束机制既是对政府环境公共权力的制约和监督，防止权力运行偏离公共利益的轨道，也是对市场主体追求个体利益最大化的内外压力，是促成主体利益平衡的必要条件。

（三）公平公正的环境政策协同机制

决策的分散化带来管理的碎片化和政策协调障碍，增加了政策运行的交易成本，难以有效应对跨区域问题复杂性、关联性挑战，降低了政策资源的应有效力。政策协同正是针对跨部门、跨区域复杂性公共问题，政府与市场、社会之间在制定与执行公共政策过程中加强政策之间的合作、协调和整合，提升政策合力并实现共同目标的动态持续过程。这内含了政策体系的纵向统一与横向协调，即公共政策建构、制定、执行和评估等多维度的上下协同、水平协同、左右协同与内外协同。经合组织（OECD）将实现政策协同的手段和措施分为两大类：结构性协同机制和程序性协同机制。结构性协同机制侧重于政策协同的组织载体，程序性协同机制侧重于实现政策协调的程序性安排和技术手段。面对公共决策过程中出现的条块分割、职能交叉、权责不明、功能碎片化、联动性不足等治理压力，多元主体须从整体性角度对上述政策协同机制作出理性选择。

环境污染的外部性、跨区域性和复杂性等特点，决定了治理主体必须进行经常性、有效地跨区域协作以提升整体治理绩效。作为协同合作基本载体，环境政策网络反映了主体间良性互动关系，本质上是环境公共利益的调节与分配。长期以来我国自然资源管理和环境保护上的地方化、部门化分散治理格局，形成了一种较为松散的、相互依赖性弱、横向权力分散的政策体系，表现在重视单个政策设计而忽视整体政策体系配套、中央政府与地方政府环境决策与执行的偏离、部门之间和区域政府之间政策冲突等。环境政策的导向和调控功能难以充分发挥，治理效果也是不尽人意。环境政策协调缺乏虽然受到传统管理权力结构、地区资源差异、信息不对称以及政治晋升博弈等多种因素影响，但从根源上说仍然是利益冲突。因此，建构以目标为导向公平公正的政策规划和政策选择机制，将相关利益者从复杂的利益博弈关系中解脱出来，能为环境政策协同运转提供有效支撑。基于协同共治模式、理念和技术要求，环境政策协同可以从纵向和横向两个层面展开。纵向层面主要是“上级政府为推动跨部门政策目标的实现而超越现有政策领域的边界，超越单个职能部门的职责范围，进而整合不同部门之间政策的行为”。此目的在于促进部门政策之间的相互支持，消除不同政策之间的矛盾与张力，推动环境政策与执行之间的有机统一，增加公共政策的效能。横向协调包括地区之间以及部门之间环境政策的统一和有机配合。这要求地方政府从环境治理的公共性出发，突破局部利益或部门利益的限制，建立环境公共决策执行联动机制，推进环境整体性治理。考虑到不同主体的利益差别性，可以建立协同共治环境利益补偿机制来调动主体协作的积极性，减少协调障碍并激发协同制度创新的动力。

（四）公开畅通的环境信息共享机制

信息技术的快速发展与广泛应用为国家治理结构转型提供了契机和条件，信息资源已然成为协同共治机制建构的现实动力和基础性要素。正如习近平同志 2018 年在网络安全和信息化工作座谈会上指出，“提出推进国家治理体系和治理能力现代化，信息是国家治理的重要依据，要发挥其在这个进程中的重要作用”。[①] 在复杂而多变动态治理环境下，各个主体都是重要的信息节点，掌握着不同程度的信息资源，任何一个行为主体都不可能获得所有的治理信息资源。信息不完全导致有限理性和信息成本，而信息不对称又可能引发逆向选择和道德风险。拥有更多信息的一方会利用信息优势为部门或个人谋取更多的私利，致使另外一方蒙受损失，并在复杂的博弈中处于劣势地位，导致主体之间的不信任，消减互动合作的意愿。建立公开畅通的信息沟通机制，实现主体之间的信息交换与共享，能够发挥信息技术资源在协同共治中的整合激励功能，提升公共政策制定的科学性与执行的有效性，减少或消除由于信息不对称而引发的机会主义行为，增强主体合作的确定性、安全感和信息感，进而稳定治理秩序。

近年来，政府网站、论坛、微博、微信等多种互动媒体的蓬勃发展，为公众意见表达和决策参与、主体间信息共享提供了重要平台和技术支撑。环境信息共享机制建设是为了克服生态环境治理由于信息不对称引发的协商障

① 习近平. 在网络安全和信息化工作座谈会上的讲话［N］. 人民日报，2018 - 04 - 19.

碍、效率低下等问题，政府、企业和公众等主体及时有效地公开、传达和交流环境信息，并且在共同遵守的规则下，对环境信息进行及时收集、整理和优化，以促进相关利益者及时合理地共享信息资源，达到合作共赢的目的。当前生态环境治理格局中，政府信息节点因其权威地位和资源优势而在治理体系中处于中心地位，政府以制度创新和技术创新为基础，充分运用现代信息技术手段，通过正式途径公开环境信息，特别是涉及到生态环境的重大项目决策、环境污染事件等方面及时与公众进行风险沟通，对公众的环境信息诉求进行及时反馈，让公众充分知晓项目建设可能引发的风险或环境污染带来的危害，这是实现公众环境知情权的主要路径。不仅可以增进政府与企业、公民之间的理解、信任或支持，而且可以提升公众的环境意识，减少或避免由于风险认知差异而引起的环境社会冲突。

政府信息公开不足往往是造成环境群体性事件频发的重要原因。环境信息公开不仅仅在于尊重和保障公民的环境知情权，更重要的是吸引和调动公众的有效参与。良好的信息沟通使公众以一种更有见识的方式有效地参与到所有的民主过程中，从而打破治理主体之间的沟通障碍，实现真正的环境参与。企业按照相关规定公开环境信息是履行其义务和责任的方式，也是政府和公众等主体对其市场化行为进行监督的基础。总之，建构多视角、立体化和全方位的环境信息共享机制，促进治理主体间的理解信任、共识达成和目标建构，对于系统应对环境风险、建立事前预防式的公民环境利益保障体系将发挥重要作用。

四、改革秦巴山区环境跨区域污染治理利益机制

（一）加快建设有偿排污权交易机制

“利益激励与补偿”是区域公共产品产权交易制度中的灵魂，实质就是要求对“实质性利益”达成共识。排污权交易起源于美国，就是指在保证区域整体的污染物排放总量在一定的控制范围内，允许排污权利像商品一样被

买入和卖出，由区域内具有排污需求的企业通过货币交易的形式相互购买工业排污量。我国的排污权交易已在江浙沿海地区试点成功，其他地区也可以学习研究符合本区域实际的排污权交易制度，对可控范围的污染物总量进行科学计量，明确制定排污权交易具体规则，对排污量限制、排污权交易的程序作出详细解释。秦巴山区所属六省应当完善出台排污权交易规则，研究出台《秦巴山区主要污染物排污权交易管理办法》，明确污染物排放权的核定、分配等程序，对污染物排放总量的监测、计量等作出统一规定，确保排污交易权的合法性、有效性。秦巴山区各行政区还应当规范交易秩序，减少对排污权交易过程的行政干预，提高有偿排污权市场化运行的公平性。在重点建设秦巴山区十堰、汉中、巴中三大中心城市，发挥辐射带动作用的基础上，加强审核监控，尤其是提高对陕南硫铁矿区污染物排放总量监测的准确性，加强对生产企业进行排污过程监控的力度，为治理跨区域污染提供可靠协同工具。进一步扩大有偿排污权的指标来源，通过升级转型、工业搬迁等形式，收紧高耗能企业的排污权指标量。

应加快秦巴山区排污交易活动的组织建设，形成政府负责管理、市场自由竞价、企业活跃竞拍的高度参与型组织，为排污交易权提供高效的组织运行环境。

（二）实行异地开发生态补偿机制

异地开发生态补偿主要目的是促进区域内部的共赢和共享，当某行政区呈现水环境负外部性时，应由该行政区提供经济补偿。2003 年我国出台的《污染防治法》中就对异地开发生态补偿机制予以认可，但我国在治理方面的生态补偿机制建设经验积累较少，缺乏统一的法律规范，区域内各利益相关者的生态补偿变相成为一种对环境治理的利益分配。秦巴山区应加快建立健全异地开发生态补偿法律体系，完善区域生态补偿管理体制，明确责任对象，谁受益、谁补偿，促进六省各级政府协同治理污染。在建立有效的约束规则后，还应当加大上一级财政对异地开发生态补偿的财政转移支付力度，在明确区域内各地政府应承担的治理责任基础上，对区域内政府污染治理成本和政府污染治理收益的二者比例进行科学计算，明确异地开发生态补偿的标准。

五、建设秦巴山区污染治理高效互动机制

（一）构建秦巴山区协同治理共赢机制

树立秦巴山区协同治理的共赢理念，是构建跨行政区污染的行政协同治理机制的必经之路。各级政府、各个部门要提高认识，打破“利益自利化倾向”，以区域公共管理的新思维为导向，把是生态环境治理作为长远发展的战略举措紧抓不放，将污染治理看作区域内各级政府的重大民生工程，把秦巴山区重点污染区域如矿山、造纸厂、石料厂、水泥厂的关停搬迁、降解处理纳入区域公共项目整体规划，实现区域整体的要素流动和利益共享与共赢。构建秦巴山区协同治理共赢机制，把生态文明建设当作工作的重要内容，带动区域各地政府的经济建设发展，以人民群众的共同利益利益基础，脚踏实地地走好群众实践路线，寻找跨区域污染治理的区域内各级政府之间、各级政府与人民群众之间、人民群众生活水平提高和生活环境改善的共同利益，实现行政区域治理转变。

（二）建立秦巴山区高效合作组织机制

秦巴山区生态环境保护与协同治理，首要就是要打破行政区划与属地区划的权责矛盾，这不仅需要改变条块分割的治污理念，还需要创立制度化的多层次组织机构。地方政府合作应突破单位行政区划的刚性约束，以区域公共管理的新思维为导向，扫除行政壁垒，促进区域内部要素流动，实现资源的有效配置，最终形成一个统一的区域环境保护合作组织。建议由秦巴山区各省环保厅、生态环境厅牵头成立专门的污染综合治理机构，作为跨区域污染治理的“指挥官”，由区域内的主要利益相关者代表组成，并赋予其执法权，盘活组织内部的治理力量，负责研究规划建设，指导各地市级政府组织环保局、林业局、国土资源局履行治污职责，并接受综合治理机构的考核验收，各省审计厅联合成立生态环境综合审计机构，组建秦巴山区党委审计委员会，以党的领导为核心，广泛开展秦巴山区的自然资源与环境审计。

（三）实行秦巴山区联合执法机制

污染综合治理机构组织开展联合执法行动。定期进行联合执法检查活动，对秦巴山区企业的排污情况进行打分考核，直接与税收挂钩，提高企业环保意识，加强各级环保部门的合作交流，提高跨区域污染的执法能力。不定期对秦巴山区的工业排污情况进行抽查执法，对在抽查执法中存在的超标排放、违规排放等违法企业进行联合查处，对各地市出现的污染企业应在联席大会、工作简报、网络平台上予以公开警告。建立互动执法机制，抽调区域内各地市级的环保部门组成联合执法检查巡视小组，由不同区域之间进行地区的排污情况打分，形成互相监督、互相检查的沟通氛围。要建立执法争议处理机制，接受企业申诉，接受联合小组内部各成员的争议投诉，化解各方争议，协调成员利益，以维护共同利益为达成协同合作的起点，为秦巴山区联合执法机制提供长效保障。

六、建立秦巴山区统一联动的环境协同治理沟通机制

（一）鼓励政府购买服务机制

鼓励政府购买服务机制是跨区域政府协同治理的主要实现途径之一。鼓励秦巴山区建立各类跨区域的非政府组织对转变政府职能及发挥政府公共管理职能具有重大的现实意义。充分发挥市场在技术、人力等方面的优势，按照政府购买的程序和要求，把原先由政府直接负责提供的公共环境治理服务，改由社会组织承担，建立起社会组织与政府部门协同的伙伴关系。政府部门则根据最终的污染治理绩效，向合作组织支付劳务报酬，为跨区域协同治理提供专业的技术支持。秦巴山区各级政府必须坚持公共管理的价值取向，以维护公共利益为处理公共事务的判断基础，充分调动社会团体、第三方社会组织参与环保治理的项目实践中，实现跨行政区污染治理的双赢乃至多赢的协同治理机制。

（二）建立公众参与举报机制

公众是跨区域污染的利益直接相关者，公众参与是解决环境问题的有效途径。但来自民间的力量并未得到充分重视。在跨区域污染治理的府际协同机制中，应建立政府与公众有效的立体化信息协同平台，不断拓宽公民参与公共环保项目的机会，引导公众积极参与跨区域污染治理工程，监督跨区域污染治理的实时动态。逐步完善群众积极参与事前主动监督、事后协力治污的制度，对提供污染线索的群众，按贡献程度给予相应奖励。根据所举报的污染事件的不同环境危害程度，设置不同的奖励金额，激发公民参与污染举报的热情，为各级地方政府协同决策、联合执法、跨域合作提供民意参考。

（三）完善决策听证机制

在制定重大的污染治理的法规政策、确定重大污染治理工程，或一些重大的环境保护工作时，要提前组织专家进行研讨论证，要畅通社会各界的意见表达渠道，广泛听取社会各界的意见，鼓励公民对秦巴山区生态环境治理建言献策，鼓励公民参与秦巴山区生态环境监管。要规范决策听证的程序和范围，秦巴山区各地政府应结合当地污染的现状，明确公开污染治理事项的决策听证范围，主动邀请污染综合治理机构的各地成员参与听证。不断创新听证形式，积极采用陈述表达、质询提问、公共辩论等方式，为污染治理的各地政府提供走进公众民意、把握公共诉求的机会，确保各级各地政府部门在制定当地污染治理政策时，能够时刻以整体意识协调好全局利益，不断提高决策听证机制的运行效率。

一要在维护协同治理主体正当利益的原则下制定公共政策，大力倡导社会责任感、公益至上的集体主义精神，以公共利益为核心逐步增进社会资本，平衡多元协同治理主体自身的利益与社会整体利益；二要借助我国政府部门的强制性制度和协调职能，针对因环境治理问题使得治理主体与利益追求所产生的差异致使强势主体利用资源与公共权力优势迫使弱势群体服从行事的现象，发挥政府部门的利益调节功能，进行制约与监督并将责任与权力下放给其他主体，以随时纠正治理主体偏离社会管理总体目标、伤害社会整体利益的行为，从而实现不同地区多元主体利益之间的平衡，保证各类主体的利益均衡和公平正义。

七、建立秦巴山区多方参与的环境治理协商机制

（一）加快制定秦巴山区跨区域合作立法机制

在跨区域生态环境治理过程中，政府间的协同法制是达成治理共识、形成治理合力、共担治理责任、同享治理成果的法制起点。应当加快制定秦巴山区政府跨区域合作相关法律法规，对跨行政区污染治理所涉及的权力行使、义务履行、经费分担、责任追究、行政赔偿等具体内容进行明确规定，采用统一的测量方法，对各类污染排放标准和水环境评估指标进行统一校准，并提请省级人大以法律的形式固定下来，统一执法标准、统一执法程序，在产业转移、劳务合作、技术共享等跨区域污染治理经济领域探索府际间的合作立法，使跨区域污染的行政协同治理真正实现有法可依、有法必依。

（二）探索建立秦巴山区环境公益诉讼机制

公益诉讼制度是指为了保护环境和自然资源免受破坏，公民可以依法对环境污染者、自然资源破坏者提起诉讼的制度。按照我国《民事诉讼法》第五章关于诉讼参加人的规定，当发生污染环境、侵害众多消费者合法权益等损害社会公共利益的行为时，可由法律授权允许的行政机构或社会组织向人民法院提起诉讼。但我国追究违法排污者民事责任诉讼主体主要还是局限于受害当事人，可尝试放宽公益诉讼原告资格的限制范围，将公民个人、环保社团、检察机关和环保部门等都列入我国环境公益诉讼的原告体系，完善环境公益诉讼的具体规则，明确对举证责任、诉讼范围、被告反诉、民事和解等诉讼规则做出解释，为受到损害的公共权益寻求救济，减少公益诉讼费用，增加污染违法成本，坚决改变“守法成本较高、违法成本较低”的局面。

（三）加快建设应急预警处罚机制

一是建立应急执法制度，及时妥善处理好突发污染事故。对联合执法小组没有及时发现或无法第一时间赶赴现场处理的突发性污染事故，应授权秦巴山区当地的环保部门进行先期处理，要求立即停止排污，预防污染进一步扩散，保留一线执法影像资料，便于日后联合执法小组调查取证。

二是建立应急处罚机制，对突发性的秦巴山区跨区域污染事故，联合调查处理。要改变传统的控制命令型和罚款主导型的处罚手段，针对环境违法行为处罚过轻，难以形成威慑的现状，应进一步加强联合处罚力度，严肃查处私自排污、超标排污等问题，提高秦巴山区污染企业准入门槛。

三是建立应急预警机制，对突发的区域污染事件，进行严肃查处。设计呈几何级数增长的罚款制度，对企业不顾公共环境利益、多次排污超标的行为，加大罚款力度。对不及时缴纳罚款，或因多次排污超标造成水环境严重污染的企业，应冻结其公司的银行账户，对污染企业实行严格的罚款、关停整改，对企业主要负责人进行环保教育，并签署企业环保责任书。

八、搭建秦巴山区监测预警环境协同治理信息机制

（一）建立全覆盖监测网络机制

健全的沟通机制有助于减少或避免各治理主体间信息不对称导致的失灵现象，增强各治理主体间的安全感与信任感，从而加大合作意愿。秦巴山区环境协同治理中信息沟通越准确全面，信息就越有对称性，政府、社会、公众间的信任度就越强，合作治理的效果就越好。为了保证秦巴山区生态治理信息获取的及时、快速和准确，就必须拓宽信息交流渠道，使广大人民群众能够方便快捷地获取生态治理各项信息资源。在畅通信息交流渠道时，确保各主体间的信息传输畅通无阻，要重点打破“信息孤岛”和“数字鸿沟”的制约。以新技术新制度为支撑，以计算机网络为平台，建设区域生态协同治理的信息

管理网络服务系统，最终实现以信息化带动生态农业和绿色工业的发展，促进秦巴山区生态环境的保护与治理，推动秦巴山区经济社会的可持续发展。

信息资源是协同决策重要依据。应进一步加大秦巴山区的水质监测网络的覆盖面，在水质断面交界处设立水质监测站，加强秦巴山区水质监测站的信息交换与使用，提高水质监测信息的共享效率。环保、水利、发改委等部门应当通力合作，建立统一的污染监测的方法和评价标准体系，确保各地政府间在使用水质监测数据时标准一致，内容一致。在此基础上，建立生态监测系统，对典型区域进行定点连续监测，建立监测数据信息资源库，掌握污染的即时动态，对异常监测数据进行及时筛选。建立重点区域监测系统，对污染情况相对严重的区域坚决落实重点治理、重点监测，着力构建具有综合性、系统性和全面性的监测网络机制。

（二）建立治污工作例会机制

应着力改革联席会议形式，建立治污工作例会制度。在现有的联席会议制度、工作简报通报制度的基础上，继续深化改革信息共享机制，由秦巴山区范围内的六个省市轮流牵头，各地政府派出掌握第一手信息、了解治污实际困难、准确传达共享信息的一线干部组成督察组，对彼此区域内的排污情况开展联合检查与对口互查，及时通报水质情况，共享治理信息，形成治污合力。应当特别指出的是，各地政府派员参加时，不应以行政级别作为派出标准，而应以实际参与作为考量依据，派出真正参与区域污染治理、真正具有区域污染治理经验的一线干部，参与污染治理的决策讨论，精准识别当前全区域治理的政策着力点，着实提高会议质量，解决实际问题。会影响地方财政收入和群众生活水平。妥善处理好工业产业整体搬迁，需要以整体的视角，全面调研全区域及周边生态环境的承载能力，对严重影响居民生活健康的工业企业，有计划地实施跨行政区整体搬迁。重新规划产业发展规划布局，科学规划区域范围功能区，严格按照产业发展规划布局调整区域产业分布，从源头上减少污染物排放，改善秦巴山区环境。①

---

① 杨姗姗，邹长新，沈渭寿，沈润平，徐德琳．基于生态红线划分的生态安全格局构建——以江西省为例［J］．生态学杂志，2016，35（1）：250－258.

九、推广秦巴山区政府购买环境协同治理财政机制

（一）完善财政专项资金转移支付机制

秦巴山区各级政府应当扩大政府专项财政转移支付的比例，划拨区域内污染治理的专项资金，把环保经费开支作为每年财政预算的单列科目，将秦巴山区治理预算作为财政预算的重要项目列支，逐年增加对秦巴山区污染治理的公共支出。各省级政府应当加大污染治理专项资金的转移支付比例，设立秦巴山区治理专项基金，由区域内各地政府环保部门联合规范管理，对重大治理支出集中讨论、统一划拨，平衡秦巴山区各地政府在污染治理中的财政差异，提高区域内各级政府参与污染协同治理的积极性。要加大财政专项资金转移支付用于秦巴山区产业转型升级项目的比例，运用财政资金杠杆，支持、引导企业进行绿色技术升级。

（二）改革财政环保支出效率机制

及时调整财政环保支出方向，对秦巴山区的跨区域环境治理项目的工程拨款，应当严格按照专项资金的管理办法进行专项核算，根据项目的进展及时调整资金投入。改革传统财政环保支出方式，精准定位污染区域的治理工程进度，以政府购买公共服务的方式投资重大治理项目，以填补污染治理工程建设资金的缺口，改变以往政府大包大揽的治理方式。科学制定环保税收政策，设计税收优惠、税收减免、税收返还等财政调节政策，鼓励秦巴山区内具有工业污水专业处理技术的绿色企业优先发展，对区域内重视生态保护、自觉完成环保责任的企业，应当予以税收优惠，减免环保企业的营业税和所得税。积极利用排污权交易、税收补贴返还等经济杠杆，对切实履行环保责任，排污连年达标的企业，重点予以政策扶持，通过税收返还的方式激励企业做好排污环保工作。

（三）加强市场化资金运作机制

鼓励企业和非政府组织加入跨区域环境治理的“组织间网络”，成为化解环保治理服务困境的一剂良药。秦巴山区在建设跨行政区污染治理工程中，可通过政府担保争取银行贷款支持、发行治污专项债券等多种方式，为跨行政区污染治理工程筹资。加快环保体制改革，灵活采用金融化运作模式，以项目运作的方式，对治理项目进行公开竞标拍卖，发挥市场经济的关键作用，鼓励企业和非政府组织加入污染治理的环保事业，进一步开放民间资本进入社会公共服务领域的范围，吸引社会公众投资，以弥补污染治理工程建设资金的不足。

保障秦巴山区政府生态责任落实，关键是要完善生态治理经费政府投入机制。要探索秦巴山区生态政府治理多元经费筹资模式，搭建社会公益资金筹资平台，积极引导民间资本进入生态治理范畴。政府要积极利用市场规律、以市场为导向，积极鼓励和引导社会资金进行生态协同治理建设。

十、推进秦巴山区产业升级的环境协同治理规划机制

（一）启动秦巴山区水体调研规划机制

关于重金属污染治理的解决办法之一就是关停或搬迁化工厂，这必然会影响地方财政收入和群众生活水平。应当有计划地开展秦巴山区跨行政区水体功能调研，如饮用水源区、工业用水区、农业用水区、渔业用水区等。需要以整体的视角，全面调研秦巴山区及周边生态环境的承载能力，对严重影响居民生活健康的工业企业，有计划地实施跨行政区整体搬迁。重新规划产业发展规划布局，科学规划区域范围功能区，严格按照产业发展规划布局调整区域产业分布，从源头上减少污染物排放，改善秦巴山区水域环境。

（二）推动秦巴山区企业转型升级机制

在完成秦巴山区水体整体调研规划的基础上，对已有企业进行系统搬迁，

对造成水质严重污染、重金属排放严重超标的工业企业，采取强制性的技术升级，责令其通过研发绿色生产技术，或通过购买污水处理技术，提高工业污水处理能力，实现绿色生产、环保排放。对一般性的污染企业要严格监控，对超标排放污水的行为启动协商处罚机制，强化企业环保意识，督促企业自觉追求升级转型。要大力发展第三产业，鼓励秦巴山区沿线发展生态农业、观光农业，开辟绿色生态农业园，加快产业结构调整，将重度污染水体的工业企业逐渐撤出秦巴山区。

十一、实现秦巴山区常态问责的协同治理评估机制

（一）推行常态问责绩效考核机制

建立领导干部生态文明建设责任制，就是将生态文明建设纳入领导干部的绩效考核指标中，将传统的以经济增长的 GDP 考核指标优化为涵盖生态文明治理的质量型绩效考核指标，严格执行领导干部生态文明建设责任制。落实绿色 GDP 考核制度，就是建立一套以经济和环境为综合指标的政绩考核体系，改变政府为盲目发展经济而牺牲环境的行为，推动生态文明建设。明确政府各级领导干部的具体责任人，做到每项环境治理都有针对性治理措施、专项治理投入和具体负责人。同时要注意环保问责指标体系的科学完善，建立环境损害、生态效益等生态文明建设综合考核指标，规范环保问责程序，健全问责制度尤其是重大污染事故的问责，将常态化的问责机制纳入绩效考核指标。对那些不顾生态环境盲目决策、造成严重后果的人，必须追究其责任，而且应该终身追究，从而实现领导干部环保问责制度的程序化、常态化以及制度化。

（二）推进秦巴山区区域负责机制

以各地政府应对当地行政区划内的区域环境治理承担主要责任，由地方政府的党政一把手亲自督导实施辖区内的污染治理项目，并担任首要责任人，

对秦巴山区辖区内环境污染治理绩效直接负责，把区域内的污染治理责任与地方政府官员的升迁考核绑定在一起，极大地激发地方政府官员主动履行区域污染治理的行政职责，同时，也提高跨区域污染协同治理中的各级政府参与意愿，增强跨区域污染治理的协同力度，提高地方政府自觉推动绿色发展、循环经济、低碳生活的环保意识，为跨区域污染的府际协同治理机制开辟一条新道路。总之，创新官员政绩考核制度，责任分明、监管分明、赏罚分明，才能真正将被动治污变成主动治污，这是构建秦巴山区环境协同治理运行机制的直接动力来源。

改革秦巴山区环境跨区域污染治理利益机制，建设秦巴山区污染治理高效互动机制，建立秦巴山区统一联动的环境协同治理沟通机制，建立秦巴山区多方参与的环境治理协商机制，搭建秦巴山区监测预警环境协同治理信息机制，推广秦巴山区政府购买环境协同治理财政机制，推进秦巴山区产业升级的环境协同治理规划机制，实现秦巴山区常态问责的协同治理评估机制，才能推进秦巴山区生态环境保护与经济绿色长足发展。

第七章　秦巴山区生态环境承载力评价机制

秦巴山区生态承载力是可持续发展的衡量指标，通过生态承载力水平与生态荷载状况表现出来。秦巴山区生态承载力的研究及应用多集中于区域尺度，但区域的经济及社会发展会影响整体尺度的资源、环境及生态系统，因此秦巴山区生态承载力评价应包括综合分析法以及分别针对资源承载力、环境承载力和人类社会影响力的分项的评价方法。

一、自然资源环境承载力

党和国家非常重视资源环境承载力能力，2015 年 4 月 25 日，中共中央、国务院发布了《关于加快推进生态文明建设的意见》中，明确指出："合理设定资源消耗'天花板'，加强能源、水、土地等战略性资源管控，强化能源消耗强度控制，做好能源消费总量管理。继续实施水资源开发利用控制、用水效率控制、水功能区限制纳污三条红线管理。"① 2015 年 9 月 21 日，中共中央、国务院印发的《生态文明体制改革总体方案》要求："树立空间均衡的理念，把握人口、经济、资源环境的平衡点推动发展，人口规模、产业结构、增长速度不能超出当地水土资源承载能力和环境容量。"② 实施资源环境承载力评估不但是执行生态文明建设与新型城镇化发展等国家主要规划的核心方法，更是设立国家区域规划机制、加强国土面积用途管制的核心基础事务，

---

① 中共中央 国务院关于加快推进生态文明建设的意见，http：//www. gov. cn/xinwen/2015 -05/05/content_2857363. htm，2015 -05 -05.

② 中共中央 国务院印发《生态文明体制改革总体方案》，http：//www. gov. cn/guowuyuan/2015 -09/21/content_2936327. htm，2015 -09 -02.

其在处置资源与人口关系、界定资源和环境开发利用水平、改进城镇空间规划等领域拥有巨大的理论与实际价值。针对秦巴山区，应将区县等级当作空间媒介，根据相关的分析方法与技术标准，设立资源、生态与环境的评估指标机制，且利用相应的手段，对其中的核心影响要素加以界定，继而直观地体现某种状况下资源环境的承载力情况，判断出影响地区社会经济进步、国土空间完善等领域具有的核心约束性要素，为国土空间的开发和保护奠定条件。

秦巴山区资源环境承载力评估是从生态状况、水资源、土地资源、自然环境、生产力状况、社会状况 6 个角度设立资源环境承载力评估指标机制，对资源环境承载的核心影响要素加以判断，对于不利于地区社会经济进步、国土空间完善等领域具有的核心约束性要素，在国土空间开发和保护中应当重点考量。

（一）资源环境承载能力的概念

资源环境承载力是连接社会、经济与环境三大系统的纽带，其研究源于国外学者对承载力的研究，梅多斯（Meadows）于 1972 年出版了《增长的极限》，清晰地对资源环境承载力进行了介绍，提出工业化进展如此之快、不断增加的人口、粮食非公有制、不可再生资源逐步变少和人类居住条件变差均将不利于人类社会的发展。20 世纪 70 年代至 90 年代初，联合国教科文组织（UNESCO）与联合国粮农组织（FAO）先后给出了资源环境承载力的概念与量化手段，前者提出的“资源承载力是指在某个固定的时间段中，所在地的能源、其他生态资源与才智、技能等资源，在使其社会文化规范、习俗等不被影响的情况下可不断养活的人口规模”，这个定义被学术界所认可与采用。我国对资源环境承载力的摸索是在 20 世纪 40 年代开始的，分析的主要内容是土地对人口承载数量的影响水平。1991 年，北京大学环境科学系实施的《我国沿海新经济开发区环境的综合研究——福建省湄公湾开发区环境规划综合研究报告》对资源环境承载力进行了介绍，且对耕地资源承载力、水资源承载力等具体内容有了深入的探究，认为资源环境承载力是在自然生态环境不被影响且维持优良生态圈的基础上，某个地区的各种资源与环境容量可以负担的经济社会活动的总量。通过进一步研究以及对资源环境承载力定义的梳理，指出资源环境承载力是指国家与区域在某个时间段、相应科技程度的情况下资源环境的数量与质量对管理空间中的人类社会立足、经济社会进步的支持水平，资源环境承载力评估能引导人类对资源与环境的科学运用。

（二）资源环境承载能力的分类

资源环境承载力种类结合自然资源的属性有资源承载力（如矿产资源承载力、水资源承载力等）、环境承载力与资源环境承载力之分。结合文献查询，这里就资源环境承载力探讨的内容有土地资源承载力、水资源承载力等，其中，对土地承载力的分析相对全面与系统。

2017 年 9 月 20 日，中共中央办公厅、国务院办公厅印发了《关于建立资源环境承载能力监测预警长效机制的若干意见》（以下简称《意见》），将资源环境承载能力分为超载、临界超载、不超载三个等级。进一步按照资源环境损耗性质分成多种预警等级，详情如表 7－1 所示。

表 7－1　　资源环境承载能力的分类

<table>
<tr><th>资源环境承载能力性质</th><th>预警等级</th><th>承载能力</th><th>相应措施</th></tr>
<tr><td rowspan="2">超载</td><td>红色预警</td><td rowspan="4">弱</td><td rowspan="4">惩罚手段：停办超载行业的新建、改扩建；违规企业限制生产、停产整顿；责任人罚款、行政拘留或追究刑事责任；对监管不力的政府部门负责人给予行政处分或追究刑事责任；对在生态环境和资源方面造成严重破坏负有责任的干部，不得提拔使用或者转任重要职务</td></tr>
<tr><td>橙色预警</td></tr>
<tr><td rowspan="2">临界超载</td><td>黄色预警</td></tr>
<tr><td>蓝色预警</td></tr>
<tr><td>不超载</td><td>绿色无警</td><td>强</td><td>奖励手段：建立生态保护补偿机制和发展权补偿制度；加大绿色金融倾斜力度等</td></tr>
</table>

资料来源：本书作者根据《关于建立资源环境承载能力监测预警长效机制的若干意见》整理。

二、林木资源环境承载力

（一）林木资源环境承载能力的因素分析

（1）林木经济的产出量。林木的经济产出量对林木资源环境承载能力有着决定性的作用，林木的经济产出量是依据林木的占地空间、品质、林种、树种、植物类型、林木开发利用形式、加工利用程度等。

（2）市场标准含市场价与市场规模。林木的实物产出量维持稳定时，林木的经济产出量增加，林木资源环境的人口承载水平也将加大。

（3）人均收益情况。

（4）政策补偿。包括封山育林、退耕还林等政府补助等。根据这些影响因素可形成如下林木资源环境承载能力的计算模型：

供给量——林木资源的经济产出量：$Q=\sum Q_i+\sum Q_j$

式中，Q_i表示第 i 种林木产出品的经济产出量，$Q_i=q_i\times p_i$，其中 q_i为第 i 种林木产出品的市场销售量（q_i的上限是该产品的市场需求规模），p_i为第 i 种林木产出品的市场价格。Q_j表示第 j 项间接林业收入（如林木旅游业、服务业等项目的经济收入）。

可供使用量——可分配的森林经济产出：

$$Q_f=Q-F_z=\sum(Q_i-F_{iz})+\sum(Q_j-F_{jz})$$

式中，F_z表示成本、税金和社保等各相关支出费用的总和。F_{iz}和 F_{jz}分别为第 i 种森林产出品的各相关支出费用额和第 j 项间接林业收入的各相关支出费用额（单位为元）。

因此，森林资源环境人口承载能力 M 的计算模型为：

$$M=\frac{Q_f}{R}=\frac{\sum(Q_i-F_{iz})+(Q_j-F_{jz})}{R}$$

其中，R 为研究地区人口的人均收入水平（单位为元）。

根据以上计算方法，能初步核算某个区域森林资源环境承载的人口数量。林木资源的真正承载人口数量和能承载的人口量存在极大的出入时，可能是本地林木资源的环境承载水平需要应对超载的状况，可按照该详细信息来明确超载的级别，重点结合当前的林木资源规模与本地人口与 GDP 的情况，大致核算了当地林木资源环境承载能力。

结合林木资源的存量表与流量表，简单核算秦巴山区林木资源人口承载力与经济承载力的状况。详细而言，林木资源人口承载力是由林木资源规模除以人口规模获得的；经济承载力则是由林木资源规模除以 GDP 总值而获得，从而明确秦巴山区的经济发展为何种程度、人口承载力有无超载及经济承载力。

（二）资源环境承载能力与林木资源资产之间的关系分析

结合《全国森林资源情况表》和《中国林业发展报告》，对林业资源保存量、林业活动、林业发展等状况予以全面地归纳。《全国森林资源情况表》中的资料可高效助力于森林资源资产负债表的制作，它整理了森林占地情况、森林涉及率、森林累积量等各种项目，根据省份予以公开，采用物理单位予以列示。

以上资料仅为林草部门开展内部管理的信息，在和不同地区政府的其他数据整合起来开展林木资源承载能力核算时存在较大的难度。应进一步将林木资源表格的编制事务做到位，为林木资源承载能力的核算和考评提供较好的基础。

三、土地资源承载能力

土地资源作为人类立足与成长的媒介，负担着不同形式的生产与社会生态活动，土地资源承载能力也在资源综合承载能力中具有极为关键的地位，其始终是人口、环境方面分析的主要内容。土地资源在自然资源中拥有极大的比例，对土地资源的价值予以精准地计算关系所有资源环境的保护与治理。

（一）土地资源承载能力的分析

针对土地承载能力的概念形式也存在差异，主要有两种核心见解。一是在地区环境影响评估分析中，土地资源承载能力是指某个地区在某个固定的历史时期的特定技术与社会经济发展程度的环境下，此区域能负担的土地利用强度指标，即能供给土地的最大值；二是相应的生产环境下土地资源的生产水平与相应生活程度下所负担的人口最大值。其中，第二种概念的主要内容为土地生产的可能性。

1. 土地资源承载能力的量化分析之一：土地资源资产表

对土地资源承载能力予以细分处理，明确发展变量与限制变量间的关联。其中前者是指人类社会与生产力进步对土地资源所带来的效果；后者是指各种土地资源对人类各种活动的约束作用，主要是呈现土地资源对人类的各种活动能带来怎样的影响。

探究土地资源资产表能帮助更好地探索土地资源的承载能力。为了更好地研究问题，本书主要结合澳大利亚2012年根据土地运用划分的土地覆盖表来展现相关问题，如表7－2所示。

表7－2　澳大利亚按土地使用和土地覆被分类的土地资源资产（墨累－达令河流域）　单位：千公顷

土地使用	1. 自然保护区	2. 相对自然的环境区域	3. 旱作农业和种植园所占土地	4. 灌溉农业和种植园所占土地	5. 集约用地	6. 水域	总计
1. 开采地区合计	0	42	41	0	16	2	100
开采地区	0	42	41	0	16	2	100
2. 水域合计	55961	286284	102659	26631	11857	378722	862114
内陆水体	30033	80229	100475	26465	11603	341648	590454
盐湖	25928	206054	2184	166	254	37074	271660
3. 灌溉农业合计	3079	2396	28016	60788	3733	2930	100941
灌溉农作物	641	1061	4819	1552	286	133	8491
灌溉牧场	2163	499	15074	57781	2940	2564	81020
灌溉甘蔗	276	836	8123	1455	508	233	11430
4. 旱作农业合计	877809	4086051	21680125	1723605	620789	323602	29311980
旱作农作物	300407	1366079	12468832	1040495	276760	169138	15621712
旱作牧场	577402	2719903	9211281	682960	344001	154457	13690004
旱作甘蔗	0	69	13	150	27	6	265
5. 湿地合计	610	732	1813	1275	165	346	4940
湿地	610	732	1813	1275	1	0	4940

续表

土地使用	1. 自然保护区	2. 相对自然的环境区域	3. 旱作农业和种植园所占土地	4. 灌溉农业和种植园所占土地	5. 集约用地	6. 水域	总计
6. 非禾本草本植物合计	175	0	0	0	0	57	233
非禾本草本植物——开阔	44	0	0	0	1	0	44
非禾本草本植物——稀疏	132	0	0	0	0	57	189
7. 草原合计	1257770	20958871	2134821	74524	96947	214154	24737086
高山草——开阔	6569	0	0	0	219	0	6788
小丘草——开阔	57450	2275457	1565	15	4106	8948	2347540
生草丛——开阔	173367	2756768	1538214	57008	42510	60655	4628521
草原——分散	21225	76483	146	606	226	2941	101626
生草丛——分散	150	1357	754	143	23	27	2452
牧草地——稀疏	33	10331	15	0	6	274	10658
小丘草——稀疏	958579	13802784	394431	9224	41536	117406	15323960
生草丛——稀疏	40399	2035692	199698	7528	8323	23904	2315543
8. 莎草合计	37416	119	1652	182	721	155	40245
莎草——开阔	37416	119	1652	182	721	155	40245
9. 灌木带合计	586982	15064295	264125	11376	39574	101119	16067471
灌木——郁闭	92040	2038543	43109	321	5438	9408	2188858
灌木——开阔	489	17904	1474	771	65	113	20815
藜属灌木——开阔	18466	541306	51101	2953	2831	4051	620707
灌木——分散	49411	1421296	3072	636	2529	5008	1481950
藜属灌木——分散	1296	120222	481	84	180	4934	127196
灌木——稀疏	362318	8276225	87898	5211	20890	66466	8819007
藜属灌木——稀疏	62963	2648800	76991	1401	7643	11142	2808940

续表

土地使用	1. 自然保护区	2. 相对自然的环境区域	3. 旱作农业和种植园所占土地	4. 灌溉农业和种植园所占土地	5. 集约用地	6. 水域	总 计
10. 树木合计	8703280	22409421	12468441	569514	799475	400377	45350508
树——郁闭	641779	333990	358788	34986	43826	10290	1423660
树——开阔	2629650	2050068	3035551	169803	223850	83589	8192511
树——分散	1820958	9555849	1203909	18632	61469	68988	12729804
树——稀疏	3610892	10469514	7870193	346094	470331	237511	23004533
总计	11523126	62808210	36681692	2467895	1573276	1421462	116475660

注：表中数值四舍五入后不保留小数位。

数据来源：Completing the Picture—Environmental Accounting in Practice；Australian Bureau of Statistics，May 2012（实践中的环境会计；澳大利亚统计局，2012 年 5 月）。

表 7 -2 的横行是对一些土地的覆盖物进行具体列举，澳大利亚将土地覆盖物的分类做得特别细致，累计有 10 类，每个大的栏目下还有细分内容，表格采用“结合土地覆盖物呈现的土地数量是结合土地采用产业呈现的土地数量”的均衡算法，将上述这两种土地数量高效衔接起来，如此将能帮助国家对土地更好地管理，也形成了相对均衡的土地数量表格。经由此表的横行，能发现每种运用种类的土地在所有阶段的覆被变动数量；而经由纵列，又能研究所有覆被种类的土地在各个阶段使用在各种用途的面积为多少，展现了“资产应用 = 资产来源”的平衡理念。

2. 土地资源承载能力的量化分析之二：土地利用分类的承载能力

土地资源承载能力的量化分析，主要是对土地资源人口承载能力、土地资源建设规模承载能力、土地资源经济承载能力进行落实。

（1）指标的明确。人口和生产力发展的重点离不开建设用地，在明确人口承载能力评估指标时，离不开人均建设用地和人均耕地。

土地资源环境承载能力预警体系则由土地资源人口承载水平、建设规模承载水平、生产承载水平 3 个大方面的 6 个指标组成。评估指标的选取状况如表 7 -3 所示。

表7－3　预警机制评价指标

目标层	准则层	指标层	指数属性
土地资源承载能力	人口承载能力	人均建设用地（平方米/人）	逆向
		人均耕地（亩/人）	正向
	建设规模承载能力	建设用地开发强度（%）	逆向
		城乡建设用地比率（%）	逆向
	经济承载能力	固定资产投入强度（万元/公顷）	正向
		地均 GDP（万元/公顷）	正向

（2）状态指数等级的分类。选取社会经济和环境长期发展限制要素中对土地资源承载能力影响最大的指标加以研究，借鉴国内外分析，明确指数的性质。采用极差归一化方法计算正向指标和逆向指标的状态指数（R），将各预警指标的现状值与阈值区间相比较，以此确定所处状态级别。通过计算，状态指数高于1.0的指标，承载状态属于良好状态；状态指数处于0～1.0的指标，承载状态属于一般状态；状态指数处于－1.0～0之间的指标，承载状态属于预警状态；状态指数小于－1.0的指标，承载状态属于危机状态。

$$R_{正}=\frac{B_{现状值}-B_{最小值}}{B_{最大值}-B_{最小值}} \qquad R_{负}=\frac{B_{最大值}-B_{现状值}}{B_{最大值}-B_{最小值}}$$

其中，B现状值为预警指标的实际状态值，B最大值为阈值区间内的最大值，B最小值为阈值区间内的最小值。具体内容如表7－4所示。

表7－4　状态指数级别划分

状态指数范围	状态级别
$R<-1.0$	危机
$-1.0\leq R<0.0$	预警
$0.0\leq R<1.0$	一般
$R>1.0$	良好

（二）土地资源环境承载能力的实践尝试

资源环境承载能力的核算应将整体资源、环境信息当作前提，而得到宏观资源环境信息的最佳方式即自然资源资产负债表，如表7－3中最关键的信息为第3栏的指标层中相关指标的土地面积数；从深入角度而言，此类信息在表7－2中已被概括。

应展开对秦巴山区的土地资料更为具体的分析，整理秦巴山区土地资源的相关资料，且对土地资源环境承载能力也开展相应的评估。一是编制土地资源资产负债表；二是明确指标研究与赋值，对秦巴山区土地资源人口承载能力的数值与阈值加以明确，对当前土地资源建设规模承载能力的数值与阈值加以明确，对当前土地资源经济承载能力的数值与阈值加以明确。

四、水资源承载能力

水资源承载能力是指一定区域、一定时段，维系生态系统良性循环，水资源系统支撑社会经济发展的最大规模。通常用满足生态需水的可利用水量与社会经济可持续发展有限目标需求水量的供需平衡退化到临界状态所对应的单位水资源量的人口规模和经济发展规模等指标表达。

（一）水资源承载力内涵

水资源承载力研究的核心问题是在一定的水资源开发利用阶段和生态环境保护目标下，一个流域/区域的可利用的水资源量究竟能够支撑多大的社会经济系统发展规模？如何合理管理有限的水资源（开源与节流），维持和改善陆地系统水资源承载能力？显然，水资源承载力受水的供需双方影响，它需要从受自然变化和人类活动影响的水循环系统出发，通过“自然生态—社会经济”系统对水的需求和流域能够提供多少可利用水资源量的“支撑能力”方面加以量度。

变化环境下的水循环是水资源演变和水资源承载力研究的基础。因为一个流域和区域水资源承载能力的大小，直接与该流域和区域的可利用水资源量与质量有本质的联系。而区域可利用水资源量又决定于在不断变化的自然环境和人类活动影响下水文循环规律。水资源承载能力度量除了水循环和水资源变化的自然属性影响外，还取决于社会经济持续发展的目标。因此，它不仅是水循环、水资源研究的重要方面，而且与社会经济发展、环境系统的耦合研究密切关联，是可持续发展重大的国家需求研究的问题。[①]

（二）基于“三水”的水环境承载力

我国水环境管理已从水质目标为主转向水量、水质、水生态的综合管理，对水环境承载力提出了更为明确和综合的要求。《重点流域水生态保护“十四五”规划》提出要坚持目标导向，突出水资源、水生态、水环境（“三水”）统筹，分别以保障生态流量、维护河流生态功能需要和有针对性地改善水环境质量为重点进行突破。“水十条”也提出以改善水环境质量为核心，对江河湖海实施分流域、分区域、分阶段的科学治理，系统推进水污染防治、水生态保护和水资源管理，建立水环境承载能力监测评价体系，实施承载能力监测预警的要求。以“水资源、水环境、水生态”复合关系为基础，将水环境承载力进行统筹考虑，以水环境质量为核心，兼顾水资源利用、水生态影响。[②]

五、构建秦巴山区区县尺度资源环境承载力评价指标

涉及生态环境承载力评估客体是由水资源、土地资源、林地资源、自然环境、生产力等构成要素组成的综合体系，因此应设立一个由各个指标构成的计量指标系统。然而因为计算指标有许多，会有各种重复的指标彼此影响，对评估结果将产生影响，所以应服从代表性、系统性、简洁性、便利性、适宜性等准则，从而合理、高效地选择指标。

根据生态环境承载力定义与内容，有关的生态环境承载力重点与水资源、土地资源、林地资源有关的生态环境质量与社会经济程度四个领域有关，所以，设立的评估指标系统需含水资源体系指标、土地资源体系指标、林地资

① 夏军，朱一中．水资源安全的度量：水资源承载力的研究与挑战［J］．自然资源学报，2002（3）：262－269.

② 朱悦．基于“三水”内涵的水环境承载力指标体系构建——以辽河流域为例［J］．环境工程技术学报，2020（6）：1029－1035.

源指标体系和社会经济体系指标。

秦巴山区省级尺度空间范围大，而乡镇级尺度的空间范围过小，数据获取也相对困难，难以形成相对完备的综合性指标体系。区县尺度空间范围适中，区域内部的自然条件、社会经济现状等差异性相对较小，同时市县域经济活动涉及第一、第二、第三产业各个部门，体现了国民经济的各个方面，可构建一个相对完备的综合体系。

首先，资源环境对应的国土空间是一个涵盖社会、经济、人口、土地利用、生态等多方面的综合系统，对于市县尺度，考虑到研究结果实用性，其资源环境承载力影响因素选取必须强调综合系统的全要素分析。其次，资源环境承载力影响因素不是固定不变的，会随技术、社会经济条件、自然环境的变化而变化，因此影响因素的选择应体现动态性。最后，资源环境一般具有固有的时空局限性，但随着人类的生活和生产方式的变化，区域资源环境承载的压力会不断增加，因此识别主要的影响因素并进行监测和预警对实现资源环境的永续利用非常必要。

（一）指标的初选

为选择适宜当地的全方位、综合性的生态环境承载形态计算指标，本书使用专家咨询法与理论研究法彼此融合的方式，初次选择了 48 个计算指标。

针对水资源系统指标，重点考量和水资源不足相关的量，以满足水质要求的水资源综合量与人均水资源量加以表达，也兼顾供水量与用水量。详细指标包括综合水资源量、人均水资源量、水资源配置率、工业用水情况、农业用水情况、生活用水情况、人均可供水情况、综合用水情况、农业用水占比、工业用水占比、生活用水占比等。

针对土地资源系统指标，重点考量土地利用结构因素、程度因素、效率因素和生态用地相关的变量。详细指标包括耕地占比、基本农田占比、建设用地占比、耕地开发利用程度、人均建设用地面积、国土开发强度等。

针对林地资源系统指标，重点考量与林木数量和质量、森林利用、森林保护有关的指标，如森林覆盖率、森林面积净变化量、人工林所占面积比例、天然林所占面积比例、商品林所占面积比例、木材蓄积量增长率、木材价值增长率、退耕还林增加量、公益林木占比情况、自然灾害木材损失率、人为灾害木材损失率等。

针对社会经济系统指标，重点考量体现社会经济发展程度与社会经济规模的量。详细指标包括人口、人均 GDP、GDP 增长率、工业用水定额、灌溉用水定额、人均生活用水定额、人均粮食持有量、亩均粮食产量等。

（二）指标的精选

为高效地体现分析秦巴山区生态环境承载形态，此处需要使用层次分析法且融合本地真正的水资源状况、土地资源状况、森林资源状况、社会经济发展特征及四者的内部关系，深入选择主要指标。

1. 水资源系统指标

第一，服从指标选择原则去除多余指标，选择人均水资源量、水资源利用率、工业用水情况、农业用水情况、生活用水情况、人均可供水情况、农田灌溉水高效应用系数这 7 个指标。第二，使用层次分析法，请求分析方面的专业人士明确两两指标间的关系，相对重要水平以自然数 1 ~9 与倒数加以呈现；在专家组的建议更为聚集之后，对评估信息予以整理、研究，设立明确矩阵，核算界定矩阵，且检测判断矩阵的相同性，获得这 5 个指标的稳定性并从强至弱进行排序：农田灌溉水高效应用系数、水资源利用率、人均水资源量、农业用水与耕地匹配程度、生活和工业用水与城镇工矿用地匹配程度。此处需要根据秦巴山区真实的水资源特征，深入选取主要指标。

2. 土地资源系统指标

与水资源指标一致的方式，在初选指标中最终选择了 8 个指标，其重要性从强往弱进行排列是：耕地占比、永久基本农田占比、城乡建设用地占比、建设用地现状开发程度、耕地开发利用程度、人均建设用地面积、国土开发强度、万元生产总值地耗下降率。

3. 森林资源系统指标

采用相同的方法，在初选指标中最终选择了 10 个指标，其重要性从强往弱进行排列是：森林覆盖率、森林面积净变化量、人工林所占面积比例、天然林所占面积比例、商品林所占面积比例、木材蓄积量增长率、木材价值增长率、退耕还林增加量、公益林木占比情况、自然灾害木材损失率。

4. 社会经济系统指标

与上述方式类似，在挑选的指标中最终选择了6个指标，且获得重要性从强往弱排列是：人均GDP、可承载人口、第三产业规模、人均粮食占有量、城镇化率、单方水农业GDP。

（三）指标体系构成

根据有关的生态环境承载力的定义与内容，在指标的初选与复选后，设立了29个主要指标组成的与水、土、林、经济有关的生态环境承载力核算指标体系，含5个评估水资源状况的水资源指标，8个评估土地资源状况的土地资源指标，10个评估林地资源状况的林地资源指标，6个评估经济发展情况的社会经济指标，如表7-5所示。

表7-5　　秦巴山区区县尺度资源环境承载力指标体系

要素层	因素层	指标层	指标含义
水资源	水资源利用因素	农田灌溉水高效应用系数	作物灌溉水利用量/灌区渠首引进的水量
		水资源利用率	流域用水量/水资源总量
	水资源供给因素	人均水资源量	水资源总量/总人口
		农业用水与耕地匹配程度	农业用水量/耕地规模
		生活和工业用水与城镇工矿用地匹配程度	生活和工业用水量/城镇工矿用地规模
土地资源	土地利用结构因素	耕地占比	耕地面积/土地总面积
		永久基本农田占比	永久基本农田面积/耕地总面积
		城乡建设用地占比	城乡建设用地面积/建设用地总面积
	土地利用程度因素	建设用地现状开发程度	建设用地现状开发强度/区域建设用地极限开发强度
		耕地开发利用程度	现状耕地总面积/（现状耕地总面积+耕地后备资源）

续表

要素层	因素层	指标层	指标含义
土地资源	土地利用效率因素	人均建设用地面积	建设用地总规模/城镇人口
		国土开发强度	区域建设用地/土地总面积
		万元生产总值地耗下降率	（规划基期年建设用地/GDP－规划期末建设用地/GDP）/规划期末建设用地/GDP×100%
林地资源	林木数量和质量因素	森林覆盖率	反映地区森林和其他林地面积占有情况的指标。计算公式：地区内森林面积/土地面积×100%
		森林面积净变化量	反映地区年度森林面积的变化情况。计算公式：年末森林及其他林地面积－年初森林及其他林地面积
		人工林所占面积比例	核算人工林的存量比例，反映人工林的培育和生长的情况。计算公式：人工林期末面积/森林期末面积×100%
		天然林所占面积比例	核算天然林的存量比例，反映天然林生长的情况。计算公式：天然林期末面积/森林期末面积×100%
		商品林所占面积比例	核算商品林的存量比例，反映可用于生产森林产品的林地情况。计算公式：商品林期末面积/森林期末面积×100%
	森林利用因素	木材蓄积量增长率	反映地区内立木的材积总量的年度增长情况的指标。计算公式：（年末立木材积总量－年初立木材积总量）/年初立木材积总量×100%
		木材价值增长率	反映地区木材期末较期初木材价值增长情况。计算公式：（木材期末存量价值－木材期初存量价值）/木材期初存量价值
		退耕还林增加量	反映地区退耕还林恢复林地面积的增加情况。计算公式：年末退耕还林面积－年初退耕还林面积
	森林保护因素	公益林木占比情况	核算公益林的存量比例，反映防护林及特殊用途林的培育情况。计算公式：公益林木期末存量/林木期末存量×100%
		自然灾害木材损失率	反映自然灾害损失的木材占年度平均木材存量的比例。计算公式：自然灾害造成的木材减少量/（期初木材存量＋期末木材存量）×100%

续表

要素层	因素层	指标层	指标含义
社会经济	经济发展规模与程度	人均 GDP	GDP/总人口
		可承载人口	实际人口
		第三产业规模	第三产业的产值/总产值
		人均粮食占有量	粮食总产量/总人口
		城镇化率	城市人口/总人口
		单方水农业 GDP	农业用水量/农业产值

（四）生态环境承载状态评价

在此采用承载状态综合测度模型对承载状态进行评价。承载状态的优劣用生态环境承载指数表示，若生态环境承载指数小于0.8，说明生态环境系统对社会经济系统的承载状态还未达到临界可承载；若等于0.8，说明达到临界可承载；若大于0.8，说明已达到良好可承载，若等于1，说明达到完全可承载。

1. 评价模型

承载状态综合测度模型用下式表示。

$$Iwes,T = I_{WI,T}^{\beta_1} I_{LI,T}^{\beta_2} I_{EG,T}^{\beta_3}$$

其中，$I_{WI,T} = \prod_{i=1}^{l} U_{i,T}^{ai}$ $\quad I_{LI,T} = \prod_{j=1}^{m} V_{j,T}^{bj}$ $\quad I_{EG,T} = \prod_{k=1}^{n} H_{k,T}^{ck}$

式中：

$I_{wes,T}$——T 时段与水相关的生态环境系统对社会经济系统承载状态的综合测度值；

$I_{WI,T}$、$I_{LI,T}$、$I_{EG,T}$——T 时段水资源余缺水平的测度值、与水相关的生态环境质量的测度值、社会经济水平的测度值；

β_1、β_2、β_3——水资源余缺水平、与水相关的生态环境质量、社会经济水平在综合测度中的权重，采用层次分析法确定，分别为1/4、1/4、1/2；

$U_{i,T}$、$V_{j,T}$、$H_{k,T}$——第 i 个水资源指标、第 j 个与水相关的生态环境指标、第 k 个社会经济指标在 T 时段的隶属度值；

l——水资源指标个数；m——与水相关的生态环境指标个数；n——社会经济指标个数；

a_i——第 i 个水资源指标在水资源余缺水平测度中占的权重；

b_j——第 j 个与水相关的生态环境指标在与水相关的生态环境质量测度中占的权重；

c_k——第 k 个社会经济指标在社会经济水平测度中占的权重，各指标权重的确定采用熵权法。

各指标的标量化通过各指标的临界承载状态值、完全承载状态值的确定及隶属度函数的构建来实现。

2. 数据来源与输入

资源指标的承载特征值依据《生态环境健康风险评估技术指南》《生态文明城市建设评价导则》确定；相关的生态环境指标的承载特征值依据《生态环境健康风险评估技术指南》《统计年鉴》并结合当地的实际情况确定；社会经济水平指标的承载特征值依据已有的相关研究并结合当地实际情况确定。29 个核心指标的实际值采用国家环境保护总局的生态环境遥感调查数据，其余数据均来源于统计年鉴。

3. 评价结果

通过计算，建立的指标体系具有较强的客观性、准确性及适用性。但由于此方面的研究还较为贫乏，指标的选取及权重系数的确定受主观因素影响较大，如何提高指标的独立性和代表性有待于进一步研究完善。

六、其他地区环境修复经验借鉴

（一）山东黄金集团[①]

山东黄金集团是省属国有大型企业，黄金产量、资源储备、经济效益、

① 本案例参考资料：《典型矿山企业在环境修复方面的成功模式、经验与应用案例》，北极星环境修复网，https：//huanbao. bjx. com. cn/news/20160608/740862 - 2. shtml。

科技水平及人才优势均居全国黄金行业前列。近年来山东黄金集团坚持以环保为纽带，走绿色发展之路，坚持“用心守住绿水青山，用爱造福地球家园”的环保理念。截至2015年底，集团23座矿山企业中，有5家是国家级绿色矿山企业，6家是国家级绿色矿山试点单位。集团“十三五规划”明确提出，到“十三五”末，集团现有23座矿山要全部达到国家级绿色矿山标准，以开采方式科学化、资源利用高效化、企业管理规范化、生产工艺环保化、矿山环境生态化为基本要求，集团每年拿出数千万元的投入进行环境修复，按照“绿化、硬化、美化”的思路，不断改善矿区的工作环境，始终坚持“开发一处，绿化一处，保护一处”的宗旨，在开发之前首先把环境绿化美化工作做好，确保为当地留下一片青山绿水。

1. 开展生态治理，杜绝环境污染

（1）尾矿和废石综合利用，变废为宝。一是利用尾砂充填采空区，或生产建材产品，以减少尾砂排放量，集团所属矿山都采用充填方式开采，特别是焦家金矿、三山岛金矿、新城金矿等大型矿山，首先采用尾砂充填方式开采，尾砂充填利用率达60%以上；二是利用尾矿制砖，用于民用建设。集团所属金州集团和焦家金矿均建有专门的尾矿制砖生产线，每年消耗的尾矿在30万吨以上；三是废石100%综合利用，大部分废石不出坑直接充填采空区，剩余部分废石加工成石子全部综合利用。

（2）废水零排放，实现清洁生产。一是通过工艺改造，实现废水循环利用，实现了零排放；二是建设生活污水处理设施，处理后的废水进行综合利用。如新城金矿、焦家金矿等都建有生活污水处理厂，处理后的污水能达到生产和景观用水的标准。这些措施的应用，水污染的问题得到治理，实现了清洁生产。

（3）治理大气污染，从源头减少排放。集团所属各矿山企业对生产、生活用锅炉均完成了技术改造，所有锅炉都安装了烟气脱硫除尘设施，实现了烟气达标排放，同时，各矿山企业如焦家金矿、新城金矿等都积极采用水源、地源热泵等先进技术，减少大气排放。

2. 开展环境修复，提升环境质量

恢复和保护生态环境的能力是山东黄金的核心竞争力，开展环境修复，是企业义不容辞的责任。近年来，山东黄金集团投入大量资金，特别是对在用和已闭库的尾矿库进行了大规模的环境修复，全部进行植被覆盖，彻底改变了原来尾矿四散、泥沙横流的局面。

三山岛金矿是紧邻海边的矿山，该矿高度重视在用尾矿库的环境治理。2007年以来，在用尾矿库坝体绿化面积就达到了46503平方米，总投资达4000多万元，有效改善了生态环境和投资环境，恢复了近海水域水质生态功能和海岸带美丽的自然景观。通过对已闭库的尾矿库进行塑型、覆土、种植等一系列工程改造，将原来尾矿库建设成了旅游观光、休闲度假的旅游景点和园林绿化区，成为一个绿色环保的教育示范基地，得到了政府有关领导的肯定。

归来庄金矿地质矿山公园始建于2006年，其总体规划和远景设计科学合理，矿床属蚀变角砾岩型，具有很高的研究价值和观赏价值。矿山公园由采矿剥离后的废石堆积而成，覆土后种植了160万株树木，绿化率达到了95%以上，累计完成投资1.7亿元，在国内所有黄金矿山中，是绿化植被最多、地质原貌保持最好的矿区，于2010年5月被批准为国家级矿山公园。

3. 黄金矿山生态治理和环境修复的建议

（1）建议在矿山生态治理和环境修复方面要树立一些典型，建立一些示范基地，应继续推动全国“绿色矿山”建设工程，或命名“生态矿山”示范工程，以引导全国的矿山企业自觉地开展生态治理和环境修复。

（2）建议出台一些新的政策，特别是在环境修复、矿山保护、生态矿业等方面，建议及时返还地质环境保护与恢复治理保证金，以给予企业财政上的支持。

（二）江西寻乌：在废弃矿山里走出一条“两山”新路[①]

江西省寻乌县文峰乡上甲村柯树塘从20世纪70年代末开始，为了给国家建设和创汇做贡献，在这里进行了大规模的稀土开采，由于当时生产工艺落后和不重视生态环保，在上甲村遗留下7.3平方千米的废弃稀土矿山，造

---

① 本案例参考资料：《江西寻乌：在废弃矿山里走出一条“两山”新路》，客家新闻网，http://www.newskj.com/news/system/2020/09/29/030225437.shtml。

成植被破坏、水土流失、河道淤积、耕地淹没、水体污染、土壤酸化等生态破坏，村民的家园、良田变成了“白色沙漠”。

近年来，寻乌县抓住国家山水林田湖草生态修复试点政策，正视历史生态问题，下决心还清“历史欠账”，根治“生态伤疤”，先后实施了以文峰乡石排、柯树塘和涵水 3 个片区为核心的废弃矿山综合治理与生态修复工程，总投资约 9.55 亿元，对废弃稀土矿山进行了全面治理修复，取得了显著成效，山绿了、水清了、田肥了、路通了，村民的美丽家园又回来了。

1. “三同治”，废弃矿山重现绿水青山

在项目推进中，寻乌县坚持规划先行、统筹推进，加强资金、人员整合，成立统一调度推进的山水林田湖草项目办公室，打破原来碎片化的治理模式，消除部门之间的行业壁垒，按照“宜林则林、宜耕则耕、宜工则工、宜水则水”治理原则，统筹推进水域保护、矿山治理、土地整治、植被恢复等四大类工程，实现治理区域内“山、水、林、田、湖、草、路、景、村”九位一体化推进。

寻乌县在生态修复中，探索出南方废弃稀土矿山综合治理“三同治”模式，实现了废弃矿山全区域同时综合治理。

一是山上山下同治。在山上开展地形整治、边坡修复、沉沙排水、植被复绿等治理措施，在山下填筑沟壑、兴建生态挡墙、截排水沟，确保消除矿山崩岗、滑坡、泥石流等地质灾害隐患，控制水土流失。

二是地上地下同治。地上通过客土、增施有机肥等措施改良土壤，将平面用作光伏发电，或因地制宜种植猕猴桃、油茶、竹柏、百香果、油菜花等经济作物，坡面采取穴播、条播、撒播、喷播等多种形式恢复植被。地下采用截水墙、水泥搅拌桩、高压旋喷桩等工艺，截流引流地下污染水体至地面生态水塘、人工湿地进行减污治理。

三是流域上下同治。上游稳沙固土、恢复植被，控制水土流失，实现稀土尾沙、水质氨氮源头减量，实现“源头截污”。下游通过清淤疏浚、砌筑河沟格宾生态护岸、建设梯级人工湿地、完善水终端处理设施等水质综合治理系统，实现水质末端控制。上下游治理目标系统一致，确保全流域稳定有效治理。

通过近四年综合治理和生态修复，原来满目疮痍的废弃矿山，重现出绿水青山本来面貌。水土流失得到有效控制，水土流失强度已由剧烈降为轻度，水土流失量由每年每平方千米359立方米，降低到32.3立方米，降低了90%。植被质量大幅提升，植被覆盖率由10.2%提升至95%，植物品种由原来的少数几种草本植物增加至草灌乔植物百余种。矿区河流水质逐步改善，河流淤积减少水流畅通，水体氨氮含量削减了89.76%，河流水质大为改善。土壤理化性状显著改良，原来废弃的稀土尾砂，土壤酸化，水肥不保，有机质含量几乎为零，是一片白茫茫的“南方沙漠”，几乎寸草不生，经过客土、增施有机肥和生石灰改良表土后，已经有百余种草灌乔植物适应生长，生物多样性的生态断链得到逐步修复，又呈现出大自然的勃勃生机。

2.“生态+”，“绿水青山”就是“金山银山”

寻乌县在推进山水林田湖草综合治理与生态修复的同时，积极践行“绿水青山就是金山银山”理念，走出一条“生态+”的治理发展道路，将生态包袱转化为生态价值，推动生态产品价值实现。

一是“生态+工业”。治理石排连片稀土工矿废弃地，开发建设工业园区用地7000亩，打造成寻乌县工业用地平台，目前入驻企业50多家，新增就业岗位近万个，直接收益5.12亿元以上，实现“变废为园”。

二是“生态+光伏”。通过引进社会资本投入，在石排村、上甲村治理区引进企业投资建设爱康、诺通二个光伏发电站，装机容量达35兆瓦，年发电量约4200万千瓦时，年收入达4000多万元，实现“变荒为电”。

三是“生态+农业”。综合治理开发矿区周边土地，建设高标准农田1800多亩，利用矿区整治修复的土地种植油茶、百香果、猕猴桃等经济作物5600多亩，既改善了生态环境，又促进了农民增收，为贫困人口有效脱贫提供产业支撑，实现了“变沙为果”。

四是“生态+旅游”。项目以矿区生态修复成效为依托，同步推进生态旅游、美丽乡村建设，做好做大“绿”“游”整合发展文章，目前已完成景区路网、自行车赛道、教学研基地、民宿旅游设施、矿山遗迹资源调查、花海、特色农业采摘园等项目，正在策划推进稀土矿山公园、“两山”理论实践成果展示馆等特色项目建设。矿区两头与青龙岩旅游风景区和金龟谷康养度假区连为一体，着力打造旅游观光、体育健身胜地，实现区域内生态修复的长效管护，促进生态效益和经济效益、社会效益同步实现，有效实现生态产品价值转换，实现“变景为财”。

寻乌县在废弃稀土矿山综合治理和生态修复中，探索总结出“三同治”模式，实现治理空间覆盖、治理时间同步、治理目标一致的全覆盖治理，全面践行山水林田湖草是一个生命共同体、“绿水青山就是金山银山”生态文明新理念，并积极探索生态资源产品价值转换实现路径，成功地走出了一条“生态+”产业化治理的绿色发展道路，将昔日的“环境痛点”转化为今日的“生态亮点”和“产业焦点”，为全国生态产品价值实现探索提供了样板工程和典型案例。

七、探索秦巴山区环境修复途径与方式

（一）加强水土流失综合治理

结合秦巴山区地带水资源承载力与造林种草的经验，主张将灌木和草作为重点，乔、灌、草三者结合的植被覆盖情况，积极建设水土保持林、水源涵养林与经济林，改善农民的生活情况。在达到水分均衡的同时，科学使用封山育林、人工造林、飞播造林、林草植被恢复等各种方案。对坡度超过25°的沟坡区域耕地均采取退耕还林、还草措施，对沟坡地栽植水保、经果林；对坡度低于25°的沟坡区域，只要是地处水源保护区与水土流失现象极大的耕地，均采取退耕还林与还草。建设满足本地水分温度状况的旱生灌草植被，结合各区域复原林草植被，提升秦巴山区区域植被覆盖情况，管理水土流失。按照秦巴山区小流域系统整治等生态建设项目的经验和成绩，水土流失综合治理区根据以下占比开展林草地的安排，各种植被带乔（木）、灌（木）、草配置如表7-6所示。

另外，在黄土丘陵沟壑地带的梁峁区域实施坡改梯、旧梯田改造及其相应的设备建设项目，对坡度低于15°的沟坡区域与坡度在15°~25°的宜耕沟坡区域开展坡改梯与旧梯田改造。相对应的集雨机制，节水灌溉，截排水、田间路网林带等方法，经由变更梁峁坡地的微地形，提升地面涉及率，拦蓄

降水，使地表径流减慢，生成蓄、引、灌、排彼此融合的农田机制，进而实现管理水土流失的目的。

表7-6　不同植被配置表

植被带	年降水（毫米）	生态林/%		经济林/%	人工种草/%	合计/%
		乔木林	灌木林			
森林植被带	>500	60	10	18	12	100
森林草原植被带	400~500	20	40	15	25	100
草原植被带	<400	5	50	5	40	100

（二）开展沟谷综合整治

沟谷治理重点是考量上下游情况、沟头沟尾情况、小沟主沟情况、沟岸沟底等各个细节，系统规划，一一设防，分类规划，重点含谷坊、淤地坝、滩地整治等项目举措与建设速生丰产林、沟底防冲林等生物方案。按照“以支流为核心、小流域为局部，核心坝与小型淤地坝彼此融合，设立沟谷坝系”的指导理念，在核心支沟规划核心管理淤地坝；在小支沟方面，选取坝址环境佳、工程量不大、淤地收益大的地区规划性淤地坝；在两边平缓区域变更成梯田台地，开发坝系农业。对深沟与坡度超过15°的沟谷区域，为规避坡面径流冲蚀与沟道洪水冲蚀，在坡面与沟道设置排水排洪设备，布局截水沟、排水（洪）沟项目，且将建立水土保持林、防冲林等方案加以整治。

（三）综合整治废弃矿山

按照“宜耕则耕，宜林则林”的准则，对矿区中遗留下的无主矿山使用工程、生物等方案修复损毁区域的应用性能。在相关的废渣堆坡脚位置建立拦渣墙，规避洪水洗刷坡脚，确保废渣堆综合安全。另外，改进矿区排水体系，将上游与附近雨季地表水排出沟外，去除矿区生成泥石流的水力要素。植被恢复项目重点对废渣堆开展覆土种植操作，达成复垦与修复生态环境的双重效果，规避水土流失。对工矿建设区域，利用基本清运、土地平整、耕作层重建等形式，将其变更成耕地或林草地进而实施复垦或植被修复。

（四）生态修复荒漠化土地

根据预防为先，保护为主的准则，主要是处理流动、半稳定沙地，积极建设防风固沙林。通过“三北”防护林设立机制，提升相关工程的治理水平，按照沙化水平、沙地类型，采取以灌木为核心，乔、灌、草彼此融合的治理政策与“造、育、封、点、片、面”彼此融合的形式开展沙地治理。在沙化前面位置实施农田林等资源的改造，设立农田防护林、过道防护林与街道树木林等，高效地规避风沙入侵，展现出林草植被的综合效果，降低自然灾害的出现。封山育林作为生态修复的一大核心手段，有针对性地选择全封、轮封、半封三类形式采取封山育林。在水土流失状况稍微少、人口密度不大的区域，将封山育林当作生态修复的主要方法；在水土流失严重，人口、资源、环境冲突显著的区域，主要是将抓人工治理与封山育林一起，强化治理效果。

（五）建立水资源统一调配和综合利用系统

严格执行节水为首的政策，将节水当作减轻水资源供需冲突的第一方案，基于思想、体系、技术等角度系统提升节约用水力度，将节水事务与经济社会以及百姓生产生活的整个经过加以结合，使得水资源的利用率获得进一步的提升。在强化水资源利用力度的同时，更好地运用新水源，使水资源的承载水平加大，支持经济社会的长期进步。经设立堰、塘、坝等泄洪调节机制，使水资源能不受时空的约束，以建立水源涵养林、湿地维护等项目而获得更多的水资源，强化自我净化水平，修复水域生态圈的性能。水资源保护和系统应用工程重点含水源涵养林开发、湿地开发、泄洪调节工程开发、岸边防护林带开发和水资源开发等详细方案。

（六）提升农田生态功能

秦巴山区部分区域存在水资源不足、水土资源安排失衡等问题表明在此区域需积极建设节水灌溉农业，节水农业是指更好地运用每种水资源，经使用水利、农业等方案，尽可能地减少水资源利用的中间步骤以及由此造成的经济损失，尽可能地使经济作物增加产量。所以，需高效地实施土地梳理、灌溉排水、田间道路、农田维护和自然环境维持等田间基本设施建设，达成田间基本设施配套完善，符合田间管理与农业机械化、批量化生产需求的基础上，达到节约水资源、提升农业生产效率与改善农业生态环境的目的。在经济发展较快的区域，利用机井泵站科学开采地下水，使用节水灌溉技术提升水资源的使用率，提升单位土地的产出率，确保秦巴山区地带的水、粮食以及生态环境不被影响，促使农业与农村经济的长期进步，协助经济与社会的长期进步。

（七）创新完善生态保护长效机制

1. 完善重点生态区域保护与补偿机制建设

设立生态红线维护体系与主要生态控制线分区管控体系，根据占补均衡、入大于出的准则，分成更为具体的管理区域，且设立更为具体的生态维护、建设活动约束与产业准入方针；设立完善的生态资源资产产权机制，对水流、森林、山岭、草地等自然生态区域的权属调查，对治理与修复项目结束后新增的土地，深入改进林权、水工程产权、养殖水面经营权等产权注册颁证制度，建立归属完整、权责清晰、监督高效的自然资源产权机制；设立以绿色生态为指导的农业生态治理补贴体系，对坡度超过 18°～25°的陡坡地不再进行规划，归入退耕还林还草补助的区间，分析、设立激励指导农民采用有机肥与低毒生物农药的补助方针；在聚集型饮用水水源地、水生态修复治理区与水土流失主要防范区和着重治理区实施生态维护补偿。

2. 健全配套制度体系

设立涉及全部固定污染源的企业排放许可和环境垂直管理体系，不再出现环保分割分治形势，协调地区环境利益方面的矛盾。摸索环境公益诉讼制，建立环保审判庭，促使环保案件审理专业化程度，设立真正高效的环境损害评价体系，彻底追究环境破坏者的法律责任，保证不欠新账。

3. 创新监督考核机制

采取个性化政府目标考评。结合各性能分区、各个层级领导集体与领导干部的责任需求，安排全面、系统的目标考评指标，将生态修复与维护建设当作考评的主要内容，加强约束性指标考评，将资源耗费、环境损害等指标归入经济社会发展目标的考评机制。设立领导干部生态文明建设问责制与终身追究制，对导致资源严重浪费与生态严重受损的领导，根据情节提供给组织处置或党纪政纪处分，已离任的也应落实责任。组织落实对核心流域水污染防治、节能减排、退耕还林等项目的审计工作。

4. 建立稳定的投入机制

由省级财政综合新增建设用地有偿使用费、环保专项等资金，设立秦巴山区生态维护修复指导基金，有关地市结合资金状况建立子基金，吸引社会资本的注入，建立平稳的投资方法，使用在秦巴山区生态维护修复与生态补偿上。另外设立基金管理方法与绩效考评方法，改进生态维护的效果和资金配置彼此结合的激励限制体系，强化对生态维护补偿资金使用的监管。改进生态环境维护投融资体系。简化 PPP 项目的审批流程，建立社会资本对生态环境环保的关注，从而促进环保事业的发展。

促使秦巴山区横向生态保护补偿体系的进一步发展。根据“谁受益、谁补偿”的准则，在现阶段已落实的渭河流域水生态补偿的前提下，深入实施泾河等流域水生态补偿，在受益区域和维护生态区域使用对口合作、产业转移、人才培训等手段设立横向补偿关系，促使秦巴山区丘陵沟壑水土保持生态功能区修复与保护补偿、自然保护区生态补偿。探索设立跨省水土流失区的监督网络机制，强化省际和市际间监测水平建设，共同实施高效监管。

山水林田湖草生态系统作为一个生命共同体，彼此相互依存，相互影响。以解决秦巴山区生态环境保护和修复为研究目标，深刻剖析秦巴山区生态环境的特征及地区差异性、秦巴山区生态环境的影响因素及演变规律，理清秦巴山区生态环境保护利益主体之间的协调关系，继而分析秦巴山区生态环境保护与协同治理研究的诉求，措施和途径。为达此目的，聚焦秦巴山区自然资源资产情况，对其自然资源环境承载能力、环境修复及其合格与否的约束条件与评价标准进行计算分析。在指标的初选与复选后，设立了共 29 个主要指标与水、土、林、经济有关的生态环境承载力核算指标体系，含 5 个评估水资源状况的水资源指标，8 个评估土地资源状况的土地资源指标，10 个评估林地资源状况的林地资源指标，6 个评估经济发展情况的社会经济指标，构建综合交错评价体系，探索秦巴山区生态环境保护和修复的具体措施，为守护秦巴山区生态屏障提供重要举措。

第八章　秦巴山区生态环境保护与协同治理保障机制

秦巴山区生态保护与建设是一项综合性的系统工程，需要科学技术的支持和保障。环境保护工作的开展主要集中在资源的开发利用和问题的事后处理这两个层面。然而，一个良好环境的获得需要做的远远不止上述两个层面，还需要从多个角度多个层面进行全方位的保障。

一、环境利益冲突协同共治的制度保障

（一）环境利益冲突协同共治的正式制度保障

正式制度一般指由国家和组织制定出来的政策法律法规和规章制度等一系列显性规则，它通过禁止、促进和激励等方式对社会共同体行为进行干预，减少行为主体不确定性和抑制可能存在的机会主义行为，增强互利合作的可预见性。协同共治正式制度是多元主体共同服从的行为规则，是利益分化背景下社会博弈与协作互动的结果，为促进主体利益均衡、集体行为选择提供功能性支持。作为利益主体合作意向的理性表达，可以有效引导、规范和制约主体间的互动行为，降低交易成本和增加主体信任，减少和化解合作中的冲突，加速协同共治的整合过程。正式制度作为协同共治的重要变量或程序参数，直接影响协同共治格局的形成及运行机制的稳定性。我国生态环境治理领域正式制度主要涵盖了环境治理基本理念、环境基本立法、不同环境领域的具体制度及其操作规则。环境利益冲突治理主要依赖完善正式制度框架来推动协同共治行为实现。

1. 保障环境公共利益的实现

利益始终是影响协同共治运行机制的主导性要素。按照协同优势理论，

人们之所以参与协同过程，最重要的动力之一就在于利用集体的力量弥补个体的脆弱，通过公共利益的实现而推进个人利益的获取。政府、企业、公众和环境社会组织等主体既有共同的利益基础，也有长期利益与短期利益冲突，环境群体性事件频发就印证了此点。由于上述主体或多或少具有经济人的心理追逐个体利益最大化而产生非生态化行为，以合作化为导向的制度建构必须依靠法律、权威和权力等强制力作用于相关利益主体，增加逃避环境责任义务、“搭便车”和其他机会主义行为风险，增加互利合作习惯。基于公共利益最大化的价值取向务必营造有利于激发主体协同共治的制度环境，充分发挥制度的激励功能，平衡公共利益与个体利益，保障合法环境利益。

2. 合理配置主体环境治理的权利、义务和责任

治理主体权责明晰是协同效应得以发挥的基本条件。协同共治要求权力资源共享、公共责任共担，环境协同共治策略选择意在适应国家与社会相互渗透以及生态民主化、开放化的趋势，依据主体治理角色的定位和功能优势，通过制度安排厘清主体各自权力归属、合作职责范围，确认环境权力行使的合法性和权力运作的规范性，强化责任追究机制，缓解政府环境权力一元化、责任集中化导致的治理失灵的困境。因此，国家必须对市场和社会进行分权或赋权，改变政府自上而下的行政控制权力运作模式，提升权力结构的开放性和拓展其他主体环境决策与执行的公共参与空间，在市场原则、公共利益和认同的规则上形成多元协商、上下合作互动、彼此监督制约的权力运转体系。

3. 克服制度变迁过程中产生的路径依赖

路径依赖主要是指制度变迁中由于惯性的力量形成的自我强化机制。我国环境治理制度变迁总体表现为政府主导、自上而下的强制性推进，环境政策的制定和具体执行大多由政府部门承担，公众长期依赖政府而参与环境保护的积极性和动力不足，不少企业被动接受政府环境监管而设法逃避环境治理的责任，导致政府环境投入大而治理绩效低反差结果。政府应在协同共治制度目标导向下，将激励机制纳入环境政策制定，选择合理的制度变迁路径并不断调整路径方向，促进自上而下的强制性制度变迁与自下而上的诱致性制度变迁两种方式的有机结合，破解路径依赖，引导不同主体形成正向博弈行为取向。

4. 健全制度化的沟通渠道与参与平台

治理主体间对话、辩论和协商不仅有助于利益诉求的自由表达，降低组织运行的交易成本，推动环境集体决策的科学化和民主化，而且有利于各种共享资源的有效整合，减少由于信息不对称引发的主体不信任和机会主义行为，促进公民环境信息知情权和监督权实现。因而，应通过完善论坛机制、听证制度和环境事务公开制度等，搭建相关利益主体平等沟通与有效互动的平台，以便政府能够征询意见、解释政策和回答问题，公民有序参与表达利益诉求，从而建构协同共治的长效运转机制。

（二）环境利益冲突协同共治的非正式制度保障

1. 正式制度和非正式制度互动综合作用

正式制度与非正式制度之间的协同，既是国家协同共治体系的重要组成部分，又是其重要的运行机制。非正式制度，又称非正式约束、非正式规则，是指人们在长期社会交往过程中逐步形成，并得到社会认可的约定俗成、共同遵守的行为准则，包括价值信念、风俗习惯、文化传统、道德伦理、意识形态等。正式制度与非正式制度具有较强的互补性，正式制度的保障作用在协同共治格局构建中的发挥，离不开非正式制度的支持、扩展与补充。地方政府的有效运转并不仅仅取决于组织的正式结构，更主要地决定于地方政府所处的一系列正式和非正式的制度背景，包括地方政府与其他各级政府和公共组织之间的关系、地方政府与非政府组织和个人之间的关系，以及在上述关系中所发展起来的信任、合作和互助等社会资本形式。正式规则和非正式约束与它们的实施方式进行复杂的持续互动，影响人们日常行为选择方式，减少集体行动的障碍，并决定人们达到预期目标的路径。

2. 非正式制度的价值与功能

生态环境治理的非正式制度安排主要指的是生态价值观、生态认知、生态道德、伦理规范和传统风俗习惯等。以生态意识形态和生态文化为核心的非正式制度安排是人们在长期生产实践和互动交往中形成的，具有持久生命力及传承效力的非正式激励约束机制，对环境治理体系运转起到了不可替代的作用。我国几千年的传统文化中形成了各式各样的非正式制度，如强调集体利益和团结合作与相互依赖的价值观、“天人合一”“仁爱万物”“道法自然”和“众生平等”等人和自然、人和社会的和谐思想等，这一系列关于保护生态环境的价值取向、道德情感、伦理规范和社会文化通过环境认同所形成的内在约束力，对环境治理体系的构建和公民环境利益保障发挥重要作用，公民环境利益协同共治的非正式制度的价值与功能主要体现在以下三个方面。

（1）缓解环境利益冲突，稳定协同共治秩序。个体或集体行为深刻地受到文化价值规范等因素的影响，价值观冲突是环境利益冲突的深层次原因。现实情境下，地方政府、公众和企业等主体从各自价值立场作出选择，必然会导致多元化的生态认知和环境态度。在多种因素的影响下，生态环境价值观的冲突演变成行为的对立。源自保护生态环境的道德情感、道德意识或地方文化是一种无形的内在约束力，能自觉规范主体的环境行为，调节主体环境价值观和环境利益认知，平衡环境公共利益与私人利益，消解由于个体利益破坏环境的动机意愿。一些农村环境群体性事件治理实践证明，地方风俗、伦理道德等非强制性约束是影响农民环境冲突的重要动力因素。基于认同基础上的生态价值观、利益观和认知结构有利于主体间的相互理解进而引导生态互动合作，为协同共治秩序的稳定奠定基础。

（2）促进非正式制度与正式制度相融合，提高制度运行绩效。非正式制度与正式制度是对立统一体，两者相互依存相互影响相互制约，并在一定条件下相互转化。当非正式制度与正式制度不相兼容或冲突时，就会加大制度运行的交易成本，增加机会主义行为，降低治理绩效。我国转型期生态道德受市场经济冲突下滑、环境治理正式制度供给不足且约束效力有限的背景下，重构生态伦理道德、激发公众的社群意识、培育公民生态智慧和互利共生价值观以及将环境责任履行与社会正义建设联系起来，则显得至关重要。因为这些公民环境利益保障非正式制度供给能够节约交易成本，推动正式制度正常运行，甚至能构成正式制度运行的重要原则，并在环境治理中逐步转化为正式制度准则，实现相互融合、互为支撑。[①]

---

① 谷树忠，吴太平．中国新时代自然资源治理体系的理论构想［J］．自然资源学报，2020，35（8）：1802－1816．

（3）培育社会资本，促成主体协同合作。社会资本直接影响协同共治的广度、深度与效度，社会资本是多个主体相互合作的非正式规范。作为非正式制度核心组成部分的社会资本，表现为促使人们之间的相互合作、信任和理解的社会规范及价值观念，有利于提升合作的确定性和安全性、约束机会主义行为和缓解集体行动的困境，推动公共利益目标的实现。具体到生态文明建设上则体现为培育主体环境治理责任意识和良好的关系网络，保证生态环境治理的有序性，形成主体积极参与及合作行为的常态化。信任是一种核心的凝聚力，是合作达成的黏合剂，是任何社会往前走不可或缺的因素。当前多元化背景下公众与企业、公众与地方政府之间公共信任关系弱化、社会资本缺失是实现公民环境利益协同共治的障碍。为此，必须以培育社会资本为内核的非正式制度建设，促进互利共赢的价值观的形成和优化环境治理行为，增进治理主体之间的信任与合作，推动环境治理体系现代化发展。

二、政府介入生态环境保护的理论基础

（一）环境污染和环境保护的外部性

经济活动以获取经济利益为宗旨，任何收益大于成本的经济活动均值得从事。但影响个体决策的只是私人成本，许多经济活动在个体财务分析上有利可图甚至利润丰厚，但政府或社会却要因此承担巨大的社会成本，环境问题即由此产生。

外部性是指某一经济主体的活动对于其他经济主体产生的一种未能由市场交易或价格体系反映出来的影响，从而导致资源配置不能达到最大效率，即不能达到帕累托最优。由于这种影响是某一经济主体在谋求利润最大化的过程中产生的，是对局外人产生的影响，并且这种影响又是处于市场交易或价格体系之外，故称之为外部性。

外部性根据其实际影响所产生的经济后果，可以划分为消极的外部性即外部不经济性和积极的外部性即外部经济性。积极的外部性或称外部经济是指一种经济行为给外部造成的积极影响，使他人减少成本，增加收益。消极

的外部性或称外部不经济是指在经济活动中，由于决策者在自己承担的成本之外，带给他人或社会额外的成本或负担，从而使社会成本大于私人成本的现象。与环境问题有关的外部性，主要是生产和消费的外部不经济性，尤其是生产的外部不经济性，其负面影响是社会资源配置的低效和生态环境的污染。

（二）环境资源的“公地悲剧”性

“公地悲剧”意味着任何时候只要一种稀缺资源是由许多人共同使用，便会发生过度利用从而导致这种资源枯竭或遭破坏的情形。每一个人在为自己的利益而最大限度地利用该公共资源时都能获益，但如果所有的人都如此行事，就会出现资源遭破坏的灾难性局面。假设有一个向一切人开放的牧场，站在经济人的角度，毫无疑问，牧羊人为了获得更大的收益而增加更多的牲畜。这样，“公共牧场”将在牧羊人无节制地放牧中走向毁灭。公地悲剧就是这样的悲剧——每个人都能够预先知道悲剧的必然性，因为这个必然性是每个人理性行为的结果，但每个人出于自己的理性，均不会约束自己的策略选择，因此悲剧是不可避免的。正如埃莉诺·奥斯特罗姆所说，在一个信奉公地自由使用的社会里，每个人追求他自己的最佳利益，毁灭的是所有人趋之若鹜的目的地。

1. 公地悲剧的类型

真实的公地悲剧现象，实际上有不同的类型。根据公地悲剧的形成及表现，至少可以将其分为资源枯竭型和环境破坏型两种类型。所谓资源枯竭型公地悲剧，其最典型的特征是，这种悲剧发生时，是以其公地“产品”或生长物的枯竭为代价的。野生动物越来越稀少，人们捕获到的鱼类越来越少，国家的森林遭到滥采滥伐等，就是这种公地悲剧的典型表现。所谓环境破坏型公地悲剧，是指这样一种情形，在这种“公地”上，人们不是去尽力夺取其产品，而是滥用自己的权利，肆意地向公地排放有害物，结果导致这种公地的环境质量遭到破坏。这方面最典型的例子就是河流水源越来越浑浊、空气质量越来越差、全球变暖等。

2. 资源枯竭型公地悲剧和环境破坏型公地悲剧的区别

一是资源枯竭型公地悲剧表现为人们不断攫取公地的产品或生长物，而环境破坏型公地悲剧则表现为人们不断向公地倾倒有害物。二是资源枯竭型公地悲剧最终以公地产品或生长物的枯竭为代价，而环境破坏型公地悲剧则以环境质量遭破坏为代价。对于这两种不同的公地悲剧，除了它们的公地性质是其发生悲剧的重要原因外，如在产权不明晰或者是公共产权领域里，由于自利心的作用，“公地悲剧”必然会不断上演，即出现了大量的把好处留给自己、坏处转嫁给社会的“搭便车”现象。

（三）环境资源保护中的市场失灵

市场经济作为最具效率和活力的经济运行机制和资源配置手段，具有任何其他机制和手段所不可替代的功能优势。但事实上，市场机制也有其自身难以克服和避免的功能缺陷和局限性，单凭市场本身任其自由放任也是不可取的，并且，这也足以带来难以弥补的经济损失和成本代价。在生态环境保护及其建设方面，“市场失灵”主要表现在以下四个方面。

首先，市场本身很难保持生态经济系统的平衡、稳定与协调发展。通过市场调节实现经济均衡是一种通过分散决策进行事后调节实现的均衡。它往往具有相当程度的自发性和盲目性，由此会产生生态经济系统的无序与失衡。在退耕还林等生产周期较长的大型生态工程建设中，市场主体为了谋求最大的利润，往往把生产要素投向周期短、收效快、风险小的产业领域，致使生态资源配置和农业产业结构不合理状况出现。

其次，环境信息的稀缺性与不对称性，会导致生态资源市场配置失效。由于人们对生态系统了解甚少，环境信息十分稀缺而且由于信息的公共性和某些人的机会主义行为，又容易导致信息的不对称，使得市场机制在环境问题上往往不能有效配置资源。

再次，市场机制无力组织与实现生态公共产品的完全供给。市场机制对一般商品生产和流通的调节是有效的，但对公共性的生态环境产品的调节能力则极为有限。生态环境产品难以像一般经济产品那样通过市场竞争进入市场，且生态环境具有消费的非排他性和非竞争性特征。这就要求政府以公共利益的代表者身份参与生态公共产品的分配过程，并确保这一过程的程序公平和分配公平。

最后，市场机制无法弥补和纠正生态经济的外部性。市场不能完全捕捉交易的成本和收益，使产品的生产和消费与社会福利最大化原则严重偏离，具有负外部性的产品会供给过剩和消费过度，而具有正外部性的产品却往往供给不足。对于环境问题而言，由于环境产品的外部性，使人们对环境的所作所为难以经过交易方式得以反映，环境问题就表现出某种外在于市场的效应，生态环境的负外部性容易产生。而外部负效应会导致资源枯竭和环境恶化，造成生态环境产品无法满足社会经济发展的客观需要，同时又大大降低社会资源配置的效率。环境资源的配置和生态产品的生产往往存在“市场失灵”。这就要求政府对市场在一定程度上进行替代，运用法律、政策或行政管理手段使外部效应内在化。

在生态发展和环境建设进程中，政府积极有效地调控与干预是必不可少的，这缘于市场与生态环境二者的内在机理与互动。政府在经济发展中的职能定位理论认为，基于社会资源配置的效率标准，政府与市场作为两种干预经济的手段，在市场经济制度安排中具有互补关系。只有二者有机结合，才能有效促进社会总资源的合理配置和优化，使有限的资源创造出高质量无污染的符合社会需要的产品和劳务。其中，社会总资源既包括社会经济系统中的各种资源，也包括生态系统中的各种生态资源。社会产品不仅包括物质产品，而且还包括精神产品和生态产品。

总之，政府介入会促进生态环境保护和生态环境建设。市场在配置生态资源、提供生态环境产品上的失灵导致对政府行动的要求，为政府干预经济活动处理生态环境问题提供了正当理由。政府对生态经济运行的宏观干预，已经成为现代市场经济体制的有机组成部分，秦巴山区由于其特定的自身环境与生态特质更需要政府介入，充当一个有效的宏观策划者和积极的生态建设者角色。

三、政府在生态环境保护中的角色定位

（一）政府是生态环境保护的决策者与调控者

政府在生态环境保护中的角色定位具有系统性、长期性、生存性和战略

性的特性，需要政府积极主动地作出宏观决策和实时应对。生态环境保护建设，涉及自然资源、地理环境、社会经济、文化传统、人口数量与质量等多种因素及它们的复杂组合，具有不同于一般经济建设的特性。这些特性主要表现在如下几个方面。一是初始投入的易沉淀性。生态环境保护建设的项目内容虽多种多样，但无论项目种类和规模大小，都具有一个共同特征，即投资量大且不易回收，形成所谓沉淀成本和退出壁垒。较高的沉淀成本与退出壁垒的存在，使绝大多数以利润最大化为行为目标的工商企业组织被自然排除在生态经济建设的投资队伍之外，形成生态经济建设的私人投资供给不足。二是效益的多样性与滞后性。与其他建设项目相比，生态环境保护建设项目具有效益多样性的特点。生态环境保护建设除经济效益之外，还有生态、环境和社会等方面效益，且后者的效益明显大于经济效益。

在一个特定时期，促进生态环境建设所需要的规则不可能依赖自发演进，而必须依赖政府的推动。在区域生态经济建设中，由政府设计制定出一系列制度具有如下作用。首先，可以弥补“市场失灵”的真空。区域生态经济建设是一项外部性很强的事业，市场机制对此表现出力不从心，导致有效供给不足，很难使这项事业蓬勃发展起来。政府通过制度设计以消除自由市场机制的障碍，并调动经济主体对于生态经济建设的积极性，从而解决供给不足的问题，弥补市场失灵。其次，可以降低“制度成本”。对于区域生态经济建设这样复杂和长期的事业，如果依赖“习惯—习俗—惯例—法律”这样的演进路径自发形成有效的制度，其成本相当高昂，如果由政府根据现行有关法律规章和生态环境建设需要在自身权力范围内设计有关规章制度，则能有效降低制度成本。

（二）政府是生态环境保护的组织者与引导者

在加快和继续有效推进生态环境保护建设的进程中，生态环境建设者的自身素质和能力亟待继续提高和加强，需要由政府进行组织和引导。生态环境保护建设离不开该区域各社会群体的积极地参与和实质的投入，而目前建设者人群的整体素质及能力很难迎合生态环境建设本身的未来发展趋势和要求，这就给政府在环境保护领域提出了更高的要求。

在生态环境保护建设的生产力要素中自然资源劳动对象、科技力量及科技成果劳动手段、人力资源劳动者和资金及物质条件物质资本等，不经过政府及干部介入形成合力时，只是潜在的生产力要素或分散的只有局部功能的低效率的生产力要素。只有通过各级政府的组织凝聚成合力，才能发生乘数效应，变成巨大的现实生产力。在这种催化聚合生产力的过程中，政府及其政府机制本身也得到了极好的锤炼和洗礼，成为最宝贵的生产力要素——人力资本。因此，生态环境保护建设还必须依靠政府及其他公共部门的人力资源。

（三）政府是生态环境保护的主动参与者

有关生态环境产品的价格、价值、成本尚无统一的定价和界定，没有建立起全国性或区域性生态产品的供求机制和区域间成本补偿机制。自然资源和生态环境，如天然草原、野生生物、地下石油资源、公共水域等公共物品的产权属于国家，但国家在有关领域又没有有效建立起产权的机制，这容易造成经济当事人对资源的滥采滥用，致使自然资源大量减少、生态环境恶化。由于生产要素市场发育滞后，全国尚未形成统一的生态资源市场，市场信息的不完全性及未来市场对生态资源供求状况的不确定性等，均导致资源被低效和非法占用，最终使某些生态环境产品供求关系变形，资源枯竭，环境破坏，造成生态系统的恶性循环。生态环境是社会公益性很强的社会性工程，而市场机制的作用在效益上具有局部性、时效性等特点。生态建设的参与者——各市场主体往往只注重微观经济效果，难以保证生态环境的全面协调发展，这并非一种单一偶然现象，而是具有一定程度的普遍性。

生态建设和环境保护的外在经济效果常常表现滞后，且难于界定和补偿，也难以用市场机制促进并增强人们保护生态环境的积极性。由于局部或个体利益驱动，加上地方政府片面强调经济发展优先的战略很可能对生态环境构成新的破坏，而市场机制还缺乏应对处理机制，负外部经济效果在所难免。因此，良性生态市场的形成与发展确实离不开政府的实效参与，经验表明，缺少政府有效参与和积极影响的生态市场必定会带来一系列不良后果，这不得不引起该区域决策者和参与者的应有重视。

四、构建生态环境保护机制

（一）生态环境保护机制的内涵

生态环境保护机制，即在生态文明时代，政府为了实现资源节约型、环境友好型社会战略目标，充分运用其拥有的权力和资源，采用科学的管理方法和措施，推动、引导、监督、协调、示范、规范、强化和促进全社会共同构建生态文明社会的管理模式和运行机制。政府生态环境保护机制是社会组织中各组成部分或各个管理环节相互作用、合理制约，从而使整个生态系统保持健康发展的运行机理。政府生态环境保护机制是一个系统工程，其本身涵盖环境保护的决策、运行和保障等三个核心环节。

（二）生态环境保护的决策机制

生态环境保护的决策机制包括绿色指标体系、生态环境发展规划等内容。GDP 是目前世界通行的经济增长指标，在判断经济运行态势、制定经济发展战略、中长期规划和宏观经济政策等方面具有非常重要的作用。但 GDP 只反映了经济发展，却没有反映出经济发展对资源环境的影响，容易过高地估计经济规模和经济增长，特别是对依赖于开发矿产资源、土地资源、水产资源和森林资源获得重要收入的发展中国家来说，更是一种扭曲的增长方式。绿色国民经济核算，即绿色 GDP，是指从传统中扣除自然资源耗减成本和环境退化成本的核算体系，能更真实地衡量经济发展成果。

在生态环境建设中，确立生态经济建设目标，制定科学合理的建设规划是各级政府的宏观管理职能的重要体现。在统筹规划的同时，加强各部门的配合协调、综合管理。首先，建立环境与发展的综合规划机制，从决策的源头控制资源不合理开发和浪费现象。各地、各部门在制定资源开发和区域规划、城市和行业发展规划、调整产业结构和生产力布局等重大决策时，综合考虑经济、社会和环境因素，进行充分的环境影响论证，避免规划布局失误和走“先污染，后治理”的老路。其次，就是确立生态经济建设目标，并将目标或目标体系转化为行动方案。建设方案包括中长期规划和短期计划。短期计划由经济集体根据市场环境和自身条件自主决定，而中长期规划的制定就历史性地落在地方政府的肩上，如政府的调控领导功能在于统一规划山川秀美建设与产业结构调整蓝图，提出产业发展战略思想，并进行特色产业的区域布局与基地、示范地的组织建设。通过政府职能转变，运用“规则”搞建设，服务“主体”求发展。乡镇一级政府在下级政府的目标规划基础上，具体组织和实施，将生态建设和产业结构调整的蓝图变成现实。①

（三）生态环境保护的运行机制

走可持续发展道路，其核心是将可持续发展战略体现在各级政府和有关部门的规范行动中，在促进经济发展和资源合理利用、环境污染治理等方面形成一个价值与行动、激励与约束相结合的综合运行新机制。政府生态环境保护的运行机制涵盖了生态环境保护的激励与约束机制、生态环境保护的利益协调机制等重点环节。

生态环境保护的激励与约束机制主要是从影响成本和效益入手，使得价格反映全部社会成本，引导经济当事人进行行为选择，以实现改善环境质量和持续利用资源的目标。具体来说，环境激励与约束机制大致可归为七类：第一是明晰产权，如土地、水、矿产所有权和使用权；第二是建立市场，如确立可交易的开发配额、资源配额；第三是税收，如资源税、产品税；第四是收费，如排污费、资源补偿费；第五是财政和金融，如财政补贴、基金、优惠贷款及减免税；第六是责任制度，如法律责任、罚款、保险赔偿；第七是债权与押金制度，如鼓励产品的回收循环利用。

新时期的政府环保绩效考评机制包括了绿化覆盖率及增长率、三废（废气、废水、废渣）治理达标率及增长率、空气质量及饮用水质量变化率、森林覆盖率及增长率，反映环境投资的指标——环境投资增长率，反映群众对环境满意度的指标——群众性环境诉讼事件增长率等核心指标。新时期政府

---

① 胡振通，柳荻，靳乐山．草原生态补偿：生态绩效、收入影响和政策满意度［J］．中国人口·资源与环境，2016，26（1）：165－176.

环保绩效考评机制的建设既要包括经济指标，又要包括反映居民生活的指标、社会发展指标及环境指标；既能考核当前的工作，又能为将来的发展打下基础。对领导干部政绩的考核，旨在通过统计方法，用量化的指标数据，为定性考核提供翔实的评定依据。凡是纳入考核范围的内容务必量化，指标因素的设计既要科学合理，又要客观务实，即要求设置的指标体系能反映政府领导班子政绩的客观实际。要根据各个历史时期被考核内容的性质、要求，科学地设置相关的考核指标。

（四）生态环境保护的协同审计机制

党的十九届五中全会提出，要加快提升生态系统质量和稳定性，全面提高资源利用效率；构建生态文明体系，促进经济社会发展全面绿色转型，建设人与自然和谐共生的现代化。审计署制定了关于做好“两统筹”有关工作的具体措施。“两统筹”下的协同审计要求加强审计机关之间的沟通衔接，形成全国审计工作“一盘棋”，整合审计资源、统筹审计力量，增强审计监督效能。

生态环境保护的协同审计强调审计监督整体的协调和协作，应主动地适应生态环境变化，根据内外部因素变化要求不断优化审计监督管理，调整系统资源、制度程序的作用和相互关系：一方面通过协同审计促进生态环境保护与治理系统的不断完善；另一方面，通过生态环境保护与治理系统的完善，整合审计资源，反过来促进生态环境的协同审计工作顺利开展。

协同审计有利于提高审计效率、改善审计风险、加强审计统筹、提升审计质量。基于生态环境保护与治理的实施现状，建立一套行之有效的协同审计机制已势在必行。通过加强交流联动，形成审计协同共识；完善协同制度，依法推进协同审计；开放成果共享，拓展审计成果应用；借助信息技术，构建审计大数据平台，进一步发挥协同审计在生态环境保护中的积极作用，实现全覆盖审计、全过程跟踪、全方位监督。

（五）生态环境保护的保障机制

生态环境保护的保障机制包括生态环境补偿机制以及生态环境法治保障

机制等两个关键步骤。完善的生态环境补偿机制是在发展区域经济利益与保护整体生态利益之间实现最佳平衡状态的必然选择，也是在社会经济的发展过程中协调不同价值取向的各利益主体之间发展关系的有效机制。生态环境补偿机制有两层含义。其一包含了污染环境的补偿与生态功能的补偿，即通常所说的污染者付费；其二，它专指对生态功能或生态价值的补偿，包括对为保护和恢复生态环境及其功能而付出代价、做出牺牲的单位和个人进行经济补偿，对因开发利用土地、矿产、森林、草原、水、野生动植物等自然资源和自然景观而损害生态功能、导致生态价值丧失的单位和个人收取经济补偿。生态环境补偿机制的理论基础在于环境资源价值理论与经济外部性。因此，开发、利用生态环境资源应当支付相应的补偿费用。根据经济外部性理论，经济外部性应该内部化，即应由行为人承担经济外部性的后果。具体来说，产生外部不经济性的行为人应该向受害者支付相应的补偿，并且产生外部不经济性的行为人，应该从受益人那里获得相应的补偿。相应地，生态环境补偿机制也有自身的运行轨迹和基本原则，包括污染者负担、受益者补偿、开发者保护、破坏者恢复以及公平性原则等。

五、推进生态环境保护决策机制的科学化进程

（一）实现从粗放式到集约式的转变

为了适应新挑战，秦巴山区的政府环境保护机制建设必须实现从数量规模型向质量效能型转变，即政府生态环境保护的决策机制从粗放模式向集约模式转型。任何财力资源的投入都要“衡工量值”（成本与效益的均衡），任何权力资源的运用都要保持目的的纯洁性，都要充分发挥人力资源的主观能动性，发挥信息资源对其他要素的倍增效应和文化资源的催化效应，注重行政系统结构优化对其他要素效能的放大效应，实现政府生态环境保护机制的整体创新。只有这样才能有效避免目前民族自治地方政府环境建设中出现的生态建设资源投入浪费和政府环境权力资源武

断滥用的现实弊病。[①]

在这一转型中，尤其是要更精细地开发利用现有的环境权力资源，使之充分发挥效能。

（1）政府环境保护权力必须相对集中化，尤其是省级政府必须适度集中有关环境保护方面的权力资源，统筹安排、科学分配、合理约束。

（2）政府环境保护权力实施的保障化。必须使政府现有权力的合法运用得到强大的法律保障和物质保障。政府应最大限度地发挥现有环境保护法律法规的各项功能，尤其是强制保障功能和过错追究惩罚功能。政府还应将有限的人力、物力、财力尽可能集中，使其发挥最佳效用。

（3）政府环境保护权力必须高度净化。在政府系统内部，必须去掉消解和腐蚀权力效能的腐败因素或杂质，约束政府工作人员对环境保护权力运用的随意性。

（4）政府环境保护权力配置的合理化。在纵向的各级政府之间以及横向的政府各部门之间建立现代化的、稳定的、有效能的环境保护方面的权力结构。

（二）实现从单项变革到整体性升级的转变

改革开放以来，秦巴山区行政系统在各种生存和发展的压力下，不断推动政府环境保护机制的局部性改革，如机构重组、监管制度的创新、运行机制的变革等，有些层面的改革已达相当高的水平。这些局部性的改革或多或少地缓解了该区域环境发展的压力，提升了秦巴山区行政系统的生态环境能力。然而，政府环境保护机制的整体性特点决定了任何一项单项的、局部的改革措施离开前后左右的关联互动就难以产生预期效果。因此，秦巴山区政府环境保护机制的发展战略必须从总体上加以考虑，通过总体的整合促进局部的发展。故言之，在严峻的生态安全和生存危机的双重压力之下，秦巴山区的政府环境保护决策形成机制建设必须摆脱单纯而只追求眼前利益、局部利益的狭隘做法，将目光转向带有战略意义和根本价值

① 李国平，刘生胜．中国生态补偿40年：政策演进与理论逻辑［J］．西安交通大学学报（社会科学版），2018，38（6）：101－112．

的政府环保决策机制建设。

政府环境保护机制建设是秦巴山区实现生态环境可持续发展战略目标所应具备的物质及智力能力要素的总和。就政府生态环境保护的决策形成机制而言，科学发展观强调以人为本，统筹兼顾，实现人与自然的和谐发展。基于这一客观要求，结合生态环境的内在运行规律和我国中央政府、地方政府管理体制的国情，一方面要强化中央政府的科学决策、统筹协调地位，运用法律、政策、财政、行政多种手段，保证节约资源、保护环境的基本国策的落实；另一方面，充分调动地方的积极性，发挥其区域性统筹管理的作用，促进早日实现秦巴山区生态战略目标。在制定科学可行目标之后，还要制定切实可行的战略措施。这些措施可分为两类：一是落实普遍性的国家改革和发展政策的措施；二是本地区具体的战略措施，包括主导产业的明晰、经济布局、重点项目的确定、实现经济增长的途径以及重大任务的安排等。这些目标计划和战略措施是秦巴山区可持续发展的指南和路径，在今后的生态环境的整体进程当中将会发挥巨大的指引作用和规范作用。基于自身生存和发展的需要，秦巴山区政府生态环境的目标管理机制应当以约束性目标管理机制为主，例如，单位能耗要下降、主要污染物排放量减少、机动车尾气排放量达标、空气环境质量达标。与此同时，充分运用预期目标和导向性目标管理，促进行业或地方政府加大改革力度，提升环保标准，实现环境优化增长。只有政府环境保护决策机制从单项提升到整体性的有效升级与开发的根本转变，才能使秦巴山区的生态系统和环境资源具有牢固可靠的安全保障，也使秦巴山区的经济、社会、环境的可持续发展战略得以有效实现。

六、提升秦巴山区生态环境保护运行机制的执行力

（一）加强生态环境预警系统

生态环境预警系统是生态环境保护运行机制建设的基础，即通过一定的方法和手段揭示区域生态环境特征与生态过程，为生态环境建设的决策者提

供真实而全面的信息。信息是环境管理的基础，秦巴山区的环境统计指标体系尚不健全，环境管理信息系统仍未建成。统计资料失真或缺乏对区域生态环境特征与生态过程的了解，一些整治措施未能根据区域的自然环境特点和经济特征进行，导致生态建设失误造成新的生态破坏。如在植树造林方面，大量种植树种单一的人工林，使得生物多样性减少，生态功能脆弱，病虫害加重，许多山区过多地营造经济林，使水源涵养林、防护林减少，加剧了水土流失。

健全生态环境状况预警系统，要提高信息的可靠性、及时性，其内容应包括增加生态环境调查方面的投资，弄清生态破坏的状况，为进行生态环境区划打下良好的基础改进统计报表工作，健全环境统计指标体系加强在建或已建重点生态工程的调查研究工作，及时反映工程建设的进度、质量或存在的问题广开言路，形成人人关心环境状况的良好风气。①

（二）完善生态环境保护的激励机制

生态环境保护的激励机制是生态环境保护运行机制的动力元素。它是通过一系列的措施，调动广大干部、群众积极参与生态环境建设的过程。秦巴山区生态环境建设，广大的农民是主力军。农民对生态环境建设最关心的问题是有没有经济效益，能不能解决他们最为关心的吃饭、烧柴和零花钱问题。如果解决不好农民的实际生活问题，群众的积极性就会受到影响，生态环境建设也就很难取得实效。建立健全生态环境保护的激励机制，必须从以下几个方面入手。第一，“两手并举”，调动广大群众的积极性。一是政府“有形之手”，即通过补贴粮食、提供种苗等政策措施，鼓励农民退耕还林、还草，绿化国土。同时，制定优惠政策，鼓励民众和企业参与环境建设。二是市场“无形之手”，引导农民种植经济林、开发林副产业，发展畜草产品，发展旅游业，增加自身收益，得到经济实惠。第二，精神与物质鼓励并重，激发科技人员献身生态环境建设事业的积极性。要引入市场机制促进生态环境建设、科技政策落实和科技成果转化。重点研究项目的确定，要通过公平竞争，择

① 吴乐，孔德帅，靳乐山．生态补偿对不同收入农户扶贫效果研究［J］．农业技术经济，2018（5）：134－144．

优确定科研成果要面向市场，形成产需见面、有偿服务的科研成果转化，奖励优秀科研成果和优秀人员，形成尊重科技人员的良好风气为科技人员创造更好的工作条件和生活条件，消除他们的后顾之忧。

（三）强化生态环境保护的监督约束机制

生态环境保护的监督约束机制是生态环境保障机制良性运行的重要保障，它是通过一定的手段和措施使生态环境建设和区域经济发展按预定的目标进行的过程。要运用法律、行政、经济、技术和教育的手段进行监督，防止造成新的生态破坏，坚持“谁开发、谁保护，谁破坏、谁恢复，谁受益、谁补偿”的方针，明确开发建设单位的责任。

健全生态环境保护的监督约束机制，促进环境与经济协调发展，应采取以下几方面的措施。第一，建立秦巴山区生态系统监测体系。对区内敏感生态系统实施定期监测，以掌握生态系统的整体变化趋势同时建立数量众多的定位生态观测站，以进一步研究生态演化规律，为提出有效、可行的生态环境保护措施打下坚实的基础。第二，加强对在建或已建生态环境工程的管理。其内容包括增加生态环境调查方面的投资，弄清生态破坏的状况，为进行生态环境区划打下良好的基础。改进统计报表工作，健全环境统计指标体系，加强在建或已建重点生态工程的调查研究和完善管理制度，加强工程监督，提高施工人员素质，协调各部门关系，重视已建工程监测和研究，不断提高生态环境治理工程的效果。第三，改革资源管理政企不分的体制。目前，秦巴山区资源部门既有资源保护执法监督和生态建设职能，又有资源经营和开发的任务，不利于生态保护。实行资源管理政企分开，明确各自责任，有利于资源开发与环境保护的协调发展。①

（四）创建绿色税收制度

环境税收政策是生态环保的补充性政策措施，在生态环保领域具有较强的调节功能。在美国，环境税收也称为“绿色税收”或“生态税收”，是指

① 宇振荣，郧文聚．“山水林田湖”共治共管“三位一体”同护同建［J］．中国土地，2017(7)：8－11.

美国为实现特定的生态环保目标，筹集生态环保资金，并调节纳税人相应行为而开征的有关税收的总称。环境税收可以溯源到英国“福利经济学之父”庇古的外部性理论。美国将化学原料消费税、汽车消费税、公司所得附加税的税收收入形成专项基金——超级基金。该基金是保护环境的专项基金，为处理已经倾倒的废弃物提供清理费用。我国应借鉴美国的经验，改革和完善现行环保税收制度，统一开征环保税，开征的环保税应属直接行为税，课税对象是消费者，即“谁消费、征谁税，多消费、多征税，广税基、轻税赋”的原则。

绿色税收是政府为了实现宏观调控自然环境保护职能，凭借税收法律规定，对单位和个人无偿地、强制地取得财政收入所发生的一种特殊调控手段。税制“绿色化”的手段主要有两种，一是调整现行的税制结构，提高绿色税收的比例，二是直接引入新的环境税。一些国家在这方面已做了大量的尝试，如丹麦提高自然资源和污染的税收主要是汽油税和能源税，荷兰将环境税占全部税收收入的比重加大。从 20 世纪 80 年代初开始将税收手段引进环保领域的美国，其绿色税收主要包括对损害臭氧层的化学品征收的消费税，与汽车使用相关的税收，开采税和环境收入税。据经合组织的一份报告显示，美国对损害臭氧层的化学品征收的消费税，大幅度减少了在泡沫制品中对氟利昂的使用，汽油税则鼓励了广大消费者使用节能型汽车，减少了汽车废弃物的排放。虽然美国汽车使用量大增，但其二氧化碳的排放量却比之前减少了，而且空气中的一氧化碳减少了，悬浮颗粒物减少了，美国的绿色税收政策成效显著。目前我国绿色环境税收项目不全，尤其是我国传统财税核算制度的不完善，绿色环境税收内容单独核算披露不够，有关绿色环境税收核算、报表披露、绿色审计等问题都急需解决。绿色税制改革的重点应放在资源税、消费税、城建税上，并尽可能把环境成本纳入有关的税目和税率，同时在这些税种中对环境保护执行得好的企业实行税收优惠。

（五）健全生态环境保护资金投入机制

政府的财政补贴和金融机构的信贷对环境资源的影响很大。根据日本、韩国以及其他一些国家的历史经验来看，金融政策在发达国家的经济开发中得到过广泛运用。在经济发展初期可弥补市场力量的不足，集中资源实现国家赶超目标。所谓政策金融，指的是政府部门为特定政策目的而从事的金融活动。政策金融主要通过银行体系发生作用，虽着眼于对“市场失败”的补充作用，但更强调该金融体系的政策优惠性和最终需要者的特殊性。在发展中国家，政府政策的重点是经济开发。

在我国以生态环境建设为切入点的秦巴山区，直接针对秦巴山区生态恢复与重建的政策金融具有举足轻重的作用。以国家开发银行为首的国家政策银行的成立标志着我国政策金融体系的正式形成。政府运用政策金融实施秦巴山区生态建设不仅具备现实可能性，而且还对民间金融可以产生诱导效果，有利于改善投融资体制，对用于生态建设的社会资本的形成可以起到推动作用。但作为一项社会公益事业，生态环境建设因难以给投资者带来高额的、直接的经济回报，所以吸引社会投资相对有限。由于项目周期长，直接经济效益低，普通金融机构也不愿大量提供融资，所以仍需以政府的财政投资为主，国家在财政手段运用中通过转移支付和专项基金等形式来弥补秦巴山区生态建设的资金不足。

七、构建秦巴山区生态环境保护协同审计机制

（一）突破空间和地域的壁垒，多方面融汇协同审计

1. 不同省市县级审计机构的协同

秦巴山区涉及陕、甘、豫、川、鄂和渝五省一市，共有 17 个市级地域，80 个县级地域。可将秦巴山区各省级机关与下属的各市级县级进行审计协同，县级服从市级领导，市级服从省级领导，并将五省一市涉及的三级审计机构进行统筹规划，建立生态环境协同审计体系。

2. 秦巴山区三大审计主体协同

国家审计是主力军，社会审计和内审共同发挥作用，充当国家审计的左膀右臂，加强顶层设计。一是社会审计与国家审计相结合，发挥“1 +1 >2”的审计效果，社会审计机构资源丰富，人员调配较灵活，国家审计人员和社

会审计机构合作，充分利用社会审计，在时间上为国家审计节省的时间成本和人力成本。二是内部审计辅助国家审计，国家拨付环保资金的贪污往往从内部开始，内部审计机构从严审计监督，国家审计人员就能更加轻松快速地完成审计工作。防止资金运用不善从内到外层层把关。三是秦巴山区三大审计主体并驾齐驱，在每一个关卡都守好资金出入的门，以发挥协作功能。调配三方审计力量弥补欠缺，从外部减少审计重合性工作，降低审计的成本，最大限度提高审计质量，实现协同审计的最终目标。

3. 审计各方资源与成果融汇共享

秦巴山区包含的地点多，覆盖的范围广，各省市资源环境与经济发展各不相同。一方面，可以将审计人员资源调配协同，在人员分配上进行统一调度，均衡强弱差距，以掌握资源、环境、地理以及勘探等相关知识的专业人员辅助和充实审计队伍，使审计工作的开展更加顺利。另一方面，审计信息资源可协同共享，五省一市建立统一的信息库，将信息进行收集整理并共享到一个数据库，这不仅能减少信息不对称带来的信息成本，也可以快速找到想要的信息，将秦巴山区生态环境数据进行整合分析，时时观察其变化与趋势，能够有效针对各省市采取措施。另外，审计成果呈现方式需要协同，审计的成果不共享就没有对比，将秦巴山区各省市审计结果的呈现进行协同，找到各自的优点与不足，扬长避短，发挥协同之力。

（二）加强管理与监管，双“管”齐下进行协同审计

1. 扩大审计问责范围，增强审计协同管理

审计工作面临着固定的审计计划管理模式的约束，且受到我国审计资源的限制，在两者不会轻易变动的情况下，从制度和范围入手，构建完善的审计机制，对审计机构进行约束，继而审计机构对所属的审计人员进行追责，不仅能督促审计机构遵守相关制度，还能提高审计人员的自觉性，培养良好的职业操守。一是扩大审计问责范围。审计部门对审计工作的问责往往会忽略追究财务和内部控制的责任，只针对一些重大突发事件、重点项目、严重环境污染事件以及一些较严重的安全事故，问责范围尚不全面。对于已经发生的在社会上产生严重影响的事故进行追责固然重要，但也不能忽视事前的

不当决策与疏忽管理的责任，不追责或追责不到位都会产生不良后果，如行政官员的懈怠心态，消极管理，最终导致受托责任的实施效果事倍功半。二是增加问责信息公开力度。由于问责信息的公开受到政府部门的管制与约束，政府相关部门拥有最终的决定权，加之一些地方会考虑到公告公布带来的消极影响与舆论压力，不向外界公布具体情况。审计机关将审计结果公告的公开有一定的优势，可以更大程度地接受公众的检验与监督，让社会大众享有知情权，也能让群众更多地参与进来，行使自身权利，营造积极的审计监督氛围，打造违法必追责的审计监督环境，确保问责制度的有效实施。

2. 增强审计跟踪力度，加大审计协同监管领域

秦巴山区的违规建造拆除工作是一项重要的审计跟踪任务，在审计工作中不可或缺。秦巴山区是国家重点实施污染防治攻坚工程的地区，每年国家都会拨付资金进行生态环境治理，大量的资金拨付涉及秦巴山区的各个县市。针对秦巴山区连片地区，采取加强资金跟踪监管也是从源头切断资金使用不善的一个方法。在准确把握资金动向的情况下，注重审计项目质量，加强国家开展的重点项目的审计监控，在规定期限审核完成，并根据相关流程评定国家项目的合理程度，对评估项目的开展过程和实际与预期间的差距做出评价并发布审计结果。对每一笔重大资金的拨付采取跟踪追查，协同各方部门增强监控力度，特别是拨付的关于秦巴山区生态环保与协同发展资金的具体使用进度和效益。

（三）多方位建立审计“联盟”

1. 明确审计组织，从运作机制协同审计

协同审计不仅需要不同地区间横向协同，还离不开上下级隶属关系的纵向协同。秦巴山区跨区域的地理结构和属地分割模式，形成了各自为战的管理现状，大大降低了协同审计的效率，构建秦巴山区组织协调沟通制度是根据秦巴山区行政各不相谋的现状采取的一项必要举措。具体而言，秦巴山区的审计协调机制包括审计领导组织协调机制、审计项目协同机制和审计成果开发利用协同机制等。在全面协同机制运作下，秦巴山区的审计资源聚集，发挥协同审计合力之优势。

2. 明确审计任务，从政策协同审计

明确审计任务是开展政策协同审计的基础条件，秦巴山区是国家重点扶持发展区，协同审计能更好地为秦巴山区的发展助力。依据国家发布的各项发展政策，如秦巴山区协同发展计划、产业扶持政策和生态环境建设政策等，明确审计任务，结合国家发展政策，有的放矢地确定审计重点，开展各种协同审计工作，重点监督检查秦巴山区政策目标、政策具体任务、政策措施、政策效果等。

3. 明确审计主体，从生态屏障建设目标协同审计

秦巴山区被分割成多个行政区域，对秦巴山区的生态屏障建设采取属地管理模式。在分离的行政管理单元下，如何实现生态系统的整体性协作运转是一大难题。目前的重点任务是采取重构生态屏障建设，合理管理生态建设节点，区分秦巴山区的各级权责，建设属于秦巴山区的独特生态结构等措施突破行政组织边界，实施结构的统一整合，实现秦巴山区生态建设价值。统筹秦巴山区的生态战略思想，循序渐进，完善并推动秦巴山区生态屏障建设计划，以破解审计主体碎片化问题，发挥生态系统整体协作优势。

八、完善秦巴山区生态环境保护与协同治理保障机制建设

（一）创新秦巴山区生态环境保护理念

真正的保护工作更多地涉及技术性问题，如工程学、化学等，也可以说是硬科学，而作为软科学的人文社科实际上研究得更多的是“保障工作”，包括环境保护法律体系研究、环境管理、生态补偿机制等，其实都属于“保障工作”的部分。

形象说来，保护——考场上，保障——考场上和考场外，一个更侧重“发挥”，一个更侧重“准备”。保障的外延要广泛得多。需要转变理念、创新思维，以一种注重保障的整体理念来理解我国的生态环境保护事业，以此

来制定更加有效、有针对性的政策和从事更具体的研究。[①]

（二）完善秦巴山区生态环境保护管理体制

秦巴山区在地域划分上由不同的部门和行业管理，这样势必会加剧资源的开发利用和生态环境保护、局部利益和整体利益、近期利益和长远利益之间的矛盾。我国的环境保护法律尚不够健全，相关规定不够具体，在这种情况下，不同的管理部门向同一管理领域行使权力，导致有利可图的工作区域争着管，无利可图的区域都不管，不利于形成对我国区域有序管理秩序的构建和维护。因此，对秦巴山区现行的生态环境保护管理体制应该从组织上进行障碍清除，构建完善的生态管理体制。

（三）完善秦巴山区环境保护法律体系和执法体系的构建

秦巴山区生态环境保护要遵循可持续发展理论的指导，这就要求进一步完善秦巴山区生态环境保护法律体系，以更加充分和全面地体现出可持续发展原则在秦巴山区生态环境保护领域的应用成果。需要制定各行业的秦巴山区环境保护和使用等方面的法规，包括矿山、造纸厂、石料厂、水泥厂等，对各行业的秦巴山区行为进行规范和制约，以满足秦巴山区事业可持续发展的要求。与此同时，要充分重视秦巴山区环境保护执法体系的构建，坚决抵制各种地方保护主义、有法不依、执法不严、违法不究和以权代法等不良风气，以便顺利贯彻实施秦巴山区生态环境保护法律。

（四）推动秦巴山区科技创新，加快秦巴山区科技成果转化率

1. 建立完善宏观管理决策体制及配套政策

决策体制的有效运行离不开体系的设置，首先，要完善秦巴山区科技创新的高层决策机制，如成立科技领导委员会，专门协调各政府机构科技政策的制定过程及对执行实施监督。其次，探索新的管理运行机制，秦巴山区科技主管部门集中精力于政策的制定及执行监督。另外，建立相应的配套措施

① 李达净，张时煌，刘兵，张红旗，王辉民，颜放民．“山水林田湖草——人”生命共同体的内涵、问题与创新［J］．中国农业资源与区划，2018，39（11）：1-5，93.

和政策，对科技投入、科研管理和科技成果的转化奖励、收益等做出具体的详细规定。

2. 深化秦巴山区科技体制改革

通过对发达国家的科技创新体系建设经验加以借鉴，充分参考秦巴山区现有的环境科技存量资源，构建新型的秦巴山区科技体系，使得创新体系和技术的产业化发展能够与国家社会经济发展的具体需求得以紧密融合。

3. 建立多元投入机制，大幅度增加秦巴山区科技创新方面的资金支持

首先，通过政府、企业、外资三者之间建立多渠道、多层面的秦巴山区科技投入体系，建立以政府为主导、企业为主体、外资作为补充的筹资渠道。其次，要加大对于环保的专项投资额度，对于秦巴山区开发关键技术和产业化研究进行重点扶持。最后，通过引进优惠贷款，吸纳赠款，吸引投资，引入大量的资金以及高技术含量开发项目，加快项目的技术升级，实现落后项目的升级换代。

4. 优化创新环境，为秦巴山区科技创新提供良好的氛围

尽快形成既能够激发秦巴山区科技创新主体活力，又能够对秦巴山区研究开发起促进作用的新型创新环境。建设具有中国特色的创新文化，促进形成尊重知识和尊重人才的良好社会风气。

（五）加大秦巴山区环保投入，发展秦巴山区环保产业

资金是支持秦巴山区生态环境保护保障体系构建的关键环节，发展高科技和实现环保的产业化都需要大量的资金。由于秦巴山区的特殊性，建立秦巴山区环境保护保障资金十分有必要，应该充分利用计算机、遥感和信息技术。同时，加强府际间在秦巴山区环境领域的合作研究，吸引外资投入。加强秦巴山区生态环境保护产业的规划，建立起秦巴山区生态环境保护监督管理体系。加强秦巴山区环保机构的建设，大力扶持秦巴山区环境保护产业和龙头企业，争取建立起大片的秦巴山区生态环境保护企业。[①]

---

① 成金华，尤喆．“山水林田湖草是生命共同体”原则的科学内涵与实践路径［J］．中国人口·资源与环境，2019，29（2）：1－6.

（六）完善秦巴山区生态管理信息系统的建设

秦巴山区生态管理信息系统仍处于起步阶段，今后需要在以下十个方面继续完善：

（1）实现秦巴山区生态系统服务功能的定量化及其在不同维度的相互转化；

（2）根据不同生态类型的服务价值准确地计算环境承载力；

（3）分析生产活动对秦巴山区生态系统服务功能所产生的长期影响；

（4）秦巴山区生态系统服务功能的关键过程剖析；

（5）研究秦巴山区各种生态灾害损害生态系统服务价值的评估理论和方法；

（6）明确秦巴山区生态系统服务功能和国家生态安全方面的关系；

（7）在秦巴山区各县市大规模开展生态系统服务价值评估及调研；

（8）探索秦巴山区生态补偿金和生态补偿制度；

（9）衡量秦巴山区生态服务价值以评估对秦巴山区环保等领域的贡献；

（10）生态系统服务价值所利用到的技术、经济及管理对策进行优化。

（七）宣扬绿色国土，提高秦巴山区全民的可持续发展意识

秦巴山区生态环境保护保障机制的构建离不开广大人民群众的积极参与，需要从两个方面来展开，一是加强秦巴山区基础教育，二是宣传秦巴山区环境保护知识。从世界范围来看，美国和日本把对广大人民群众进行环境保护科学知识宣传教育的决定写入国策，对于提高全民环保可持续发展意识起到了巨大的推动作用。对比之下，我国在 20 世纪 80 年代就因为人民群众的认识不足而对秦巴山区资源造成了巨大的破坏。在新的历史时期，秦巴山区在新的经济强国创建氛围中，要更广泛、更积极的在全国普及相关的环保知识和教育。

随着秦巴山区区域联动发展和防治污染进程的深入，该区域内的环境问题也逐渐凸显。跨区域环境污染因具有突发性、高危性、不确定性等特征，极易引发社会负面影响，从而加重秦巴山区面临的环境和社会双重压力。因此，完善秦巴山区生态环境保护与协同治理保障机制建设具有重大的现实意

义，应创新秦巴山区生态环境保护理念，完善秦巴山区生态环境保护管理体制，完善秦巴山区环境保护法律体系和执法体系的构建，推动秦巴山区科技创新，加快秦巴山区科技成果转化率，加大秦巴山区环保投入，发展秦巴山区环保产业，完善秦巴山区生态管理信息系统建设，宣扬绿色国土，提高秦巴山区全民的可持续发展意识。

第九章　秦巴山区生态环境协同治理及高质量发展

2011年国务院颁布的《秦巴山片区区域发展与扶贫攻坚规划（2011－2020年）》，专门提到秦巴山区生态建设地域广、难度大和要求高，资源开发与自然生态环境保护矛盾突出，共有85处禁止开发区，55县属于限制开发的重点生态功能区；同时强调要坚持环境保护和生态建设，推进生产和消费的绿色发展，促进经济与自然生态环境的良性发展，明确将秦巴山区定位为国家重要的生态安全屏障、知名生态文化旅游区、循环经济创新发展区等。随着秦巴山区区域发展和扶贫攻坚的深入推进，区域内城镇化、工业化的快速发展，原本仅仅存在于某一行政区域的环境问题已经跨越原有的行政区划，向周边行政区划扩散，导致部分地区环境问题在短时间内集中爆发。而跨域环境问题也极容易导致恶性群体性事件，成为区域内社会稳定和经济发展新的不稳定因素。生态文明建设是关系中华民族永续发展的千年大计，跨域生态环境协同治理在当前的治理背景下已经变得越来越重要，因此，对秦巴山区生态环境保护与协同治理和经济高质量发展进行深入思考并积极探索解决方案，具有较为深远的现实意义。[①]

一、跨域生态环境协同治理的策略选择

跨域生态环境保护与协同治理是指在跨行政区划或跨政府部门的生态环境（如大气、水资源）治理中，各个行动主体之间在政策执行、利益协调等

① 唐学军，陈晓霞．秦巴山区跨域生态环境治理的路径思考［J］．西南石油大学学报（社会科学版），2019（5）．

方面的集体行动。鉴于跨区域水污染、大气污染等复杂环境治理问题的凸显，跨域生态环境的协同治理变得尤为重要。然而，协同治理的达成需要多方主体的配合与协作。这就需要促进政府内部各部门之间、地方政府之间以及政府、私营部门和非营利组织之间进行协作，从而形成一种整体性治理网络。

跨域生态环境协同治理的过程也是一个从管理到治理的过程，各主体如何选择跨域生态环境协作治理的策略？按照跨域环境治理的外部需求程度和社会参与的广泛性两个维度，可将跨域生态环境协同治理的策略分为四类：科层发包型协同、适应调整型协同、市场契约型协同和多元参与型协同。[①]

（一）科层发包型协同治理

当面对跨域生态环境治理问题时，在外部需求程度和社会参与程度都不高的情况下，各级地方政府的环境治理行为往往呈现科层发包特征，即政府会把环境治理事务逐级发包，从中央政府（制定宏观战略）发包到省市政府（中间执行政府），再转包到县镇政府（具体贯彻实施）。环保责任的层层下压和属地化全面包干是行政发包体制的典型特征，也体现了中国国家治理的历史逻辑。这种科层发包治理机制，在纵向上推行的是不同政府层级间的“压力型”协作，但同时也带来了被动的横向政府部门间和地方政府间协作的效果。

目前全国推行的“河长制”就体现了科层发包型的跨域环境协作治理特征。全国最早推行“河长制”的地方是江苏省无锡市，为了应对太湖蓝藻带来的水污染，江苏省无锡市首创了“河长制”的解决办法。“河长制”的核心内容是将河湖管理责任下压给各级政府的党政负责人，治理指标自上而下层层下压，并逐一分解落实到各级政府以及政府各部门，与之配套的是，政府对于“河长制”出台了相应的监督考核和奖惩制度。例如，无锡市《关于对市委、市政府重大决策部署执行不力实行“一票否决”的意见》规定：“对环境污染治理不力，没有完成节能减排目标任务，贯彻市委、市政府太湖治理一系列重大决策部署行动不迅速、措施不扎实、效果不明显的”，对

---

① 崔晶，毕馨雨．跨域生态环境协作治理的策略选择与学习路径研究——基于跨案例的分析［J］．经济社会体制比较，2020（3）：76－86.

责任人实施“一票否决”。[①] 对地方行政领导的施压，促使地方领导把本级政府所有的职能部门统合和调动起来，在一定程度上解决了一级政府内部部门间相互推诿的问题，促进了横向部门间环境治理的协调。由于无锡的做法效果显著，“河长制”随后陆续在江苏省、云南省、河北省等地推行。

在河长制的推行过程中，有关跨地区的流域水资源协作治理问题也在一定程度上得到了缓解。除了流域管理机构协调跨省河湖的协作治理之外，2018 年 10 月 9 日水利部印发的《关于推动“河长制”从“有名”到“有实”的实施意见》中提出，每条河流的下游要主动对接上游、河流的左岸主动对接右岸，湖泊占水域面积大的主动对接占水域面积小的行政区域，开展跨行政区域的河湖专项治理，探索建立上下游的生态补偿机制。

（二）适应调整型协同治理

当环境治理的外部需求增高时，为了应对民众的需求和压力，政府往往会进行体制和机构的自我调适，进而其治理模式便由科层发包型向适应调整型转换，中国政治体制通过多次的机构调整和行政改革等措施来解决面对的各种问题。比如为了应对土地纠纷，政府加强了土地使用权管理。近年来，政府通过派出环保督察机构等行政体制改革，如中央政府派出的环保督察组和跨地区环保机构试点，以及治理方式创新，如“环保法庭”的建立来提升治理能力，应对民众的需求。

例如，在川滇黔三省共治赤水河的过程中，跨域环保法庭的建立是适应调整型协同的典型。发源于云南省的赤水河流经云南、贵州、四川三省，是我国重要的生物多样性保护区，也因这一流域酝酿出我国一半以上的高端白酒而得名“美酒河”。但散布在两岸的 2000 多家白酒制造企业一度让赤水河变浊变臭。近年来，川滇黔三省联合对赤水河进行治理，通过联合执法、交叉执法、联合监测、应急预警等工作制度，探索解决省界断面、分水线以及石坝河等跨区域支流污染问题。对于赤水河的治理，贵州省仁怀市首先进行了机构的调整和体制创新。依据 2011 年 10 月 1 日正式实施的《贵州省赤水

① 处处精心　步步落实，http：//www. xinhuanet. com/politics/2016 - 09/27/c_129300446. htm，2016 - 09 - 27.

河流域保护条例》，仁怀市于2013成立了仁怀市人民法院环境保护法庭（以下简称“仁怀环保法庭”）。仁怀环保法庭实行“三审合一”的办案模式，对在仁怀市辖区内的生态环境保护刑事、民事、行政相关执行案件实行集中管辖。随着环境保护治理的需要，贵州省高级人民法院、遵义市中级人民法院对其进行指定和授权，仁怀环保法庭目前已经突破了行政区划的界限，开始受理跨区域案件，受案范围扩大到毕节市和遵义市行政区划所辖的各区县涉及生态环境保护的民事、行政一审案件，逐步肩负起了整个贵州省内赤水河流域的生态环保重任。

（三）市场契约型协同治理

随着生态环境治理的推进和企业、其他社会力量参与程度的增强，地方政府也会更多使用市场化手段和契约制度来补充行政手段的不足或者承担很多单独依靠政府无法开展的工作。例如，跨越皖浙两省的新安江流域治理在这方面就探索出了生态补偿的新做法。

新安江发源于安徽黄山市休宁县，进入浙江省的淳安县、建德市后汇入千岛湖。2011年，由财政部、环保部联合出台了《关于开展新安江流域水环境补偿试点的实施方案》，在新安江流域开启了全国首个跨省流域生态补偿机制的试点。第一轮试点按照“谁污染、谁治理，谁受益、谁补偿”的生态补偿原则，设置了每年5亿元的补偿基金，中央财政拨款3亿元，安徽、浙江两省各出资1亿元。按照约定，皖浙两省依据《地表水环境质量标准》，以跨区域断面高锰酸盐指数、氨氮、总氮、总磷四项指标为考核依据，如果安徽流下来的年度水质达到考核标准（即 $P\leqslant1$），浙江拨付给安徽1亿元，水质达不到标准，安徽拨付给浙江1亿元。这种“亿元对赌水质”的制度设计，开启了我国跨省流域上下游横向补偿的“新安江模式”。在顺利完成第一轮试点后，2015年新安江流域开启了第二轮试点，总拨款由原来的5亿元提高到了21亿元，其中中央财政三年共拨款9亿元，两省三年各出资6亿元。在第二轮试点中，两省都新增了1亿元用于上游安徽省黄山市特别是农村地区的垃圾和污水处理。补偿约定也进一步改进，若 $P\leqslant1$，浙江省补偿资金1亿元；若 $P>1$，安徽省补偿浙江省1亿元；若 $P\leqslant0.95$，浙江省再补偿1亿元；不论上述何种情况，中央财政补偿资金都全部拨付给安徽省。在这一过程中，中央政府、安徽和浙江两省政府之间进一步协同合作，国家发改委印发《千岛湖及新安江上游流域水资源与生态环境保护综合规划》，两省政府先后出台《浙江省跨行政区域河流交接断面水质保护管理考核办法》《安徽省新安江流域生态环境补偿资金管理（暂行）办法》等多部文件，进一步完善了新安江流域长效治理体系。

为了更好地实施流域治理，新安江上游的安徽省黄山市除了投资 120.6 亿元进行农村与农业面源污染、城镇污水和垃圾处理等项目外，还与国家开发银行、国开证券等共同发起新安江绿色循环发展基金，促进产业转型和生态经济发展，并且进一步引入市场机制，创造性地发起了垃圾兑换超市。在新安江源头所在地黄山市休宁县流口镇，每逢周二都有垃圾兑换超市，当地村干部担任超市营业员，村民们拎着塑料袋、矿泉水瓶、烟头等生活垃圾来超市兑换生活用品，然后村干部将从村民那回收的垃圾卖给废品收购站。因此，在市场契约型协同中，无论是政府之间补偿合约的签订，还是垃圾超市的建立，都体现了政府组织边界的弹性，把政府间的跨域生态环境协同治理问题逐渐推向了政府外部。

（四）多元参与型协同治理

当生态环境治理的外部需求程度和民众的参与程度都增高时，科层发包型、适应调整型治理模式就会向多元协同型转换，构成新的自我调适机制。在环境协作治理过程中，环保组织的发展、企业和民众对环保事务的参与等都是多元协同型治理机制的表现形式。当然，由于国情不同，在面对环境治理的各种困境时，这里所讨论的“多元协同型”治理机制与西方国家的多元治理有所不同。在我国，政府借助社会力量实现环保社会组织对水污染和大气污染治理的监督，进而实现对环境事务的有效治理。

例如，贵阳市公众环境教育中心是由人大代表、政协委员、行政机关、司法部门、新闻媒体、教育部门人员和城乡居民组成的志愿者组织，它在参与贵州跨域水环境治理中发挥了关键的作用。贵州省清镇市是省会贵阳市上百万人的“水缸”红枫湖所在地，红枫湖作为上游水源地，生态保护问题对于本地区和下游地区都非常重要。然而，自 2002 年以来，红枫湖的水质出现恶化，连续几年出现蓝藻问题，附近的居民从家里的自来水龙头就能闻到明显的腥味。2013 年，清镇市人民政府与贵阳市公众环境教育中心签订了《公众参与环保第三方监督委托协议》，由清镇市政府购买服务对市政府相关部门及其辖区内企业进行第三方监督。在对清镇市内的贵州三联乳业卫城奶牛养殖基地的监督中，贵阳市公众环境教育中心的监督员就亟待处理的污水外排现状，向清镇生态局提交了《关于治理三联卫城奶牛场污水的建议》，对重新规划建设粪污处理区围堰、雨污分流、对场区内存在污染的沼泽区域清淤等问题提出了具体意见和措施。在企业的要求下，中心还为其推荐了专业资质的环保团队，对存在的问题进行整改，协助企业解决了污水外排的难题，切断了对下游水源的污染。贵阳公众环境教育中心在对其监督过程中，向污染企业派遣工作人员调查厂域污染源和环保治理设施，提出整改建议，同时，贵阳公众环境教育中心还对当地村民进行环境知识及法律法规培训，颁发监督聘书，向企业派驻监督员，从而对企业进行实时监督。贵阳市公众环境教育中心以独立的第三方身份行使公众监督权，在地方政府、企业和民众之间实现了良性互动。

从治理维度上来说，由于地方政府面对环境治理压力和民众需求的不同，其治理策略会在科层发包型协同、适应调整型协同、市场契约型协同和多元参与型协同之间变动。在环境治理事务中，纵向各级政府的环境治理行为经常呈现逐级发包的“压力型”协同，以及被动的横向政府部门间和地方政府间协作。在外部环境治理需求上升时，政府的治理策略会由科层发包型向适应调整型转换，体现出行政体制或机构的自我调适，以适应跨域协同治理的需要。随着跨域环境协同治理的推进，采用市场化手段和社会组织参与的形式，吸引企业、社会组织、公众等进行的市场契约型协同和多元参与型协同也会成为新的治理策略。

二、借鉴国外生态环境协同治理的成功经验

国外生态环境协同治理的成功经验，可以为秦巴山区生态环境保护提供借鉴。欧洲的莱茵河、美国的密西西比河、加拿大的圣劳伦斯河等河流，都经历了水体污染、水生态退化的阶段，这些河流的水环境和水生态系统都得到了恢复，这些国家主要的成功做法如下。

（一）统筹跨国、跨行政单位和跨部门的管理

莱茵河流域成立了保护莱茵河国际委员会（ICPR），专门进行莱茵河保护工作的跨国治理和协调组织，实施了制定评估治理对策、提交环境评价报告和向公众通报莱茵河状况和治理成果等多项莱茵河环境保护计划，委员会的成立解决了跨区域河流流经不同国家间沟通不畅的管理问题，是全球跨区域河流治理的成功典范。而在密西西比河流域，美国联邦政府统筹流域整体，建立了跨州协调机制。为加强联邦部门及密西西比河流域各州间的协调合作，美国环保局牵头成立了密西西比河/墨西哥湾流域营养物质工作组，参与部门包括美国环保局、农业部、内政部、商务部、陆军工程兵团和12个州的管理部门，通过工作组的运行，协调了行政力量，保证了治理工作的全面进行。

（二）实行严格健全的污染源排放管控制度

莱茵河流经面积最大的国家德国，实行保护优先、多方合作以及污染者付全费的污染治理原则，排污费对排放污染物造成的环境损失成本全覆盖，排污者所交的钱必须足以修复所造成的环境影响。通过该政策，促进了企业改进生产技术，促使企业向少用水、多循环用水、少排放污水、少产生污染物的方向发展，促进了落后产能和高污染企业的退出。该措施使得莱茵河沿岸污染物的排放迅速减少，对水质改善起到了关键作用。在美国，1972年《清洁水法》颁布后，通过实施国家污染物排放消除制度（NPDES）许可证项目，美国建立了基于最佳可行技术的排放标准为基础的排污许可证制度。实施这一制度使密西西比河流域的工业和市政等点源污染得到有效控制。密西西比河干流沿岸10个州的污水处理厂数量占到全美的29%。通过建设污水处理厂并实施排污许可制度，有效降低了废水的BOD浓度，使流域水质得到显著改善。

（三）实施一系列行动计划，有效改善水环境质量

1987年，ICPR各成员国推出“莱茵河行动计划”，制定了一系列目标和措施减少有害物质排放；各成员国和地方政府制定了更严格的排放标准，为整治莱茵河提供法律保障，莱茵河水质很快得到恢复。莱茵河的工业和生活

废水处理率达到97%以上。各成员国还制定了“洪水行动计划”“莱茵河2020行动计划”“洄游鱼类总体规划”“生境斑块连通计划”等一系列行动计划，这些行动的目标为污染控制、生态修复提供了时间表，对莱茵河水质改善和生态恢复发挥了决定性的作用。在密西西比河流域，为控制密西西比河、墨西哥湾流域的非点源污染，美国营养物质工作组发布了2001国家行动计划，主要是控制流域的氮排放（未对磷提出控制要求）。通过制定和实施最大日负荷总量（TMDL）计划、制定标准、加强非点源和点源污染控制等措施的实施，流域内污染物快速消减。

（四）开展区域综合治理实现水生态系统健康

区域综合管理是欧盟生态环境治理的核心理念，莱茵河的流域管理十分注重综合性，从治理流域污染、关注防洪效果、提高航道保证程度，到生态环境保护、保护湿地、运用滞洪区时给动植物提供生活环境、增加过鱼设施、保护鱼类种群等，从污染防止到生态恢复，实现要素全覆盖。通过流域综合管理规划的实施，改善了水体水质，莱茵河的大部分水生物种已恢复，部分鱼类已经可以食用。欧盟实行的以科学论证和规划为指导，生态环境的整体改善为前提，高等水生物为生态恢复指标的流域综合管理规划的做法取得了成功。美国通过制定联邦流域治理政策，科学治理流域水环境。20世纪80～90年代，美国环保局逐渐认识到以流域为基本单元的水环境管理模式十分有效，开始在流域内协调各利益相关方力量以解决最突出的环境问题。1996年，美国环保局颁布了《流域保护方法框架》，通过跨学科、跨部门联合，加强社区之间、流域之间的合作来治理水污染，通过大量恢复湿地恢复水生态系统，实现生态系统良性循环。在实施过程中，结合排污许可证发放管理、水源地保护和财政资金优先资助项目筛选，有效地提高了治理效能。

（五）建立资金保障机制用于保护修复工作

治理莱茵河不仅仅是政府的职能，也是沿河工厂、企业、农场主和居民共同的利益所在。在维护莱茵河良好水质和生态环境中，投资者在参与计划的实施过程中发挥了重要的作用。各类水理事会、行业协会等作为非政府组织，参加到重要决策的讨论过程中；广泛的参与性，使得决策具有广泛的可操作性，保证了恢复成果的公众认可。在密西西比河的治理中，通过加强联邦部门合作和资金投入，保证了治理效果。2009～2013年，美国环保局、农业部和内政部等累计投入70多亿美元用于密西西比河流域12个州的非点源污染控制和营养物质监测。为支持长期的减排任务，明尼苏达州建立了长达25年的资金保障机制，用于监测和评估、流域修复和保护战略、地下水和饮用水保护、非点源污染控制等方面。

（六）细化流域监测体系为管理治理政策提供全面保证

欧盟在《水框架指令》中给出了监测指导文件，从监测规划的设计、监测的水体类型、监测参数、质量控制、监测的频率等制定了详细的监测要求，给出了详细明确的指导。在英国赛文河特文特河流域12500平方千米的流域内，设置了1800个监测样点，平均每7平方千米一个监测样点，监测点位密集。同时，水框架指令中明确了水生态的监测，并在监测的基础上进行水体健康评价，对莱茵河水生态的恢复起到了重要的作用。①

三、秦巴山区生态环境协同治理的总体思路

（一）秦巴山区生态环境协同治理的指导思想

秦巴山区生态环境协同治理必须以习近平同志的生态文明思想为根本遵循，按照“共抓大保护、不搞大开发”“生态优先、绿色发展”“从生态环境系统性保护着眼，统筹山水林田湖草等生态要素，实施好生态修复和环境保护工程”等重要指示精神，做好秦巴山区生态环境协同治理顶层设计和实施路径规划，确保秦巴山区生态环境协同治理按照正确方向前行。

---

① 李海生，孔维静，刘录三．借鉴国外流域治理成功经验推动长江保护修复［J］．世界环境，2019（1）：74－77．

（二）坚持全面统筹，促进政府主导与市场机制的有机结合

政府主导和市场机制各具优势也各有弊端。政府规划、指导、监管的缺失或不到位会放大资本逐利性的弊端，造成有限资源不公平配置或浪费；政府管得过多、过宽，又会限制市场机制配置资源的高效性和决定性作用的发挥，秦巴山区生态环境协同治理将会走向传统计划经济体制效率效益不高、不可持续的老路。政府主导和市场机制有机结合是实现政府、企业和社会优势互补、协同发力的关键。秦巴山区生态环境协同治理必须坚持全面统筹，做好顶层设计、综合施策、协调推进。在顶层设计过程中，既要考虑各省市经济发展水平的差异性，又要兼顾区域协同政策的公平性；既要以坚决的态度治理污染保护生态，又要顾及地方经济发展和民生就业的合理诉求；既要形成多部门、多省市齐抓共管的合力，又要避免政出多门、只顾自身利益的现象出现；既要保证治理保护的时效和成效，又要考虑投入的经济性和技术的适用性；既要为子孙后代治理保护好秦巴山区生态环境，也要传承、发展、创新科学技术、模式机制、法规制度和监测评价成果。

（三）把握好重点突破和久久为功的关系

秦巴山区生态环境协同治理必须以习近平同志重要指示精神为指引，以摸清环境本底数据为依据，以生态环境治理为切入点，以整体规划为龙头，以水污染治理、水生态修复、水资源保护三者协同共治，大江大河的环境功能、资源功能、生态功能、经济功能、安全功能和文化功能整体统筹；山水林田湖草一体化治理、人居产业生态空间重构为基本路径，以污染物总量控制为基础，以区域协调、系统治理、标本兼治为原则，探索“秦巴山区统筹、一城一策”，鼓励市场化竞争，突出区域整体环境效益和规模化经营，努力构建政府主导、企业实施、社会各方参与、不依赖国家补贴、长期可持续的多元化秦巴山区生态环境协同治理模式。

（四）建立健全生态环境保护与协同治理制度

建立健全秦巴山区生态环境协同治理制度是政府的职能所在、优势所在，制度的意义不仅在于规范各个参与主体的行为，稳定投资者预期，提高资源

可塑性，更在于制度设计的前瞻性、导向性和激励性，能够通过市场机制发挥作用，能够根据时代发展、技术迭代、理念创新在实践中不断丰富完善。

（1）在国家层面，应加强中央预算、专项资金、专项基金的支持力度，研究设立国家级秦巴山区生态环境保护投资基金和奖励基金，并在综合补贴、税收减免、产业整合、降低土地费用和用电价格等基础性社会成本等方面给予相关企业以支持；鼓励金融机构创新生态环保金融产品，建立绿色金融体系，为秦巴山区生态环境保护提供长周期、低成本的金融支持。

（2）地方政府应当在资源配置、特许经营、项目核准、土地开发、收费机制等方面给予企业一定支持，研究出台土地置换、产业置换等新模式，引导支持企业和社会各方积极参与秦巴山区生态环境保护。绿色循环发展的一个重要特征是以更少的土地空间、更低的资源消耗、更小的污染代价支撑更大的发展空间和经济总量。必须实行严格的产业准入负面清单制度，全面关停、搬迁、清理河岸高污染企业，防止高污染企业向上游无序转移，从源头上严格控制污染。

（3）针对一些特殊区域和特殊项目，有针对性地制订特殊专项优惠支持政策，确保项目能够持续盈利和长期稳定运营。通过系统性的制度安排和政策设计，营造有利于生态环境协同治理的制度政策环境，推动秦巴山区生态环保产业健康可持续发展。

（4）完善立法，严格执法，积极普法，加快推进秦巴山区区域生态环境协同治理立法，画出刺激市场活力的目标高线，定出强约束的生态红线和“零容忍”的法律底线，进一步强化依法保护、依法治污、依法监管、依法惩治，构建不敢污染、不能污染、不想污染的秦巴山区生态环境协同治理的法制体系。

四、加快推进秦巴山区生态环境治理模式的“三个转变”

要充分治理秦巴山区的自然生态环境，解决好地方保护主义和各自为战的问题、环境保护目标与具体执行之间的矛盾、行政区划与自然区划之间的矛盾，加快推动秦巴山区治理模式的“三个转变”，即从地方分治模式向府际共治模式转变、从政府治理模式向社会共治模式转变、从事后治理模式向全程共治模式转变。在这个转变过程中必须突出政府的主体作用，并以此为基础来带动和强化市场的调节作用以及社会共治参与作用，并通过完善相关体制机制保障政府、市场、社会三者之间的联动关系。

（一）加快推进从地方分治模式向府际共治模式转变

习近平同志指出：“必须坚持本地治污和区域协作相互促进原则，多策并举，多地联动，全社会共同行动”。① 因此，为突破传统的以行政区划为界限的分割治理模式，解决地方分治造成的生态“碎片化”的弊端，应采取府际合作的协同治理模式，在全流域范围内建立政府间的整体联动机制，通过协同、协商、合作的协同共治方法促使流域生态得以有效治理。

1. 完善区域府际生态共治的体制机制

（1）健全府际生态协同治理的组织机构。一是要建立定期联席会制度，健全联合会商、联合通报、联合监测、联合执法等机制，共同协商确定合作方向、基本框架和主要思路等基础性问题，协调解决跨区域生态环境治理的重大事宜；二是要建立部门接洽制度，进一步执行和落实联席会上达成的意见建议，把决策、思路转化为行动、措施。通过整合部门之间的政策资源，使秦巴山区生态治理实现内外联动。通过共同制定秦巴山区生态治理规划及实施方案、明确阶段性治理任务和指标体系、强化水质、大气、山林生态提升的效果要求等措施强化跨区域党政组织间的协调联动，推动各地方层层分解任务并落实责任，力争达成各主体的同向同步，合力合拍，共同加强秦巴山区生态环境保护，使秦巴山区生态资源可持续利用。

（2）建立区域府际生态协同治理整体联动机制。在搭建地方政府间统筹协调工作平台的基础上，秦巴山区政府间必须建立系统化的区域府际生态共治整体联动机制。

一是建立决策共商机制。建立秦巴山区生态建设统筹协调机制，制定秦巴山区生态建设总体规划和评价指标体系，实现生态文明建设的顶层设计，

---

① 习近平：《在北京考察工作结束时的讲话》，2014 年 4 月 26 日。

研究制定有利于秦巴山区生态协同治理的政策措施，协调解决秦巴山区生态建设中的重大问题，组织实施跨区域重大生态建设工程，系统地评估建设效果并将考核结果纳入地方综合考核评价体系中，从而实现对地方领导政绩观和地方发展方向的引导。全面落实国家和各自省市生态环保政策法规，协同制定具有区域特点的环境保护措施，通过签订生态建设和环境保护工作合作协议等，在项目引导、资金扶持、科技支撑、政策倾斜等方面开展战略性合作，实现资金、政策集成。

二是建立利益共享机制。充分考虑各地区的现实条件、发展现状和利益诉求，在平衡和实现各方利益的前提下建立利益共商机制。推进秦巴山区生态共治需要统筹考虑区域产业规划制定、产业结构布局、产业项目引进等，需要通过总部经济以及税收分成等形式，研究建立跨行政区产业合作的利益分享机制，利用秦巴山区范围内核心城市的研发优势和人力优势探索产业合作利益分配模式。要支持地区间建立横向生态保护补偿制度，对重点生态功能区实施生态保护补偿，通过应用符合市场规律的措施来实现地区间的利益共享。

三是建立一体化合作机制。地方政府和相关部门联合行动起来，着重解决相关部门执法缺位和不到位的问题，解决地区政府“各唱各的调、各吹各的号”的现象，形成促进生态治理的强大工作合力。各环境执法部门必须定期开展重点领域专项执法行动，重点打击矿石盗采、污水直排等破坏生态环境的违法犯罪行为，实现对秦巴山区执法全覆盖，遏制住各类影响生态的不良生产和生活方式，管住生态恶化的风险。在科学分析各地区位优势、资源禀赋、生态现状的基础上，系统规划秦巴山区功能区定位，以此为基础进行产业经济规划和基础建设规划，构建秦巴山区一体化发展模式。

2. 提升解决秦巴山区生态问题的协同能力

（1）做好秦巴山区的生态规划。要依据不同地区的资源禀赋，充分考虑生态资源环境承载能力，以生态定城、定地、定人、定产，完善整个区域内部经济与人口、资源、环境相匹配的空间均衡机制，明确适合本地区发展的具体功能定位并落实和细化发展方案。一是考虑生态优先，在进行空间规划设计时要依托现有的生态资源，增加生态效益，创造出宜居宜业的生态空间；

二是考虑分区引导，根据不同地区的自然禀赋和发展差异，实现有针对性的开发利用和保护建设生态资源，从而能够在一个比较大的区域统筹控制各功能区的规模，有效处理不同功能区域之间的矛盾冲突；三是科学定义生态发展阈值，明确地区生态系统对于城乡经济活动的承载能力并以此为基础，提高对城乡的可持续发展能力的掌握；四是按照生态资源价值的分享比例分担生态环境保护和建设的成本，共同享受区域生态与经济利益。

（2）协同消除负外部性影响。解决秦巴山区生态负外部性问题有效途径要“制约”和“补偿”双管齐下。一方面，通过限制上游地区高污染、高耗水行业的发展以保证下游地区得到充足、干净的水源供应；另一方面，下游地区对上游地区给予一定的经济补偿用于生态环境保护以及低污染、低耗水行业的鼓励发展，保证上下游之间公平、和谐的良性循环发展，消除秦巴山区生态保护的负外部性，避免秦巴山区“公地悲剧”的发生。

生态建设能够产生正的外部性。一是生态补偿区将全面实施封山禁牧、退耕还林、禁限畜禽养殖、能源替代、全面建设生活垃圾、污水处理设施等措施，加快传统农牧经济的转型，限制不合理的生产建设活动，关闭排污不达标企业。二是建设村级污水处理厂和垃圾收集转运系统，对秦巴山区内主要峪口进行污染实时监控，信息汇入污染物联合监控平台，并对污染进行快速管控；加强污染排放大的企业排污许可证管理和总量控制，各企业建设配套污水处理系统并实施全自动监测，严令污染排放小的企业淘汰落后工艺和设备，加强投资项目监督审查力度。三是秦巴山区主要城镇所在地为关键性绿道节点，提升生态自然资源社会效应，不断提高人民群众生态环境保护意识。

（3）全面提高污水处理能力。实行水陆统筹，从污染源头入手，以防促治、防治并举。当务之急是加大污水直排的整治力度，提高污水收集处理能力。

一是加强面源污染综合整治。本着“生态化、就近化、多样化”的基本思路加大农村生活污水处理力度，推动生活污水生物处理、自然净化，实现“污水不出村、出村没污水”的目标。大力开展城乡接合部污水收集处理、农村环境连片整治、重要区域生态环境综合治理、饮用水水源地环境综合治理、城市黑臭水体整治等工作，严厉打击各类企事业违法排污、超标排污现象，治理农业面源污染、农村污水直排和垃圾乱堆乱放，从源头上控制好地表污染。

二是实施多水共治的综合治理机制。水环境污染问题“表征在河里，根子在岸上”，必须加快完善本区水环境治理的体制机制，严格责任倒逼，强化政府监管和约束，督促各流域政府抓好辖区源头治理、责任管理，逐步形成上下游齐抓共管、属地分段负责的水环境治理工作格局。

三是构建生态环境监管评估机制。做好秦巴山区资源环境承载力监测，对水土资源、环境容量超载区实施联合监管执法，制定环境容量与生态红线监测联席会议制度，区域间协同监管，严守生态红线。做好生态监测预警工作，严格监控并联合打击矿山的乱开乱采、超载超限等现象，加强矿山修复工作，建立长期有效的矿产资源监管机制。重点监测秦巴山区南水北调水源交汇口和入河处，将监测断面的水质和水量信息定期发布于水资源污染监测公告中，并因地制宜制定支流水污染防治措施。

3. 建设生态友好型产业集群

生态应该是秦巴山区最大的品牌、优势和财富，通过实现生态和经济在市场层面的协调，才能实现绿色崛起，让绿水青山变成金山银山，拥有市场优势、竞争优势和发展优势。

（1）加快生态友好型产业集聚发展。一是加快三次产业的融合式发展。理顺各地区产业发展链条，调整优化产业结构，避免产业的同构性、同质化，谋划产业一体化格局，推进生态友好型产业集群建设，通过价值链实现观光型农业、都市型工业、旅游休闲业的融合式发展。依托地区生态优势，大力发展有机生态循环农业、生态林业等产业。加快推进区域市场一体化进程，推动各种要素按照市场规律在地区间自由流动和优化配置。探索各地区共同招商、共同管理、共同开发、互利共赢的机制。

二是推进产业生态化。一方面要建立符合生态规律的产业体系，完善产业准入负面清单，全面梳理秦巴山区内现有产业。凡是不符合生态要求以及对生态有破坏性影响的产业一律清除。严格划定并坚守生态保护红线，突出资源消耗、环境容量、生态空间的下限，建立源头管控、联合执法、责任追究的生态保护制度体系，打造无害化治理、资源化、绿色循环产业链。另一方面要实现废弃资源利用，建立农业废弃物收集、运输、利用的消纳政策体系。对有机废弃物进行无害化处理和资源化利用，变废为宝，提高农业规模化、循环化、组织化水平，形成比较完整的农业生态化的链条，在治理生态的同时促进有机农业的发展。①

(2) 加快培育新兴产业和高成长绿色产业。生态问题的根源之一在于产业结构的不合理，秦巴山区传统产业耗能多、污染大并且比重高。彻底实现生态环境治理，必须对传统产业进行改造提升，加快引进培育新兴产业和高成长绿色产业，大力发展优质产能并使之成为产业主导。秦巴山脉区域战略性新兴与高成长绿色产业总体布局，遵循“生态-产业协同双向梯度发展”模式，促进生态与产业协同发展。

按照生态特点，构建秦巴山脉区域绿色城乡发展模式。通过对该区域生态环境及地形地貌的深入分析，确定其城乡发展模式。该模式是基于生态基底资源环境承载力与国土空间开发的适应性评价，同时结合区域的协同特点确定城乡发展的一种模式。该模式将整个区域空间划分为全绿、深绿、中绿、浅绿4种不同类型的单元。全绿单元是生态价值高、地形起伏较大的山地地区，应进行严格生态保护与修复的区域；深绿单元通常位于起伏较大的山地，生态价值较高，属于限制开发区域，只能在环境承载力允许的范围内发展绿色产业；中绿单元是适度保护区域，空间开发以集约发展和优化提升为主；浅绿单元是适度发展的区域，可进行科学合理的产业布局。②

(二) 实现从政府治理模式向社会共治模式转变

按照整体性治理理论，社会力量在生态环境协同治理中的作用不可忽视，同样不可或缺。可以及时、有效监督地方政府在生态保护中的行政不作为现象，对排污企业形成低成本而又强有力的社会监督。但目前来看，社会共治模式的最大障碍在于公众参与的不足。政府部门要突破过去政府主导生态治

① 底志欣. 京津冀协同发展中流域生态共治研究——基于洵河流域的案例分析［D］. 北京：中国社会科学院研究生院，2017.

② 吴左宾，敬博，郭乾，等. 秦巴山脉绿色城乡人居环境发展研究［J］. 中国工程科学，2016，18（5）：60-67.

理、忽视社会共治的传统模式，突出人民群众的生态权益，建立健全公众参与生态治理的各种方式方法，引导社会各界实现共同治理。

1. 政府决策层面要突出人民群众的生态权益

2015 年 9 月中共中央国务院印发的《生态文明体制改革总体方案》明确指出：坚持自然资源资产的公有性质，创新产权制度，落实所有权，区分自然资源资产所有者权利和管理者权力，合理划分中央地方事权和监管职责，保障全体人民分享全民所有自然资源资产收益。保障人民群众的生态权益，就是要努力让人民群众喝上干净的水、呼吸清洁的空气、吃上放心的食物，在良好的环境中生产和生活。人民群众的生态权益还包括对环境质量维护的监督权和环境政策制定的参与权等，即保障人民群众免受污染的环境自由权、生态治理的参与权与监督权、利用自然生态资源的权利。

2. 治理操作层面要创新公众的生态环保参与机制

社会公众越来越关注与自身利益密切相关的生态公共管理问题，并且期望参与到其中的管理过程中。要解决生态治理中市场失灵和政府失责问题，就需要构建包括地方政府、企业、非政府组织、公众共同参与的治理模式，真正从点对点治理转变为网络治理的转变，即破除政府生态治理的单一垄断地位，建立起分散的、多级的、上下联动的合作、协调、谈判、商讨的伙伴关系，通过确立集体行动目标、实施统一行动等方式对流域生态环境进行联合治理，共同解决生态环境问题。只有政府与公众在生态治理中形成良性互动，才能有效地满足流域生态协同治理的根本需求。通过强化公众的有效参与、创新公众参与模式、搭建公众参与的制度平台，增强公众参与的信心，促进生态环境的共享共治。

3. 积极引导社会广泛参与生态治理

在生态环境治理过程中，政府必须高度重视公众的力量，建立健全公众参与生态治理的各种规章制度，畅通公众参与生态治理的渠道，推动公众依法有序参与环境保护。一是加大公众生态文明观念的养成。要在全社会倡导保护环境的行为、提供绿色的生活方式。以各种教育类生态文化载体为主体，以弘扬生态文化、传播生态文化知识为目的，加大生态文明理念的宣传和教育。二是发挥社会组织的参与作用。重视社会组织在生态政策协调、生态治理中的作用。通过社会组织把分散的、个体化的社会力量组织和聚集起来，然后以组织化的形式参与生态治理，从而发挥更大的作用。

（三）实现从事后治理模式向全程治理模式转变

以往生态环境治理是“先污染后治理”，即等环境污染了、生态恶化了再进行治理，这种事后治理模式既造成了巨大的生态环境损失，增加了后期治理的复杂程度和不可修复性。这种被动的生态环境治理是不可持续的。为推进生态环境治理，必须改变“先污染后治理”模式，必须推动治理模式从事后治理向全程治理转变，强化生态环境治理制度建设，建立起从预防到维护再到惩处的全过程治理模式。生态环境治理模式作为一种多元主体的协同治理模式，其本质体现为一种制度体系。生态环境治理制度体系是由层次不同的各类生态行为规范构成的有机整体，包括源头防范、过程监管、责任追究等各种制度。生态环境协同治理问题的最终解决，必然依赖法规的完善和制度的健全来破解生态环境的系统性、整体性和治理机制的分割性、部门性之间的矛盾。加强生态环境治理制度体系建设，有助于从制度上保障和促进生态共治的顺利实施。

1. 建立健全公平正义的生态治理法治保障机制

生态环境治理必须要用法治手段推动生态共治，完善依法治理体系，加强执法监管工作，建立统一的联防联控机制，使守法成为常态。对于秦巴山区生态环境协同治理来说，建立健全秦巴山区法治体系是推动生态文明建设和环境保护工作的关键环节，首要任务是要建立起一套有效整合法律法规、政策措施的规则体系，用完备的法律法规来约束保护生态环境，以实现生态资源配置的高效率和公平正义。在立法合作方面，要从区域功能定位、产业结构调整、投融资、招商引资政策制定等方面建立起真正能协调秦巴山区内各地区利益冲突的规范性文件，避免各地区的趋利性行为对其他地区的损害，进而将各地区整合到统一的生态环境治理的合作框架中。在执法合作方面，要建立跨区域联合执法机制。秦巴山区各地区执法机构在定期会商、信息共享和联合监测的基础上，要建立生态治理工作联合执法督察组，共同针对群众突出反映的环境问题、生态建设合作协议的重要内容进行联合实地考察，对水污染、大气污染和土壤污染等环境保护污染防治工作落实情况开展联合督察，对影响流域整体生态安全的区域环境布局、产业布局开展联合督察，全面提高水环境执法效能。在司法合作方面，要着力推动形成跨区域的环境公益诉讼司法体系，设立环境公益诉讼专项资金，鼓励社会组织提起环境污染公益诉讼。

2. 建立源头整体布控、有效防范的制度体系

自然资源的稀缺要求对自然资源加强管理，建立起完整的自然资源资产的产权制度，建立起有效防范的制度，从而用产权手段鼓励秦巴山区各地区实施生态正外部化、约束生态负外部化。一是明晰自然资源资产的产权制度。必须明确生态治理领域的公共领域性质，突出生态资源资产的公有性质，强化各级政府的管理职责和权限范围；要建立反映自然资源真实成本的定价机制，使市场价格在自然资源配置当中发挥决定性调节作用。二是建立生态资源价值评价制度。科学衡量流域生态产权价值，将自然资源的生态效益纳入生态产权价值的衡量，通过构建科学全面的指标体系来测算生态资源的价值和效益；探索构建自然资源统一调配管理平台开展生态权交易，改变自然资源浪费与严重短缺并存、上下游之间存在尖锐矛盾的局面。三是健全生态红线和生态资源用途管制制度。划定生态保护红线并严守生态红线，明确生态红线内建筑项目准入标准，严格监管项目建设过程；稳步实行退耕还林和退耕还湿活动。严格按照主体功能区定位建立国土空间开发保护制度，将生态资源开发利用及保护管理的边界明确下来，实现生态资源按质量分级，按梯级利用。

3. 健全生态责任追究、损害赔偿的制度体系

一是建立生态文明绩效评价考核体系。严格按照法律法规和各相关标准体系，健全生态文明监控体系和定量评估指标，与生态在线监测体系平台相结合，统一实施生态文明建设指标数据的采集、核定和发布，及时评价和衡量生态文明建设任务执行情况和目标完成情况，全面掌握区域内污染物减排、环境质量等指标的动态变化情况，向社会定期发布生态文明建设水平，既能够为有针对性地采取治理措施奠定基础，也能够为社会监督和参与治理提供技术保障。二是健全生态损害责任追究制度。把环境保护工作纳入纪检监察、

人事考察、审计监督的工作范围，实现流域联合监督管理，开展领导干部环境保护和自然资产的离任审计，建立领导干部生态文明建设责任制、问责制和终身追究制；要严惩重罚那些违反生态环境法律法规、违反国土空间规划、违反污染物排放许可和总量控制等法律法规造成生态环境严重破坏的企业和个人，通过加大违法违规成本使其自觉减少污染排放、不敢偷排偷放。

五、构建政府主导下多元化参与协同治理的大格局

（一）传承社会共识，营造全社会生态环保的有利氛围

生态环境保护不仅是一项生态治理保护工程，也是一项社会工程。秦巴山区生态环境协同治理只有形成社会共识、获得社会大众的普遍认知，才能形成广泛而稳固的社会基础，获得人民群众的支持和参与，我国社会主义制度集中力量办大事的优势才能全面发挥，秦巴山区环保事业才能取得最终的成功。秦巴山区生态环境协同治理要吸引全社会的广泛参与，更要让全社会知晓，人民群众关心什么、期盼什么，就应该优先治理保护什么。秦巴山区生态环境保护的过程应当接受人民的监督，成果应当交由人民评价，监测体系、评价指标应当用人民能够理解和感受的形式表达，以取得人民的广泛支持。

秦巴山区生态环境保护需要几代人的长期努力，必须营造全民参与的良好社会氛围，不断积淀可传承的社会共识。习近平同志提出的“绿水青山就是金山银山”“像爱护眼睛一样保护生态环境”等关于生态文明的一系列重要思想已经深入人心。通过秦巴山区生态环境保护的长期实践和逐步深入，将进一步加强全社会对习近平生态文明思想的认识和理解，潜移默化地影响人民群众的生活方式和消费行为，让“生态优先、绿色发展”从理念转变为全社会的统一共识。

（二）构筑秦巴山区生态环境协同治理的生态共同体

秦巴山区生态环境协同治理是具有公益属性的市场化行为，既不是高利

润产业，也不是慈善事业。要维持长期持续的巨额资金投入，必须创新市场化管理体制机制，推动秦巴山区生态环保事业产业化，使其具备稳定和持续经济价值，同时坚持环保产业的公共属性和公益属性，将秦巴山区生态环境保护相关产业的利润率限制在一定范围内，为政府分担投资压力，为社会投资主体提供一种有稳定经济效益的产业投资配置选项，通过有序的市场竞争充分激发市场活力，形成不依赖国家补贴的市场化生态环境治理保护实施新模式，调动地方政府、企业和社会力量三者的积极性，探索政府主导、企业实施和社会参与的市场化机制，实现秦巴山区整体生态环境效益的提升和企业持续盈利的协调统一。

有为的政府和有效的市场有机结合、优势互补是秦巴山区生态环境保护成功的关键所在。秦巴山区生态环境保护的重大意义之一就是将秦巴山区生态环境保护事业以市场化的方式长期可持续地推动下去，通过政府的制度设计将“生态优先、绿色发展”理念进行模式化、制度化、产业化和社会化，这将是我国生态文明建设的一大创新成果。

（三）推行“一城一策”“一山一策”的治理模式

秦巴山区 5 省 1 市资源禀赋，生态环境、发展阶段均不尽相同，需要因地制宜、综合统筹、分类实施。“一城一策”“一山一策”可以实现区域环境的综合治理和生态功能的整体改善，进一步明确生态环境修复治理全链条责任，实行规模化经营，降低社会综合成本，使区域环境得到明显改善。秦巴山区生态环境保护需要加快培育一批技术领先、管理先进、实力雄厚的生态环保领军企业，发挥龙头核心企业的产业引领带动作用，整合生态环保产业链优势企业，实行产业化发展、市场化运作，打造秦巴山区环保产业投资平台，政府应优先将优质资源向优势企业配置和集中，防止重蹈条块化分割影响资源配置和使用效率的覆辙。

以“长江经济带生态环境保护”为例，按照国家赋予的使命，在国家发展和改革委员会等有关部委的指导帮助下，中国长江三峡集团公司在江西九江、湖北宜昌、湖南岳阳、安徽芜湖 4 个城市开展了先行先试工作，已开工建设水污染治理项目 17 个，组建成立长江生态环保集团等五大实体工作平台，初步构建了投融资保障体系。目前正在拓展至试点城市的下属县市，并逐步将重庆、武汉、南京和上海崇明区纳入合作范围，2020 年直接投入资金将累计超过 1000 亿元人民币，撬动的社会资本将数倍于企业直接投资规模。实践证明，由政府指导、企业实施、社会各方共同参与、符合市场经济规律、不依赖国家财政投资、长期可持续的“共抓长江大保护”路径模式是可以探索成功的。[①]

六、加快构建秦巴山区生态环境保护市场化运营机制

（一）创新生态产品经济价值

创新秦巴山区生态环境治理修复产品的经济价值实现路径，建立可持续、可复制、可推广的市场化运营机制，使治理修复形成的生态产品价值和增值价值能够得到合理享用、公平分配、跨区域补偿和动态均衡，持续推进秦巴山区生态环境治理修复与长效保护，最终实现秦巴山区生态健康、和谐美丽。

社会资本的自由进入和退出是秦巴山区生态环境保护实现长期可持续的关键，也是实现运营机制创新的关键。依靠国家投入和企业让利不是市场化，更不可持续。应当不断将生态环境治理成果、治理技术、工程实体、科研成果等资源资产化、资产资本化、资本证券化、证券流通化，实现社会资本的自由流动、自由进入、自由退出，建立起一种有活力的市场机制；不断地将秦巴山区生态环境保护领域的存量资产盘活并资本化，秦巴山区生态环境保护事业才能循环发展起来。

实现秦巴山区生态环境保护事业的循环发展，应当对价值增值部分进行量化评估，对为价值增值所付出的成本进行合理补偿，对价值增值部分的分享和分配提出实现路径。随着全社会对生态环境修复保护所产生的价值增值的理性认知不断深化并形成社会共识，其价值实现路径和机制将更加市场化、多元化和制度化。

---

① 卢纯．“共抓长江大保护”若干重大关键问题的思考［J］．河海大学学报（自然科学版），2019（4）：283－295.

（二）创新资源、资产、资本转化增值循环模式

一是加快研究提出秦巴山区生态环境修复治理产品经济价值化和价值数量化的评估规范和计算标准，秦巴山区生态环境保护提供生态产品定价依据和方法程序。完全依靠政府投入和补贴的治理保护不可持续，没有科学的价值评估标准，很难实现真正的市场化。秦巴山区生态环境除具有巨大的生态价值、景观价值和服务功能以外，还具有较高的经济价值。建立生态产品的经济价值评估体系，为治理修复形成的生态产品市场化定价、量化成本与效益、进行合理经济补偿提供科学依据，为市场提供合理预期，为社会资本有序进入和获利退出秦巴山区生态环境保护提供决策基础。

二是鼓励支持将秦巴山区生态环境治理修复的存量资产资本化，对生态环境公共资产的产权进行主体具体化和权益明晰化。积极探索秦巴山区生态环境治理修复项目形成的资产、负债、索取权进行科学合理的评估定价，并进行资产化和资本化，以资产资本化和索取权资本化循环滚动投入，使秦巴山区生态环境治理修复项目持续建设、长期运营和永续发展。

三是探索自然资源、社会资源进行科学依法资产化的路径，用市场化机制和规范确权，评估资源转化为资产的价值，为资本化奠定基础。应当用市场的标尺和定价机制为绿水青山进行合理的评估定价。资产价值的评估要获得市场的认可，除了其自身固有的经济价值属性外，还应当具备可持续的增值价值和国家的信用背书，不断增强市场信心。

四是将政府部分经营权利资本化并以特许经营权的方式实行上市拍卖，作为政府用于秦巴山区生态修复和环境整治的资金投入。将政府拥有的部分资产经营权、经营收费权、特许经营权等进行有明确期限的公开拍卖，企业通过公平的市场竞争机制获取经营权并向政府支付购买资金，形成政府对秦巴山区生态环境保护的长期持续投入。

五是研究提出综合性补偿办法，使秦巴山区一些重要但无直接经济效益的生态环境修复治理项目能直接或间接地获取稳定和可预期的回报。秦巴山区 5 省 1 市经济发展水平存在一定差距，在坚持跨域一盘棋的基础上，应当坚持公平原则，以行政手段和市场机制均衡秦巴山区生态环境保护投资者与受益者的利益分配。

六是将部分秦巴山区生态环境资产进行重组，分离资产中的收益和风险，合理组合生态环境产品资产包。通过分离生态环境项目资产中的风险和收益，将低收益或无收益的生态环境项目资产与具有稳定收益的资产重新整合，实现协同增值，引导社会资本流向，均衡资本投入。

七是国家和地方政府应加快制定优惠政策，以立法的方式，给社会和企业以稳定的预期和制度承诺，引导、鼓励更多的社会资本和企业投资向秦巴山区生态环保领域聚集，实现秦巴山区生态环境保护事业的可持续发展。

八是以生态环境保护专项税费的方式推动形成全社会消费秦巴山区生态环境治理保护产品的理性自觉。应当逐步增强人民群众的思想境界和消费观念，探索尝试开征生态环境消费税、污染治理费、垃圾分类回收处理费等，加快形成行之有效、公平合理的生态产品定价机制和支付方式，推动实现秦巴山区生态环境保护事业产业化和可持续发展。

（三）构建生态环境保护市场化运营机制系统

构建秦巴山区生态环境保护市场化运营机制系统，研究符合社会主义市场经济规则，适应我国经济发展现状。充分运用市场经济规律，研究制定自然资源、社会资源使用收费和价值评估机制、生态补偿机制、转移支付机制、特许经营权拍卖制度、特殊经营权出让制度，生态价值评估计量的规范和标准，建立秦巴山区生态环境治理修复产品的价值交易市场规则，生态环境改善后土地升值评估机制，打通生态产品价值转化为经济价值的渠道，确保秦巴山区生态环保实现滚动投入、自我循环、可持续发展的市场化运营机制。

七、加快建设秦巴山区生态环境大数据监测平台

（一）建立秦巴山区系统科学的监测体系和评价机制

秦巴山区生态环境保护与协同治理，应当运用数学思维，用系统、客观、

准确的数据进行清晰的概念阐释，用科学的数学模型反映生态系统演变趋势、揭示内在机理和发展规律，用严谨的指标体系检验治理成效和保护成果。

建立长时间尺度、宽空间范围、全生态要素的本底信息采集处理分析系统，对秦巴山区生态环境治理修复过程进行有效监督，对治理修复目标提出合理预期，对治理成果进行科学考核评价，是确保秦巴山区生态环境保护路径科学、方向正确、治理成果可检测、过程可监督、治理数据可评价、治理效益可感知的重要手段，也是秦巴山区生态环境保护极其重要、十分急迫的基础工作，应该尽快启动、优先完成。

（二）加快构建秦巴山区生态环境本底数据库体系

秦巴山区生态系统结构庞大复杂，各要素之间高度关联耦合、相互影响，应当全面监测秦巴山区生态环境功能的完整性，通过整体情况反映秦巴山区生态修复、环境治理效果的全面真实性和整体性的健康状况。

一是做好顶层设计，突出政府公信力和行政强制力，尽快优化完善相关体制机制和政策，将构建秦巴山区生态环境本底数据库体系、生态环境监测体系和治理修复成果评价体系上升为国家行为。打通秦巴山区跨域本底数据库体系、生态环境监测体系和治理修复成果评价体系之间的标准规范壁垒、行业管理壁垒和行政区域壁垒，实现三大数据体系统一标准、统一尺度、统一技术，确保三大体系之间信息的共享性和成果的权威性。

二是构建科学、系统、全面、翔实的秦巴山区生态环境本底数据库。当前需提出本底数据库科学的设计系统，提出明确、可量化、可检验的秦巴山区生态环境特质指标体系，为秦巴山区建立全面详细的档案，为科学诊断、对症施策、评估治理修复成果提供科学依据和参照指标。

三是构建跨部门、跨行业、跨行政区域的秦巴山区生态环境动态监测体系。秦巴山区生态环境系统的治理修复改善是一项长期任务，对治理修复过程进行实时监测，全面反映生态环境发展变化的趋势，和治理成果一样重要。对秦巴山区进行分区域监测、全区域汇总、长时间跨度分析对比，需要打破部门、行业和行政区划之间的权责藩篱和职能壁垒，构建秦巴山区生态环境综合分析评价与决策支持系统，为国家在战略层面统筹协调，为地方政府在具体工作层面综合施策提供数据支撑。

四是构建修复治理成果的考核评价体系。没有考核评价就没有管理。应当构建健康、美丽秦巴山区的量化考核评价指标体系，把对健康、美丽的主观感性认识量化为客观理性的数据指标，运用技术与经济双重评价机制，从微观和宏观二个层面对治理保护过程和成果的经济合理性进行定量分析，为秦巴山区环保产业市场化运营实施提供可复制、可循环的发展范式。

五是创新秦巴山区生态环境监测体系和修复治理成果社会化展示方式方法。政府、企业、科研机构和普通民众对秦巴山区的生态环境状况认识不统一，相互之间存在着认知壁垒和差异。在缺乏系统全面监测数据体系的情况下，民众对秦巴山区生态环境变化的感知往往滞后、不敏感、不对称，应当通过直观、通俗易懂的社会化展示方式，让广大人民群众认知修复的过程、检验治理的成果，以人民群众的认可推动治理保护工作的不断深入。

（三）建设秦巴山区生态环境监测中心和大数据平台

秦巴山区生态环境本底数据库不仅是监测评价的基础，也是秦巴山区生态环境协同治理所有工作的基础。秦巴山区生态环境监测体系和治理修复成果评价体系必须以秦巴山区本底数据库为依据和对标参照体系。

秦巴山区本底数据越充分、越全面、越系统，就能越接近秦巴山区客观的真实情况，就能够更准确地感知秦巴山区的变化、总结变化规律、形成科学认知、制定有效措施，监测体系和评价体系才有据可依。还应加强统筹，充分发挥政府、企业、高校各自的优势和合力，通过打造监测中心和大数据平台，加快设立系统全面、动态优化的秦巴山区生态环境本底数据库。

八、广泛开展科学研究为生态环境协同治理提供技术支撑

（一）秦巴山区生态环境保护必须坚持科学先行、理论引领

秦巴山区生态环境保护跨行业、跨领域、跨学科，涉及许多重大科学问题，需要进行创新性的系统科学研究。秦巴山区生态系统结构复杂，生态环

境问题及成因多元，演化机理规律独特，缺乏科学认知和理论指导，仅凭经验感觉各行其是，将秦巴山区作为各种治理方案、治理措施的试验田，不仅治理不好秦巴山区，还可能会引发一系列次生性、衍生性生态问题，让结果和初衷南辕北辙。

秦巴山区生态保护协同治理首先应当及时掌握秦巴山区的生态状况，敏锐感知秦巴山区的变化，揭示变化发展的规律，深化认知规律背后的机理，系统性地开展治理与保护秦巴山区的基础性科学研究工作，提出科学的治理保护措施。秦巴山区生态环境保护重大科学问题的研究必须走在工程技术实践的前面，为治理保护提供科学指引，为国家重大决策提供科学支撑，为重大关键技术选择提供科学论证。

（二）联合攻关创新为生态环境保护提供科学支撑和理论支持

秦巴山区生态环境保护需要生态环境学、产业经济学、社会学、法学等众多学科领域交叉创新、跨区域合作、联合攻关，随着治理保护实践的发展，还会不断有新的重大科学问题被提出。因此，要尽快建立秦巴山区生态环境保护国家级科研中心，将相关学科领域的专家学者、科研机构纳入，集聚众人智慧，不断拓展对秦巴山区生态环境保护事业的认知边界和理论深度，让认知和科学的发展速度尽快赶上并超过实践脚步，指引秦巴山区生态环境保护实践向着更科学、更理性、更富有成效的方向发展。

（三）积极探索生态环境保护与协同治理的科学发展规律

1. 秦巴山区生态系统结构功能和演变规律

秦巴山区的山水林田湖草不仅相互连通而且形成了稳定的物质、能量与信息交换规律，又分别构造了多种相对独立但又紧密联系的区域生态系统，生态系统相互之间呈现出不同的生态环境、自然资源、动力特征和独特的演化规律，各区域生态系统的交换率、自净能力、纳污能力截然不同，只有深入研究生态系统各自的演化机理，全面掌握全秦巴山区的生态系统结构和功能，把握好整体和局部、长期与阶段、现状和趋势，秦巴山区生态环境协同治理，才能对症下药、分区施策、有效治理修复。

2. 秦巴山区生态系统多样性、平衡性和功能性之间的互动规律

生态学强调生态系统整体性、多样性、循环性和平衡性，任何生态系统都由多要素共同构成，其演变发展通常以过程方式存在，不遵循生态系统的普遍联系和运行规律，其平衡稳定性和功能作用就无法正常发挥，甚至引发生态危机。秦巴山区生态环境治理任何一种生物种群数量的变化都是整个秦巴山区生态系统的重要影响因子，科学构建秦巴山区生态系统内部各物种间相互影响的量化关系，揭示每一种物种和生态因子对整个秦巴山区生态系统稳定性、功能性的影响及其内在规律，十分重要，意义深远。

3. 秦巴山区生态环境保护整体思路的生态学依据

人居、产业、生态三个空间重构、六水统筹、三水共治以及山水林田湖草一体化治理是秦巴山区生态环境保护整体思路的生态学依据。生态系统通常以矛盾、系统和过程的方式存在，既包含了诸多关系和要素，又呈现出明显的发展阶段。围绕水规划、水安全、水生态、水资源、水景观以及水文化的“六水统筹”表现为水功能多样性和构成要素多元化，开展水污染治理、水生态修复、水资源保护的“三水共治”体现了水治理的不同阶段，通过空间格局重构、产业格局重构和生态环境重构的“三个空间重构”是调和人与自然的空间矛盾，山水林田湖草一体化治理则强调生态要素之间的普遍联系。一切人为的治理保护路径和工程手段必须以科学为支撑才能投入实际应用，重构人居、产业和生态三个空间的前提是科学规划三个空间的量化关系，合理布局人居空间、集中产业空间、留足生态空间，在不同功能空间之间设置生态缓冲区，留出充足的公共绿地，用更多的生态景观缓解柔和钢筋水泥墙带来的压抑感，增进人与自然的亲近关系。任何新提出的空间规划和项目设计都应以科学规划依据为前提，这是实现秦巴山区生态环境修复保护科学性、整体性和系统性的重要基础。

4. 系统监测秦巴山区生态环境承载能力极限

要掌握秦巴山区生态环境承载能力极限、秦巴山区纳污能力极限、秦巴山区自净相关参数，以及其演变规律和量变到质变的区间。秦巴山区的生态环境问题具有长期积累性，量变的积累会转变为质变的爆发，在量变区间范围内的治理和发生质变后的治理所付出的成本、采取的技术是截然不同的。

必须系统监测秦巴山区水质量、水生态、水环境、水生物、水动能演变趋势，深化研究秦巴山区生态环境资源的承载极限、自净能力极限、物种多样性极限、生态功能极限、湖库水动力极限等能够引发生态环境发生质变的重要因素，科学掌控秦巴山区生态环境变化的边界条件，控制增量、治理存量、优化变量，先治理修复，再长期保护，最终实现生态系统的自我平衡、长期健康。

5. 探索生态优先、绿色发展

绿色发展、高质量发展的模式机制和方法路径是秦巴山区生态环境保护必须深入研究解决的重大科学问题之一，涉及人居、产业和生态空间的合理重构，社会主体能源体系的迭代升级，长期发展动能的转换替代。打破先污染后治理的落后发展循环，充分利用移民搬迁、产业升级、基础重构等重大发展机遇，在新发展理念指导下，科学重构人居、产业和生态空间，通过发展生态旅游、生态农业等生态产业置换高耗能、高污染的传统产业，加快构建新的秦巴山区生态系统，确保其生态功能有效发挥，探索生态优先、绿色发展，实现从“碳繁荣”到“低碳繁荣”再到“无碳繁荣”的社会经济发展范式转型升级路径。

6. 秦巴山区自然生态系统与人工治理工程的和谐共生问题

经过历史上的长期治理开发，秦巴山区已经嵌入大量的“人造物”，秦巴山区生态环境协同治理的过程中，还将嵌入大量新的人工治理保护工程，其原始的生态系统已经被人为重构，一系列新要素、新结构、新关系共同组织形成了新的秦巴山区生态系统，秦巴山区已不可能回到本质原生态，接受认知秦巴山区已经形成的新生态系统是不能回避的客观现实，用工程措施治理保护秦巴山区既是必然趋势，也是最有效的路径手段。应当给时间以空间、给空间以时间，使“人造物”逐步融入秦巴山区生态系统，实现新生态系统的平衡稳定以及各项功能有效发挥，这是最现实的生态结构重构方式，也是应当追求的新生态系统结构。

7. 秦巴山区生态环境治理保护形成的生态产品属性界定和经济价值实现路径

秦巴山区生态环境保护事业要长期可持续发展，必须形成大保护产业，治理的价值和成果必须得到合理市场定价和消费者认可。生态环境治理修复后形成的产品具有公益和商业双重属性，其公益属性应当为全体人民群众所共有和共享，其商业属性决定了生态环境治理修复产品具有可定价、可实现、可流通的经济价值，有经济价值必然存在价值实现路径。

8. 秦巴山区江湖连通性和泥沙冲淤与水生态、水环境的互动规律

长期以来，秦巴山区水域生态环境经过有效治理，上游水土保持、退耕还林，秦巴山区的水沙运行规律已经发生重大变化，上游水库群泥沙淤积情况远远好于预期，但清水下泄冲刷下游河道的范围和程度超出预期，在这种新的水沙运行情况和清水冲刷趋势下，对江湖连通性和秦巴山区水生态、水环境的影响及其演变机理规律必须尽快加以研究揭示，以便提出科学有效的治理修复措施。

九、工程措施与生态措施有机结合解决秦巴山区生态问题

（一）通过工程技术措施实现秦巴山区生态环境协同治理

为实现秦巴山区生态环境保护多目标、多效益、多功能的统一，确保治理和保护效益的最大化。重大问题工程化解决，系统问题工程化推动，结构问题工程化处理，效益外化问题工程化核算，多目标、多效益、多功能要求工程化实现，这是工程思维在推动经济社会进步发展方面的重要优势。应将秦巴山区生态环境保护作为一项国家重大工程来谋划设计，用工程思维、工程技术措施作为重要抓手和实现路径。

中国城镇化进程不可逆，经济社会发展脚步不能停，提升民生福祉工作力度不能减，在这种前提下实现秦巴山区生态环境治理修复，必须用高效、经济、适用的工程化方式治理长江存量污染，以重新构建秦巴山区生态系统的方式提升秦巴山区资源环境承载能力。

运用工程思维、工程技术措施解决秦巴山区生态环境治理修复问题，应当遵循“适用、先进、成熟、经济”原则，准确把握秦巴山区生态系统新的

演变发展规律，防止用工程技术措施解决一个生态问题时引发另外的生态问题、发展问题和社会问题。

（二）工程措施和生态措施有机结合加快开展生态环境协同治理

将工程措施和生态措施有机结合起来，实现重点、难点问题工程化解决，工程问题系统化实施，系统问题区域化量身设计，并逐步实现工程技术措施和工程设施的生态化和自然化，重新打造秦巴山区复合生态涵养区，是秦巴山区生态环境最立竿见影的措施，也是最需要慎重考量选择的路径。打造生态环保工程技术共享平台，通过创新环境治理和生态保护工程技术，探索一条适合中国国情且先进、适用、成熟、经济的秦巴山区治理保护路径。

在重视运用工程技术措施治理保护秦巴山区生态环境的同时，还应当注重运用生态措施、管理措施、制度措施和文化措施等非工程技术措施，实行多措并举、优势互补、协同发力，实现治理保护效果的最优化和长效化。

（三）运用工程技术措施解决秦巴山区的“三水共治”问题

秦巴山区生态系统最重要的核心要素之一是水资源，水具有构成一切生命要素的基础性，连接其他生态要素的连通性，发挥生态功能、经济功能和社会功能等多种功能的复合性，具有综合反映多种生态问题的集合性。同时，水作为战略资源具有稀缺性、作为公共资源具有公益性、作为可交易商品具有经济性。基于水的上述特性，治理保护秦巴山区生态环境必须以水污染治理、水生态修复、水资源保护“三水共治”为切入点和重点，以工程化治水为着力点。

1. 城乡污水深度处理、规模化处理、经济适用化处理工程和技术

污水是人民群众感受最直接的污染，也是秦巴山区生态环境保护治存量、控增量的关键。污水治理工程技术发展已经较为成熟，关键是建设高标准、高效率、全覆盖的污水处理设施和配套管网系统，达到污水全收集、收集全处理、处理全达标，保障区域所有城乡水环境质量整体得到根本改善。

2. 农业面源污染治理和畜禽鱼养殖污染治理工程和技术

秦巴山区农业面源污染来源广、范围大、层次深、成分复杂、分布随机，管网建设滞后和雨水冲刷给污水收集治理带来极大不确定性。秦巴山区农业面源污染比城市、工业点源污染治理难度更大、成本更高、周期更长。亟须创新适合秦巴山区各省市农业产业特点、经济发展水平、气候地理条件的面源污染治理工程技术，实现节约投资并提高治理效率的目的，同时各地应在污染根源控制上下功夫，试行农药化肥集中配送，对区域农药化肥的用量使用实行限额制和配额制，从单纯依靠农药、化肥和作业面积的传统粗放型生产模式，向生态环保、集约高效的生态种养模式转变。

3. 区域工业污染源整治工程和技术

关停搬迁化工污染企业，做到人清、设备清、垃圾清，关键还要做到土地清，对受污染土壤的深层次治理工程和技术是彻底根除秦巴山区污染隐患的关键。要坚持规划先行、科学规划，既管当前又管长远，按照工业园区化、园区生态化、生产清洁化、排放达标化的原则，运用适合传统产业改造升级和优化布局的工程技术。

4. 秦巴山区保护与利用工程和技术

秦巴山区是极其重要且不可再生的宝贵资源，更是人与生态环境之间重要的生态缓冲带和生态屏障，应当坚持保护与利用并重。加快建设秦巴山区生态缓冲工程和绿色生态廊道，实现秦巴山区生态防护林、生态湿地、生态景观带全覆盖，提升秦巴山区水源涵养、释氧固碳、水土保持、净化环境等生态功能和价值，科学利用秦巴山区自然资源。

5. 水源地保护工程和技术

秦巴山区是国家重要战略淡水储备库和南水北调水源地，水质安全关乎国家安全和亿万人民群众的身体健康。重要水源地保护必须采取工程技术措施，重点是实施工业、农业、运输业和居民生活等不同污染源的清理整治工程，难点是秦巴山区水库群静态水富营养化防控工程和支流水华防治工程，应做好水源地安全监测和信息公开，坚决消除饮用水安全隐患，保障人民生活用水的长期绝对安全。

6. 江河湖泊连通工程和技术

江河、湖泊、湿地是秦巴山区生态系统不可或缺的重要组成部分。加大秦巴山区河湖、湿地的生态环境保护与修复力度，开展退耕还湖还湿，是当前秦巴山区水生态修复、水资源保护工程的重点。积极研究江河与湖泊以及湿地交汇节点的疏浚、连通等有关工程技术，优化江河湖泊水位的动态调节机制、江河湖泊水系格局，维护秦巴山区生态系统的整体性和连通性，加快恢复和长期保持湖泊对长江生态环境系统的重要服务功能。

7. 实施秦巴山区水资源优化调度工程和技术

统筹秦巴山区江河湖泊水资源调配，实施严格的水资源保护和利用制度，提高再生水的资源化利用效率，确保淡水资源的战略安全；实施秦巴山区中上游梯级水库群联合调度，提高流域水资源的科学调度和集约化利用水平，确保秦巴山区防洪、生态、航运、发电等综合效益最大化和流域整体效益最大化。

8. 污泥、垃圾无害化处理利用工程和技术

填埋、焚烧等传统垃圾处理技术会产生更加难以治理的渗滤液、有毒气体和残渣等，对土壤、地下水和大气造成更深层次污染。垃圾无害化处理和资源回收再利用在中西方都已有较为成熟的工程技术和措施手段，关键是做好源头减量，运用适合中国国情、便于百姓操作的垃圾前端分类处理技术，对环境友好的中端储运技术，完全无害化又具备较强经济性的末端处理技术，针对不同类型的垃圾采取不同的处理工程技术手段，有效回收利用污水处理后形成的污泥以及其他各种类型的污泥，不留次生污染。

十、生态视域下的秦巴山区经济高质量发展

习近平同志在陕西考察时强调，保护好秦岭生态环境，对确保中华民族长盛不衰、实现“两个一百年”奋斗目标、实现可持续发展具有十分重大而深远的意义，这为秦巴山脉区域生态视域下的秦巴山区经济绿色循环发展提供了根本遵循。

（一）以绿色循环发展理念引领秦巴山区经济高质量发展

1. 绿色循环发展是系统发展，需精准施策、统筹兼顾

绿色循环发展是以资源节约、环境友好的方式获得经济增长，影响绿色循环发展的各要素具有关联性和系统整体性的特征，绿色不是孤立存在的，必须系统地整体把控，局部的绿色增长可能不会实现真正的绿色循环发展。条块分割、管理分散、各自为战的环保困局使得我国一些地区绿色循环发展的潜力未得到充分释放。

绿色循环发展需要统筹兼顾，强化顶层设计，把制度建设作为推进绿色循环发展的重中之重，着力破解制约绿色循环发展的体制机制障碍。在推进绿色循环发展过程中，需打破条块分割，明确绿色标准认定，全面加强环境执法，让制度和法治为生态文明建设保驾护航，将绿色循环发展落到实处。

2. 绿色循环发展是创新发展，需坚持技术引领

绿色循环发展是发展方式的根本性转变，是发展质量和效益的突破性提升。绿色循环发展离不开绿色技术创新，绿色技术创新带来的高效率生产模式将有效弥补传统技术创新中忽视资源保护和污染治理的缺陷，有效减少企业生产的废物和污染物的排放，直接降低环境保护成本，带动产业体系的绿色化转型。

因此，亟须为绿色技术创新引好路、铺好桥。围绕绿色循环发展的重大问题，应瞄准绿色设计、绿色工艺、绿色回收等关键技术，加大绿色技术装备的研发力度，打造引领产业发展的绿色核心技术体系，为可持续发展提供动力。积极促进绿色节能低碳技术大规模应用，淘汰低端落后产能，推动产业结构的优化升级，通过产业间的资源重新配置推动全社会绿色化生产。

3. 绿色循环发展是普惠发展，需引导鼓励公众积极参与

绿色循环发展理念以人与自然和谐发展、共存共荣为价值取向，良好生态环境是最普惠的民生福祉。无论是经济发展还是生态文明建设，最终目的是改善人民生活质量，满足人民日益增长美好生活的需要。绿色循环发展发轫于人民、回馈于人民，因此，需要最广泛的公众参与，以此夯实绿色循环发展的人本基础。人力资本对绿色循环发展的贡献就在于提升环境效率、抑

制环境污染、促进环境保护。[①]

基于秦巴山区的自然人文资源禀赋、生态保护价值以及在国家安全和区域战略中的突出地位，应以“绿水青山就是金山银山”的核心发展导向，通过生态保护、产业转型、区域协同等多领域绿色创新为支撑，确定秦巴山脉区域经济绿色循环发展之路。

（二）发展绿色循环经济促进秦巴山区大保护

1. 构筑“两屏两带”秦巴绿色生态新格局

充分发挥主体功能区作为国土空间开发保护基础制度作用，推进生产空间集约高效、生活空间适宜居住、生态空间山清水秀。加强对空间发展的引导和管控，积极引导当地的重点开发区高效开发，工业和城镇之间统筹发展，提高自然资源的使用效率和所带来的经济效益；强化限制开发区耕地的保护力度，稳定农产品的生产，推进现代农业合理且高效的发展。加强对限制开发区的环境保护和修复生态的能力，加大生态产品供给量，从而保证秦巴山区乃至全国生态系统安全；依法对禁止开发区加大保护，严格禁止开展各项不符合主体功能区定位的活动，保证自然生态和文化自然遗产的原真性和完整性。牢记绿水青山就是金山银山的生态文明的建设理念，坚持以节约和保护为先、自然恢复为主体，绿色、循环、低碳发展为途径，根据对主要功能定位、优先进行生态保护的要求，依托大秦岭、大巴山、汉丹江两岸生态资源优势，构建“两屏两带”绿色生态空间结构。

两屏：即大秦岭和大巴山两个生态屏障。加大对天然林资源的保护力度、对移民搬迁和退耕还林等生态进行保护修复。除此之外，积极采取各项措施对农村地区的尾矿库、面源以及重金属污染进行控制或消除，开展治理工程，维护森林的生态系统与生物物种的多样性，加强对水源的治理。

两带：即汉江两岸生态安全带和丹江两岸生态安全带。重点开展汉江、丹江流域的综合治理以及水土流失治理、沿江的绿化建设，加强城镇区域垃圾收纳、污水排放设施的建设，对农村的环境进行综合整治，将陕南打造成为南水北调中线水源区绿色生态走廊。

① 韩晶．以绿色发展理念引领经济高质量发展［N］．经济日报，2020－05－03（4）．

2. 构建“两江两山全域”旅游新格局

利用丰富的自然生态资源和悠久璀璨的人文资源，积极发展生态、文化旅游产业，加快提档升级精品景区，构建“两江两山全域”的旅游新格局。

两江：即沿汉江涉水旅游，包括武侯墓、定军山、武侯祠、古汉台、张骞墓、石门栈道、朱鹮梨园、后柳水乡、中坝大峡谷、燕翔洞、凤堰古梯田、文笔山道教养生园、任河漂流旅游区、流水星火传奇、瀛湖、安康中心城“环江 50 里”汉江休闲旅游带、香溪洞、太极城、红石河、秦巴水乡汽车营地等景区。沿丹江涉水旅游，包括商於古道、古蓝关、韩愈祠、仙鹅湖、佛诞地、罗公砭、棣花古镇、武关、青峰驿、金丝峡、阳城驿、闯王寨等景区。

两山：一是大秦岭山地旅游，包括张良庙、紫柏山、熊猫谷、五龙洞、筒车湾、上坝河、悠然山庄、秦岭峡谷漂流、秦岭四季滑雪馆、中庄逍遥谷、皇冠森林度假旅游小镇、鬼谷岭、木王山、塔云山、牛背梁、终南山秦楚古道、柞水溶洞、九天山、凤凰古镇、月亮洞、漫川古镇、天竺山、老君山、牧护关等景区；二是大巴山生态旅游，包括青木川、黎坪、白天河、大巴山茶马文化旅游区、双龙生态旅游景区、凤凰山旅游度假区、南宫山、千层河—神河源、飞渡峡—黄安坝、天书峡、女娲山、龙头村、芍药谷、三里垭贡茶基地自驾营地等景区。

全域：依托风景名胜区、自然保护区、森林公园、地质公园、重要湿地、省级文化旅游名镇、乡村旅游示范村、省级休闲农业示范点和明星村等旅游资源，因地制宜发展乡村游、观光游、度假游、避暑游、体验游、自驾游等全域旅游。①

3. 转型升级传统制造加工业

大幅压缩重化工产业。通过减少重化工企业数量，降低“两高一资”（高能耗、高污染和资源性）产业在传统产业中的比重。针对秦巴山脉区域煤炭资源储量少、煤质差、煤炭产业集中度低、生产效率低等现状，可在一定时期内，逐步关闭域内所有煤矿，实现煤炭生产全域退出；严格控制中小流域内的中小水电开发，保护流域生态环境，维护流域生态健康；建议除水

① 宋敏，姚思琪．构筑秦巴山区先进的陕南绿色循环反贫困协同发展新高地—探索山区绿色精准扶贫新机制［J］．西安财经学院学报，2019（1）：19－24．

电扶贫工程外，区域内原则上不再新建中小水电站；建议秦巴山区核心腹地不再新增金属冶炼加工企业，现有企业不得扩大生产规模。

4. 发展壮大装备制造业

秦巴山区的装备制造业转型升级重在提质增效，利用数字化、智能化、绿色化等高新技术进行改造，促进产业的高端化发展。打造国家航空工业集聚地，建设国内领先、航空主题鲜明的国家新型工业化产业示范基地；培育提升汽车制造业，以核心技术、关键技术研发为着力点，积极发展自主品牌的高端专用车、电动汽车和高端汽车零部件等相关产业；调整提升装备制造业，重点加强智能精密数控机床、功能部件和控制系统的研制，适应小批量、定制化、高性能的市场要求。

5. 培育提升农林畜牧特产绿色加工业

秦巴山区具有丰富的农林畜牧及矿泉水资源，宜大力发展农林畜牧特产加工业，将之打造为区域经济发展的特色产业、优势产业和支柱产业。发展木本油料产业，在秦巴山区建设国家木本油料良种繁育园、科技展示园和油料精深加工工业园，建设国家木本油料工程技术研究中心、木本油料种质资源中心；发展现代中医药产业，组建秦巴山脉现代中医药研究中心，建成全国药材种植基地、中药材集散地和中药饮片加工基地；发展丝麻纺织和服装业，推进“东桑西移”，巩固提高现有蚕桑苎麻生产基地；发展饮用水产业，打造天然、健康、高端的区域优质饮用水生产基地。

6. 培育战略性新兴及高成长绿色产业

发展新材料、新能源、生物医药、信息技术、生态和文化旅游等战略性新兴及高成长产业，创建秦巴山区经济社会发展新格局。依托关中平原城市群，重点发展新一代信息技术、高端装备制造、新材料、生物医药产业；依托中原城市群，重点发展新一代信息技术、高端装备制造、新材料、生物医药、新能源汽车、数字创意产业；依托成渝城市群，重点发展新一代信息技术、高端装备制造、新材料、生物医药、新能源、新能源汽车、节能环保产业、数字创意产业；依托武汉城市群，重点发展新一代信息技术、装备制造、生物医药、新能源汽车、节能环保、数字创意产业。建设以汉中、安康为主中心，以南阳、绵阳、天水等为极点，以陇南、广元、商洛等为节点的秦巴腹地现代服务业网络，重点发展电子商务、现代物流、现代金融、科技服务、养老健康等产业。[①]

（三）加快推进新型城镇化，实现秦巴山区共享发展

坚持以人为核心的新型城镇化，划定城镇发展边界控制线，着力完善城镇的发展功能、服务功能、人居功能，全面提升城乡公共服务及管理水平，建设生态宜居的新型城镇和美丽乡村，推动城乡一体化发展。

全面落实主体功能区规划，科学确定城市功能，合理控制城镇规模、开发边界、开发强度和保护性空间，将生态文明理念融入城市发展的整个过程，构建绿色生产模式、绿色生活方式，打造绿色生态环境。

一是强化秦巴山区及周边互联互通的现代交通、通信、旅游服务基础设施体系。注重快速交通干线体系的完善与文化旅游慢行系统的搭建，形成国家干线体系引领下的秦巴山区域内部交通网络；加快秦巴山区域外部大环线建设，构建各中心城市及主要功能单元间快速交通体系；建设公共服务设施和大数据中心，促进文化旅游业的发展。引导区内适龄劳动人口参与基础设施建设的施工、运营、养护和管理。

二是增强环秦巴山区域内四大城市群（成渝城市群、关中平原城市群、长江中游城市群和中原城市群）和中心城市的人口与产业承载功能，促进生态敏感地区和那些不适合生产生活地区的人口、产业向外转移集聚，从根本上缓解秦巴山区的生态压力，促进生态空间与生产生活空间更加平衡、更加优化。

三是以区域中心城市为核心，积极探索生态环保、产业发展和新型城镇化融合的发展新模式，大力推进绿色城市、智慧城市、人文城市建设。坚持集约发展，提高土地利用率，创新城市规划编制，搞好城市设计，推进城市建筑升级。加快城乡协调发展进程，促进城镇基础以及公共服务设施向周边乡村扩展，提高城乡基本公共服务的水平。

秦巴山区是生态高地、资源富地、文明发祥地，在国家生态安全体系中

---

① 徐德龙，刘旭，周庆华．秦巴山脉绿色循环发展战略研究（二期）［J］．中国工程科学，2020（1）：1－8．

承担着至关重要的战略功能。由于生态保护要求，其范围内城镇产业发展的类型受到限制，人口长期流失，经济增长缓慢，发展活力欠缺。因此，合理平衡地区生态保护与经济增长之间的关系成为秦巴山区核心腹地面临的核心问题。为了实现区域生态环境与经济社会更加平衡、更可持续的高质量发展，关键在于转变发展理念：突破原有的行政限制和条块分割，着眼于秦巴山脉生态系统的整体性；遵循新技术革命背景下资源要素空间流动与空间布局的新趋势，提高优势资源空间上的规模集聚效率和增强地区间一体化协同发展，从而实现秦巴山区生态治理现代化和经济绿色循环发展。

参考文献

[1] 保海旭，包国宪．我国政府环境治理价值选择研究 [J]．上海行政学院学报，2019 (3)：13 - 24.

[2] [英] 庇古．福利经济学 (上册) [M]．陆民仁，译．台北：台湾银行经济研究室，1971：154.

[3] 曹洪军，李昕．中国生态文明建设的责任体系构建 [J]．暨南学报 (哲学社会科学版)，2020 (7)：116 - 132.

[4] 常纪文，汤方晴．京津冀一体化发展的环境法治保障措施 [J]．环境保护，2014 (17)：26 - 29.

[5] 成金华，尤喆．"山水林田湖草是生命共同体" 原则的科学内涵与实践路径 [J]．中国人口·资源与环境，2019，29 (2)：1 - 6.

[6] 程欣，帅传敏，王静，等．生态环境和灾害对贫困影响的研究综述 [J]．资源科学，2018，40 (4)：676 - 697.

[7] 崔晶，毕馨雨．跨域生态环境协作治理的策略选择与学习路径研究——基于跨案例的分析 [J]．经济社会体制比较，2020 (3)：76 - 86.

[8] 底志欣．京津冀协同发展中流域生态共治研究——基于泃河流域的案例分析 [D]．北京：中国社会科学院研究生院，2017.

[9] 杜香玉．生态文明建设的理论与实践研究新论——"转型与创新：云南生态文明建设与区域模式研究" 学术论坛综述 [J]．原生态民族文化学刊，2019 (3)：152 - 156.

[10] 杜永红．"互联网 +" 农村社会治理创新发展对策 [J]．江苏农业科学，2017 (8)：338 - 341.

[11] 杜永红．"双碳" 目标约束下的 ESG 审计研究 [J]．哈尔滨工业

大学学报（社会科学版），2022（2）.

［12］杜永红，崔杰．基于协同治理下的生态环境保护审计研究［J］．商业会计，2022，9（14）.

［13］杜永红，袁瑞瑞．乡村振兴战略下的易地扶贫搬迁绩效审计评价指标体系研究［J］．审计观察，2022（5）.

［14］段赟婷，凌曦．历时5年《全球环境展望6》发布：地球已受到严重破坏［J］．世界环境，2020（2）：28－30.

［15］方世南．人类命运共同体视域下的生态－生命一体化安全研究［J］．理论与改革，2020（5）：12－22.

［16］高抗．经济转型升级与地方治理模式创新——基于浙江长兴县的个案研究［M］．北京：学林出版社，2010.

［17］谷树忠，吴太平．中国新时代自然资源治理体系的理论构想［J］．自然资源学报，2020，35（8）：1802－1816.

［18］顾华详．我国生态环境保护与治理的法治机制研究［J］．湖南财政经济学院学报，2012（6）：5－16.

［19］顾菁．打造黄河流域之“芯”［EB/OL］．https：//www. ishaanxi. com/c/2020/0708/1739433. shtml.

［20］郭道久．协作治理是适合中国现实需求的治理模式［J］．政治学研究，2016（1）：61－70，126－127.

［21］郭炜煜．京津冀一体化发展环境协同治理模型与机制研究［D］．北京：华北电力大学（北京），2016.

［22］韩晶．以绿色发展理念引领经济高质量发展［N］．经济日报，2020－05－03（4）.

［23］胡振通，柳荻，靳乐山．草原生态补偿：生态绩效、收入影响和政策满意度［J］．中国人口·资源与环境，2016，26（1）：165－176.

［24］科斯等．财产权利与制度变迁［M］．刘守英等，译．上海：上海三联书店，1994：20.

［25］李爱年，周圣佑．我国环境保护法的发展：改革开放40年回顾与展望［J］．环境保护，2018（20）：26－30.

［26］李达净，张时煌，刘兵，张红旗，王辉民，颜放民．“山水林田湖

草——人”生命共同体的内涵、问题与创新［J］. 中国农业资源与区划，2018，39（11）：1－5，93.

［27］李干杰. 深入推进生态环境保护综合行政执法改革 为打好污染防治攻坚战保驾护航［N］. 人民日报，2019－03－20（14）.

［28］李国平，刘生胜. 中国生态补偿40年：政策演进与理论逻辑［J］. 西安交通大学学报（社会科学版），2018，38（6）：101－112.

［29］李海生，孔维静，刘录三. 借鉴国外流域治理成功经验推动长江保护修复［J］. 世界环境，2019（1）：74－77.

［30］林耿，许学强. 大珠三角区域经济一体化研究［J］. 经济地理，2005（5）：677－681.

［31］刘爱军. 以生态文明理念为指导完善我国的环境立法［J］. 法制与社会，2007（6）：1－2.

［32］刘宪锋，潘耀忠，朱秀芳等. 2000－2014年秦巴山区植被覆盖时空变化特征及其归因［J］. 地理学报，2015（5）：705－716.

［33］刘旭. 秦巴山脉区域要在保护中发展［N］. 光明日报，2020－05－09（5）.

［34］刘峥延，毛显强，江河. “十四五”时期生态环境保护重点方向和策略［J］. 环境保护，2019（9）：37－41.

［35］卢纯. “共抓长江大保护”若干重大关键问题的思考［J］. 河海大学学报（自然科学版），2019（4）：283－295.

［36］卢青. 区域环境协同治理内涵及实现路径研究［J］. 理论视野，2020（2）：59－64.

［37］马晓河. 从国家战略层面推进京津冀一体化发展［J］. 国家行政学院学报，2014（8）：28－31.

［38］孟庆瑜，梁枫，张思茵. 京津冀环保产业协同推进法律机制研究［J］. 河北大学学报（哲学社会科学版），2019（2）：50－56.

［39］世界自然基金会（WWF）与中国环境与发展国际合作委员会（CCICED）. 地球生命力报告 中国2015［R］. WWFCHINA，2015.

［40］宋敏，姚思琪. 构筑秦巴山区先进的陕南绿色循环反贫困协同发展新高地——探索山区绿色精准扶贫新机制［J］. 西安财经学院学报，2019

(1): 19 -24.

[41] 宋婷，李岱青，张林波等. 秦巴山脉区域生态系统服务重要性评价及生态安全格局构建 [J]. 中国工程科学，2020 (1): 64 -72.

[42] 孙志浩，王友安，畅军庆，王勇. 秦巴山区在生态环境保护中的战略地位 [J]. 环境科学与技术，2001 (S1): 60 -61.

[43] 唐学军，陈晓霞. 秦巴山区跨域生态环境治理的路径思考 [J]. 西南石油大学学报 (社会科学版)，2019 (5).

[44] 唐中林，文传浩. 秦巴山区生态屏障建设认知误区怎破除？[N]. 中国环境报，2019 -02 -19 (2).

[45] 田玉麒，陈果. 跨域生态环境协同治理：何以可能与何以可为 [J]. 上海行政学院学报，2020 (2): 95 -102.

[46] 田玉麒. 制度形式、关系结构与决策过程：协同治理的本质属性论析 [J]. 社会科学战线，2018 (1): 260 -264.

[47] 王冬美. 推进新时代生态文明建设的根本遵循 [N]. 经济日报，2020 -05 -13 (11).

[48] 王树义，周迪生. 生态文明建设与环境法治 [J]. 中国高校社会科学，2014 (2): 114 -124，159.

[49] 王喜军. 生态环境治理亟需打出联合执法重拳 [J]. 人民论坛，2020 (11): 92 -93.

[50] 吴乐，孔德帅，靳乐山. 生态补偿对不同收入农户扶贫效果研究 [J]. 农业技术经济，2018 (5): 134 -144.

[51] 吴左宾，敬博，郭乾，等. 秦巴山脉绿色城乡人居环境发展研究 [J]. 中国工程科学，2016，18 (5): 60 -67.

[52] 夏继红，周子晔，汪颖俊，等. 河长制中的河流岸线规划与管理 [J]. 水资源保护，2017，33 (5): 38 -41.

[53] 夏军，朱一中. 水资源安全的度量：水资源承载力的研究与挑战 [J]. 自然资源学报，2002 (3): 262 -269.

[54] 徐德龙，刘旭，周庆华. 秦巴山脉绿色循环发展战略研究 (二期) [J]. 中国工程科学，2020 (1): 1 -8.

[55] 杨逢银. 行政分权、县际竞争与跨区域治理——以浙江平阳与苍

南县为例［D］. 杭州：浙江大学，2015.

［56］杨姗姗，邹长新，沈渭寿，沈润平，徐德琳 . 基于生态红线划分的生态安全格局构建——以江西省为例［J］. 生态学杂志，2016，35（1）：250－258.

［57］叶大凤 . 协同治理：政策冲突治理模式的新探索［J］. 管理世界，2015（6）：172－173.

［58］宇振荣，郧文聚 ."山水林田湖"共治共管"三位一体"同护同建［J］. 中国土地，2017（7）：8－11.

［59］章光新，陈月庆，吴燕锋 . 基于生态水文调控的流域综合管理研究综述［J］. 地理科学，2019，39（7）：1191－1198.

［60］朱悦 . 基于"三水"内涵的水环境承载力指标体系构建——以辽河流域为例［J］. 环境工程技术学报，2020（6）：1029－1035.

［61］最高人民法院 .2019 年度人民法院环境资源典型案例［EB/OL］. https：//baijiahao. baidu. com/s？ id＝1666134890953479148&wfr＝spider&for＝pc.